电工与电子技术

○ 主　编　郭红想　严　军　杨　勇
○ 副主编　王　勇　罗大鹏　郭星锋

中国教育出版传媒集团
高等教育出版社·北京

内容简介

本教材是按照教育部高等学校电工电子基础课程教学指导分委员会制定的电工学课程教学基本要求,并考虑到新工科的建设与发展对课程和教材的需要而编写的。

本书共分 10 章,包括电路及其分析方法、正弦交流电路、三相正弦交流电路、一阶电路的瞬态分析、半导体二极管与直流稳压电路、晶体管与交流放大电路、集成运算放大器、门电路和组合逻辑电路、触发器和时序逻辑电路、模拟量和数字量的转换等内容。

本书采用新形态一体化设计,书中将关键知识点的视频讲解、各章习题答案制作成二维码供读者扫描学习。同时本书配套 Abook 数字课程网站,提供配套电子课件 PPT,以帮助教师授课,提升学生对知识点的深度理解与学习效率。读者也可以登录“中国大学 MOOC”网站或“爱课程”网站,自主学习中国地质大学(武汉)开设的“电工与电子技术”MOOC。

本书可作为高等学校工科非电类专业的教材,也可作为工程技术人员和一般读者的自学教材。

图书在版编目（CIP）数据

电工与电子技术 / 郭红想,严军,杨勇主编；王勇,罗大鹏,郭星锋副主编. -- 北京：高等教育出版社,2023.11

ISBN 978-7-04-060294-4

Ⅰ. ①电… Ⅱ. ①郭… ②严… ③杨… ④王… ⑤罗… ⑥郭… Ⅲ. ①电工技术-高等学校-教材②电子技术-高等学校-教材 Ⅳ. ①TM②TN

中国国家版本馆 CIP 数据核字(2023)第 054997 号

Diangong yu Dianzi Jishu

策划编辑	杨 晨	责任编辑	杨 晨	封面设计	张申申	版式设计 杜微言
责任绘图	于 博	责任校对	窦丽娜	责任印制	刁 毅	

出版发行	高等教育出版社	咨询电话	400-810-0598
社　　址	北京市西城区德外大街 4 号	网　　址	http://www.hep.edu.cn
邮政编码	100120		http://www.hep.com.cn
印　　刷	天津嘉恒印务有限公司	网上订购	http://www.hepmall.com.cn
			http://www.hepmall.com
开　　本	787mm×1092mm　1/16		http://www.hepmall.cn
印　　张	17.25	版　　次	2023 年 11 月第 1 版
字　　数	340 千字	印　　次	2023 年 11 月第 1 次印刷
购书热线	010-58581118	定　　价	36.00 元

电工与
电子技术

主　编　郭红想
严　军　杨　勇

副主编　王　勇
罗大鹏　郭星锋

1　计算机访问http://abook.hep.com.cn/1263861，或手机扫描二维码，下载并安装Abook应用。

2　注册并登录，进入"我的课程"。

3　输入封底数字课程账号（20位密码，刮开涂层可见），或通过Abook应用扫描封底数字课程账号二维码，完成课程绑定。

4　单击"进入课程"按钮，开始本数字课程的学习。

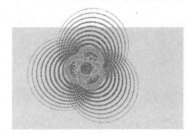

电工与电子技术

主　编　郭红想　严　军　杨　勇
副主编　王　勇　罗大鹏　郭星锋

本数字课程资源网站提供了与主教材配套的电子课件，使教材表现形式和教学内容的载体更加丰富，既方便教师授课，也方便学生线下学习。

　　课程绑定后一年为数字课程使用有效期。受硬件限制，部分内容无法在手机端显示，请按提示通过计算机访问学习。

　　如有使用问题，请发邮件至abook@hep.com.cn。

扫描二维码
下载Abook应用

http://abook.hep.com.cn/1263861

前言

在过去的几年里,新工科建设在我国高等工程教育界掀起了改革热潮。已被列为工程教育专业领域的工程基础课程之一的"电工与电子技术"课程,成为新工科背景下为满足"非电类工科专业人才"知识结构中对"现代电气信息技术"的要求而开设的一门技术基础课。如何适应新工科的建设与发展对课程和教材的要求是我们一直在求索的问题。本书是在总结了 10 年来的教改成果和学生反馈的基础上进行编写的,与传统教材相比,主要在体系结构、教学内容、课后习题等方面进行了改进、补充和完善。

本教材编写的思路框架是在一流课程的视角下,总结建设省级本科精品在线开放课程经验,对传统教材进行升级改造。重点围绕"理论与实践贯通,线上与线下联通,纸质资源与数字资源互通"三方面来进行。具体做法为:增设了本章概要和学习目标,引入了知识点视频讲解,增加了应用实例,精简精编了教材内容,补充了课后习题。

我们的立足点是针对少学时的电工与电子技术课程,在保证知识体系完整性的基础上,精炼内容,突出重点。将实际问题作为教材教学实例,提升学生学习兴趣,通过"理实结合"进行知识内化,凸显理论与实践贯通。

本书采用新形态一体化设计,书中将关键知识点的视频讲解、各章习题答案制作成二维码供读者扫描学习。同时本书配套 Abook 数字课程网站,提供配套电子课件 PPT,以帮助教师授课,提升学生对知识点的深度理解与学习效率。读者也可以登录"中国大学 MOOC"网站或"爱课程"网站,自主学习中国地质大学(武汉)开设的"电工与电子技术"MOOC。

考虑到各个学校对课程内容的不同要求,在内容的安排上有可作为选讲的部分内容,并在书中用"＊"表示。本课程的参考学时为 60～70 学时,教师可根据具体情况对教材内容进行适当取舍。

在本书编写的过程中,中国地质大学(武汉)的郭红想老师负责全书的编排,各章概述、学习目标以及全书的统稿,并编写了第 1、2、3 章;严军老师负责编写第 5、6、7 章及课后习题;杨勇老师负责第 8 章及应用实例;王勇老师负责第 4 章;罗大鹏老师负责第 9 章;武汉工程大学的郭星锋老师负责编写第 10 章。在此感谢各位老师的辛勤工作。

课程教学改革到本教材的编写,均在中国地质大学(武汉)机械与电子信息学院相关领导的关心下进行,并得到了本学院电类平台课程组全体老师的支持,教材内容的修改也得到了参与混合式教学改革班所有同学们的积极反馈,在此作者一并表示衷心感谢。

本书承蒙曾担任教育部高等学校电工电子基础课程教学指导分委员会委员华南理工大学殷瑞祥教授主审,殷教授在百忙之中审阅了全部书稿,为我们指出了错漏之处并给出修改建议,感谢殷教授对本书的大力支持。

感谢高等教育出版社编辑及相关人员为本书的出版付出的大量心血。

由于编者水平有限,书中难免存在一些缺点和错误,殷切希望广大读者,特别是使用本书的教师和同学们批评指正。

感谢所有支持和帮助我们的人!

编者

2022 年 11 月

目录

第 1 章 电路及其分析方法

本章概要：

本章以直流电路为分析对象，从工程技术的观点出发，重点讨论电路的基本概念、基本定律以及电路的分析和计算方法。本章所介绍的分析方法对后续的交流电路和电子电路都具有实际意义。

电路分析最基本的问题是已知电路结构和元件参数来求解电路的电流、电压和功率等物理量，从而获知给定电路的电性能。应用基尔霍夫定律和电路元件的电压、电流关系，建立电路输入（激励）和输出（响应）之间的数学表达式的分析方法是本章的重要内容。

学习目标：

（1）理解电路模型及电压、电流参考方向的意义。
（2）理解并能正确运用基尔霍夫定律。
（3）熟练运用电压源模型与电流源模型等效变换进行求解。
（4）理解叠加原理及其应用。
（5）理解戴维南定理及其应用。

1.1 电路的基本概念

1.1.1 电路的组成和作用

电路，简单地说就是电流的通路。它是由某些电气设备、元件按一定方式用导线连接而成的。根据电流性质的不同，电路有直流电路和交流电路之分。大小和方向不随时间变化的电流称为恒定电流，简称直流；大小和方向都随时间做周期性变化的电流称为交变电流，简称交流。

实际电路种类繁多，形式和结构也各不相同，但无论电路的复杂程度如何，都是由电源（或信号源）、负载和中间环节三部分组成的。

最典型的例子是电力系统，其电路示意图如图 1.1.1（a）所示。它的作用是实现电能的输送与转换。发电机是电源，是将其他形式能量转换为电能的装置。它可将化学能、机械能、水能、原子能等能量转换为电能。电灯、电动机、电炉等都是负载，是将电能转换为非电能的用电设备，它们可将电能转换成光能、机械能和热能等。变压器和输电线是中间环节，是连接电源和负载的部分，主要起传输和分配电能的作用。

电路的另一种作用是传递和处理信号。常见的例子如扩音机,其电路示意图如图 1.1.1(b)所示。先由话筒把语言或音乐(通常称为信息)转换为相应的电压和电流,它们就是电信号。而后通过电路传递到扬声器,把电信号还原为语言或音乐。由于话筒输出的电信号比较微弱,不足以驱动扬声器发音,因此中间还要用放大器来放大。在图 1.1.1(b)中,话筒是输出信号的设备,称为信号源,相当于电源,但与上述的发电机、电池等电源不同,信号源输出的电信号(电压和电流)的变化规律取决于所加的信息。扬声器是接收和转换信号的设备,也就是负载。

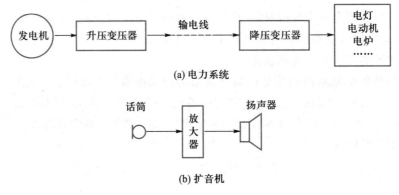

(a) 电力系统

(b) 扩音机

图 1.1.1　电路示意图

信号传递和处理的例子有很多,如收音机和电视机,它们的接收天线(信号源)把载有音乐、语言、图像信息的电磁波转换为相应的电信号,再经过电路传递和处理(调谐、变频、检波、放大等)后,送到扬声器和显像管(负载),还原为原始信号。

不论电能的传输和转换,或者信号的传递和处理,其中电源或信号源的电压或电流都称为激励,它推动电路工作。激励在电路各部分产生的电压和电流称为响应。所谓电路分析,就是在已知电路结构和元件参数的条件下,讨论电路激励与响应之间的关系。

1.1.2　实际电路和电路模型

1.1　电路

实际电路是为实现某种功能,将若干个实际电气器件以一定方式连接形成的电流通路。任何一个实际电气器件的电磁特性往往十分复杂。如一个白炽灯通电时,除消耗电能即具有电阻性外,还会产生磁场,即还具有电感性。当器件内部的多种电磁效应相互交织时,要用数学表达式精确描述电气器件的性能是相当困难的。

为了简化对电气器件的数学表述,从工程近似观点考虑,常常采用模型化的方法来表征实际电气器件。即在一定条件下,忽略器件的次要因素,用一个能够表征其主要电磁特性的模型来抽象表征实际电气器件,从而得到一系列理想化元件,这有利于将实际电路抽象为数学模型来进行分析计算。如电阻元件、电容元件和电感元件就是分别仅考虑单一的耗能效应、电场效应和磁场效应而抽象出来的理想元件,这些元件两端的电压、电流关系(也称为元件约束)都可以用严格的数学关系加以定义。

由一些理想元件所组成的电路称为电路模型,简称电路,它是对实际电路电磁特性的科学抽象和概括。手电筒的实际电路如图 1.1.2(a)所示,其电路模型如图 1.1.2(b)所示。白炽灯是电阻元件,其参数为电阻 R;电池是电源器件,其参数为电动势 E 和内阻 R_0;连接导体是连接电池和白炽灯的中间环节(还包括开关),其电阻可忽略不计,认为是一无电阻的理想导体。

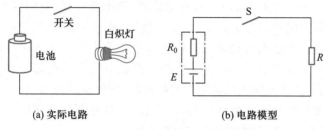

(a) 实际电路　　　　　　　　(b) 电路模型

图 1.1.2　手电筒的实际电路及其电路模型

1.2　电路模型

1.1.3　电压和电流的参考方向

在电路分析中,常用的电路变量有电流、电压、电动势、电位、电功率和电能量等。其符号、关系式及单位如表 1.1.1 所示。

表 1.1.1　常用电路变量的符号、关系式及单位(国际单位制)

变量名称	符号	关系式	单位名称	单位符号
电荷	Q	$Q = It$	库[仑]	C
电流	I	$I = \dfrac{Q}{t}$	安[培]	A
电压	U	$U = \dfrac{W}{Q}$	伏[特]	V
电功率	P	$P = UI$	瓦[特]	W
电能量	W	$W = Pt$	焦[耳]	J

电荷在电场的作用下有规则地运动形成电流,习惯上规定正电荷运动的方向或负电荷运动的反方向为电流的实际方向。但在分析复杂的直流电路时,往往难以事先判断某支路中电流的实际方向,为此,可任意选定某一方向作为电流的参考方向,然后通过分析或计算来确定其实际方向。若计算电流值为正($I>0$),则实际方向就是假定的参考方向;反之,若计算电流值为负($I<0$),则实际方向与假定的参考方向相反。在图 1.1.3 中,用实线箭头表示电流的参考方向。如果电流 I 的实际方向是由 A 到 B,如图 1.1.3(a)中虚线箭头所示,它与参考方向一致,则电流值为正,即 $I>0$。如果电流的参考方向与实际方向如图 1.1.3(b)中虚线箭头所示,实际方向与参考方向相反,则电流值为负,即 $I<0$。这样,在假定的电流参考方向下,结

合电流值的正和负就可以判断出电流的实际方向。

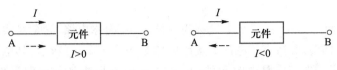

(a) 实际方向与参考方向一致　　　　(b) 实际方向与参考方向相反

图 1.1.3　电流的参考方向

电压和电动势都是标量,但在分析电路时,和电流一样,我们也说它们具有方向。电压的实际方向规定为由高电位("+"极性)端指向低电位("-"极性)端,即为电位降低的方向。电源电动势的实际方向规定为在电池内部由低电位("-"极性)端指向高电位("+"极性)端,即为电位升高的方向。和电流一样,在较为复杂的电路中,我们也往往无法事先确定它们的实际方向(或者极性)。因此,在电路图上所标出的也都是电动势和电压的参考方向。若参考方向与实际方向一致,则其值为正;若参考方向与实际方向相反,则其值为负。

电压的参考方向除用极性"+""-"表示外,也可以用双下标表示。例如 a、b 两点间的电压 U_{ab},它的参考方向是由 a 指向 b,也就是说 a 点的参考极性为"+",b 点的参考极性为"-"。

在分析和计算电路时,特别是在电子技术中,常常引入电位的概念,即选电路中的某一点为参考点,则电路中其他任何一点与参考点之间的电压便是该点的电位。在同一电路中,由于参考点选的不同,各点的电位值会随之改变,但是任意两点之间的电压值是不变的。所以各点的电位高低是相对的,而两点间的电压值是绝对的。

原则上,参考点可以任意选择,但为了统一起见,工程上常选大地为参考点。机壳需要接地的设备,可以把机壳选作电位的参考点。有些电子设备,机壳虽不一定接地,但为分析方便起见,可以把它们当中元件汇集的公共端或公共线选作参考点,也称为"地",在电路图中用"⊥"表示。

【例 1.1.1】　求如图 1.1.4 所示电路中开关 S 闭合和断开两种情况下 a、b、c 三点的电位。

解:当开关 S 闭合时,$U_a = 6$ V,$U_b = -3$ V,$U_c = 0$ V。

当开关 S 断开时,a 点的电位不变 $U_a = 6$ V。

因为电路中无电流流过电阻 R,$U_b = U_a = 6$ V。

c 点的电位比 b 点电位高 3 V,$U_c = 6$ V$+3$ V$= 9$ V。

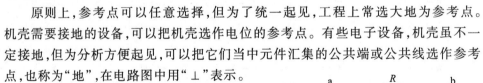

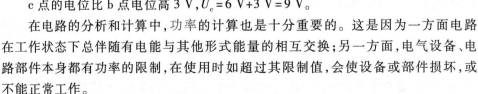

图 1.1.4　例 1.1.1 的图

在电路的分析和计算中,功率的计算也是十分重要的。这是因为一方面电路在工作状态下总伴随有电能与其他形式能量的相互交换;另一方面,电气设备、电路部件本身都有功率的限制,在使用时如超过其限制值,会使设备或部件损坏,或不能正常工作。

功率是能量转换的速率,电路中任何元件的功率 P,都可用元件的端电压 U 和

其中的电流 I 相乘求得。

不过,在写表达式求解功率时,要注意 U 与 I 的参考方向是否一致。

若 U 与 I 的参考方向一致,即两者为关联参考方向,则

$$P = UI \tag{1.1.1}$$

若 U 与 I 的参考方向相反,即两者为非关联参考方向,则

$$P = -UI \tag{1.1.2}$$

另外,U 和 I 的值还有正负之分。当把 U 和 I 的值代入式(1.1.1)、式(1.1.2)中计算后,所得的功率也会有正负的不同。功率的正负表示了元件在电路中的作用不同。若功率是正值,则表明该元件从电路中吸收能量;若功率是负值,则表明该元件向电路发出或释放能量。

在图 1.1.5 中,已知某元件两端的电压 U 为 5 V,A 点电位高于 B 点电位,电流 I 的实际方向为从 A 点到 B 点,其值为 2 A,在图 1.1.5(a)中 U 和 I 的参考方向一致,功率 $P = UI = 5 \times 2$ W = 10 W 为正值,表明此元件吸收的功率为 10 W。如果 U 和 I 的参考方向不一致,如图 1.1.5(b)所示,若此时 $U = -5$ V,$I = 2$ A,功率 $P = -UI = -(-5) \times 2$ W = 10 W,所以此元件还是吸收了 10 W 的功率,与图 1.1.5(a)求得的结果一致。

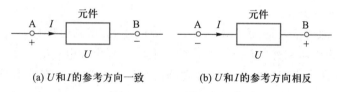

(a) U 和 I 的参考方向一致　　　　　(b) U 和 I 的参考方向相反

图 1.1.5　元件的功率

在同一个电路中,所有元件发出的功率和吸收的功率在数值上是相等的,这就是电路的功率平衡。

1.1.4　理想电压源和理想电流源

实际电源有电池、发电机、信号源等。理想电压源和理想电流源是从实际电源抽象得到的电路模型。

1. 理想电压源

理想电压源是一个理想电路元件,它可以提供一个固定的电压 U_{S},称为源电压。理想电压源的图形符号如图 1.1.6(a)所示。

理想电压源的特点是:输出电压 U 等于源电压 U_{S},这是由理想电压源本身确定的定值,与输出电流和外电路无关。而输出电流 I 则由外电路决定。

图 1.1.7 所示为理想电压源接外电路的情况。负载电阻变化时,理想电压源的输出电流随之改变,而理想电压源的输出电压却始终不变。因此,理想电压源的输出电压和输出电流之间的关系(称为伏安特性)如图 1.1.6(b)所示。由此可知,凡是与理想电压源并联的元件,其两端的电压都等于理想电压源的源电压。

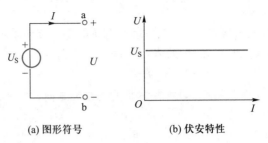

(a) 图形符号　　　　　　　(b) 伏安特性

图 1.1.6　理想电压源

在图 1.1.7 中,理想电压源的电压和通过理想电压源的电流的参考方向为非关联参考方向,此时,电压源发出的功率为

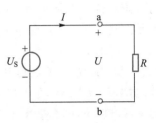

$$P = U_\mathrm{s} I$$

它也是外电路吸收的功率。

2. 理想电流源

理想电流源是一个理想电路元件,它可以提供一个固定的电流 I_s,称为源电流。理想电流源的图形符号如图 1.1.8(a) 所示。

图 1.1.7　理想电压源
接外电路

理想电流源的特点是:输出电流 I 等于源电流 I_s,这是由理想电流源本身确定的定值,与输出电压和外电路无关。而输出电压 U 则由外电路决定。

图 1.1.9 所示为理想电流源接外电路的情况。负载电阻变化时,理想电流源的输出电压随之改变,而理想电流源的输出电流却始终不变。因此,理想电流源的伏安特性如图 1.1.8(b) 所示。由此可知,凡是与理想电流源串联的元件,其电流都等于理想电流源的源电流。

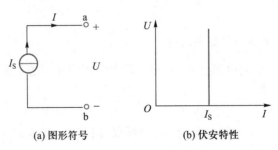

(a) 图形符号　　　　　　　(b) 伏安特性

图 1.1.8　理想电流源

在图 1.1.9 中,理想电流源电流和电压的参考方向为非关联参考方向,所以理想电流源发出的功率为

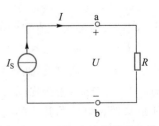

$$P = U I_\mathrm{s}$$

它也是外电路吸收的功率。

图 1.1.9　理想电流源接外电路

6

1.1.5 电路的工作状态

电路有三种工作状态:通路、开路和短路。

1. 通路(有载状态)

在图 1.1.10 中,当开关 S 闭合后,电源和负载接通形成闭合回路,这就是通路。在有载状态下,电路中的电流为

$$I = \frac{U_s}{R} \qquad (1.1.3)$$

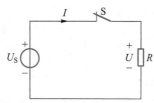

图 1.1.10　通路

电流 I 由负载电阻 R 的大小决定。负载电阻 R 越小,则电流 I 越大。

通路时,电源发出的功率等于外电路各部分吸收的功率之和,即功率是平衡的。

应当指出:在实际电路中,为了保证电气设备安全可靠地工作,每一个电路元件在工作中都有一定的使用限额,这种限额称为额定值。电气设备的额定值一般都列入产品说明书或直接标明在电气设备的铭牌上。如果某电动机铭牌上标明"5 kW,380 V,199 A"等,这些功率、电压、电流值均指额定值。表明该电动机接在额定电压为 380 V 的电源上,带有额定负载时输出 5 kW 的额定功率。当所加电压或电流超过额定电压或额定电流很多时,电气设备或元件容易损坏。当在低于额定值很多的状态下工作时,电气设备不能正常运转。额定值用带下标"N"的大写字母表示,额定电压、额定电流和额定功率分别用 U_N、I_N、P_N 表示。

2. 开路(空载状态)

当图 1.1.10 中的开关 S 断开,电路即处于开路。开路也称为断路,亦称为空载状态。电路空载时,外电路呈现的电阻为无穷大,这时电路中电流 $I = 0$,电源输出功率 $P = 0$。

3. 短路

当电源的两个输出端由于某种意外原因而连在一起时,则 ab 处被短路,如图 1.1.11 所示。

理想电压源短路时,理想电压源的端电压 $U = 0$,这与电压源的特性(输出电压 U 等于源电压 U_s)是不相容的。其次理想电压源被短路时电路中的电流 I_s(称为短路电流)很大,会造成理想电压源过热而损坏。

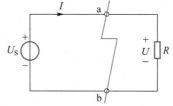

图 1.1.11　短路

短路通常是一种严重的事故,应尽量避免并对电源进行短路保护,通常的保护措施是在电路中接入熔断器(俗称保险丝)和自动断路器,以便在发生短路时迅速将故障电路断开。

【例 1.1.2】　有一只额定电压 $U_N = 220$ V、额定功率 $P_N = 60$ W 的白炽灯,接在 220 V 的电源上,试求流过白炽灯的电流和白炽灯的电阻。如果每晚用电 3 小时,那么一个月消耗多少电能?

解：
$$I_N = \frac{P_N}{I_N} = \frac{60}{220} \ \text{A} = 0.273 \ \text{A}$$

$$R = \frac{U_N}{I_N} = \frac{220}{0.273} \ \Omega = 806 \ \Omega$$

一个月用电为 $W = P_N t = 60 \ \text{W} \times (3 \times 30) \ \text{h} = 0.06 \ \text{kW} \times 90 \ \text{h} = 5.4 \ \text{kW} \cdot \text{h}(度)$。

思考与练习

1.1.1　求如图 1.1.12 所示的电路中开关 S 闭合和断开两种情况下 a、b、c 三点的电位。

1.1.2　一个电源的功率也可用其电动势 E 和电流 I 相乘求得。试说明采用此方法计算的电源功率的正负值的意义。

1.1.3　求如图 1.1.13 所示电路中通过两个理想电压源的电流 I_1、I_2 及其功率，并说明这两个电源在电路中分别是起电源作用还是起负载作用。

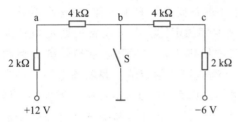

图 1.1.12　思考与练习 1.1.1 的图

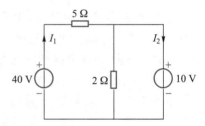

图 1.1.13　思考与练习 1.1.3 的图

1.2　基尔霍夫定律

电路是由多个元件互联而成的整体，在这个整体当中，元件除了要遵循自身的电压、电流关系外，同时还必须服从电路整体上的电压、电流关系，即电路的互联关系。基尔霍夫定律就是研究这一规律的。该定律包括电流定律和电压定律，前者描述电路中各电流之间的约束关系，后者描述电路中各电压之间的约束关系。

为了便于学习基尔霍夫定律，首先结合图 1.2.1 所示电路来介绍电路中几个名词。

（1）支路：电路中若干元件无分叉地首尾相连构成一条支路，一条支路流过同一个电流。

（2）节点：电路中三条或三条以上支路的连接点称为节点。

（3）回路：由支路所构成的闭合路径称为回路。

（4）网孔：平面电路中未被其他支路分割的单孔回路称为网孔。

图 1.2.1 所示的电路中共有 acb、adb、ab 三条支路，a 和 b 两个节点，adbca、abda、abca 三个回路，adbca、abda 两个网孔。

1.2.1　基尔霍夫电流定律

基尔霍夫电流定律（Kirchhoff's current law，KCL）是用来确定连接在同一节点上的各支路电流关系的。KCL 指出：在任一瞬时，流入电路中任一节点的各支路电

1.5　支路、节点、回路

流之和等于流出该节点的各支路电流之和。电流是流入节点还是流出节点,均根据电流的参考方向判断。

在图 1.2.1 所示的电路中,对节点 a 有

$$I_1 + I_2 = I_3 \qquad (1.2.1)$$

或将上式改写成

$$I_1 + I_2 - I_3 = 0$$

即

$$\sum I = 0 \qquad (1.2.2)$$

就是在任一瞬时,一个节点上电流的代数和恒等于零。如果规定参考方向流入节点时电流为正,则流出节点就为负。

基尔霍夫电流定律不仅适用于某一具体节点,而且还可以推广用于电路中任一假定的闭合面。例如在如图 1.2.2 所示的晶体管中,对点画线所示的闭合面来说,三个电极电流的代数和应等于零,即

$$I_C + I_B - I_E = 0$$

由于闭合面具有与节点相同的性质,因此称为广义节点。

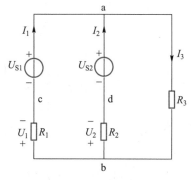

图 1.2.1 基尔霍夫电流定律

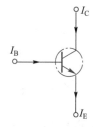

图 1.2.2 广义节点

1.6 基尔霍夫电流定律

【例 1.2.1】 在如图 1.2.3 所示的部分电路中,已知 $I_1 = 3$ A,$I_4 = -5$ A,$I_5 = 8$ A,试求 I_3 和 I_6 的值。

解:根据图中标示的电流参考方向,应用基尔霍夫电流定律,分别由节点 a、b、c 求得

$$I_6 = I_4 - I_1 = (-5-3) \text{ A} = -8 \text{ A}$$
$$I_2 = I_5 - I_4 = [8 - (-5)] \text{ A} = 13 \text{ A}$$
$$I_3 = I_6 - I_5 = (-8-8) \text{ A} = -16 \text{ A}$$

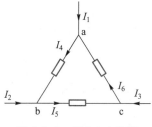

图 1.2.3 例 1.2.1 的图

在求得 I_2 后,I_3 也可以由广义节点求得,即

$$I_3 = -I_1 - I_2 = (-3-13) \text{ A} = -16 \text{ A}$$

1.2.2 基尔霍夫电压定律

基尔霍夫电压定律(Kirchhoff's voltage law,KVL)是用来确定回路中各部分电压间关系的。KVL 指出:在任一瞬时,从电路的任一点出发,沿回路绕行一周回到

原点,在该绕行方向上各部分电位降之和等于电位升之和。

在图 1.2.4 所示电路中,按 ABCD 绕行的方向可列出

$$I_1R_1+I_2R_2+I_3R_3+U_{S3}=I_4R_4+U_{S4}$$

或将上式改写成

$$I_1R_1+I_2R_2+I_3R_3+U_{S3}-I_4R_4-U_{S4}=0$$

即

$$\sum U=0 \tag{1.2.3}$$

因此,基尔霍夫电压定律也可以表达为:从电路的某点出发,沿回路绕行一周回到原点,在绕行方向上各部分电压的代数和恒等于零。如果规定电位降取为正,则电位升就取为负,反之亦可。

在对图 1.2.4 所示电路的回路列写上述 KVL 方程时,遵循了以下几点。

① 首先在图中标明各支路电压、电流的参考方向,然后选择一个绕行方向。

② 当支路电流的参考方向与绕行方向一致时,电阻压降取正,反之取负。

③ 当电动势的参考方向与绕行方向相反时取正,一致时取负。

1.7　基尔霍夫电压定律

【例 1.2.2】　在图 1.2.5 中,$I_1=3$ mA,$I_2=1$ mA。试确定电路元件 3 中的电流 I_3 和其两端电压 U_3,并说明它是电源还是负载。

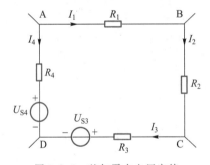
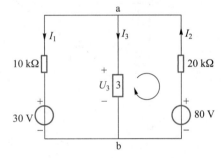

图 1.2.4　基尔霍夫电压定律　　　图 1.2.5　例 1.2.2 的图

解:根据 KCL,对于节点 a 有

$$I_1-I_2+I_3=0$$

代入 I_1 和 I_2 数值,得

$$3-1+I_3=0$$
$$I_3=-2 \text{ mA}$$

根据 KVL 和图 1.2.5 右侧网孔所示的绕行方向,可列写该回路的电压方程为

$$-U_{ab}-20I_2+80=0$$

代入 I_2 数值,得

$$U_{ab}=60 \text{ V}$$

显然,元件 3 两端电压和流过它的电流实际方向相反,是产生功率的元件,即电源。

● 思考与练习

1.2.1　如图 1.2.6 所示电路中的电流 I_1 和 I_2 各为多少?

1.2.2 试写出如图1.2.7所示电路中的回路 ABDA、AFCBA 和 AFCDA 的 KVL 方程。

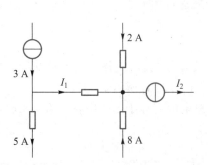

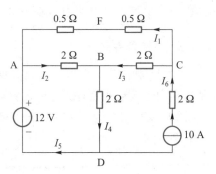

图1.2.6 思考与练习1.2.1的图　　　图1.2.7 思考与练习1.2.2的图

1.3 电阻的串联与并联

在实际应用中根据不同的目的,各电阻可连接成不同的形式,其中最简单、最常用的形式是串联与并联。

1.3.1 电阻的串联

如果将若干个电阻依次首尾连接,并且在这些电阻中通过同一电流,则这样的连接形式就称为电阻的串联,如图1.3.1(a)所示。

在图1.3.1(a)中

$$U = U_1 + U_2 + \cdots + U_n = IR_1 + IR_2 + \cdots + IR_n = I(R_1 + R_2 + \cdots + R_n)$$

令

$$R = R_1 + R_2 + \cdots + R_n = \sum_{i=1}^{n} R_i$$

则

$$U = IR \qquad (1.3.1)$$

其中,R 定义为串联电路的等效电阻,其等效电路如图1.3.1(b)所示。

电阻的串联可用一个等效电阻 R 来代替,由此简化了电路。由式(1.3.1)和欧姆定律可求出各串联电阻两端的电压与总电压的关系式,即串联电阻的分压公式为

$$\left.\begin{array}{l} U_1 = IR_1 = \dfrac{R_1}{R}U \\[2mm] U_2 = IR_2 = \dfrac{R_2}{R}U \\[2mm] \cdots \\[2mm] U_n = IR_n = \dfrac{R_n}{R}U \end{array}\right\} \qquad (1.3.2)$$

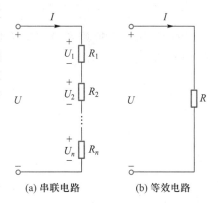

(a) 串联电路　　(b) 等效电路

图1.3.1 电阻的串联及等效电阻

1.8 电阻的串并联

式(1.3.2)说明在电阻串联电路里,当外加电压一定时,各电阻端电压的大小与它的电阻值成正比。电路串联的应用很多。例如在负载电压低于电源电压的情

11

况下,通常需要给负载串联一个电阻,以此来降低负载上的电压。当需要调节电路中的电流时,也可以在电路中串联一个变阻器来进行调节。

1.3.2　电阻的并联

如果电路中有若干个电阻连接在两个公共节点之间,使各个电阻承受同一电压,则这样的连接形式就称为电阻的并联,如图 1.3.2(a)所示。

在图 1.3.2(a)中,根据 KCL,并联电路的总电流应等于电路中各支路电阻分电流之和,即

$$I = I_1 + I_2 + \cdots + I_n = \frac{U}{R_1} + \frac{U}{R_2} + \cdots + \frac{U}{R_n}$$

$$= U\left(\frac{1}{R_1} + \frac{1}{R_2} + \cdots + \frac{1}{R_n}\right)$$

令
$$\frac{1}{R} = \left(\frac{1}{R_1} + \frac{1}{R_2} + \cdots + \frac{1}{R_n}\right) \tag{1.3.3}$$

则
$$I = \frac{U}{R}$$

其中,R 定义为并联电路的等效电阻,等效电路如图 1.3.2(b)所示。

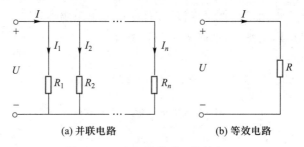

(a) 并联电路　　　　　(b) 等效电路

图 1.3.2　电阻的并联及等效电阻

由式(1.3.3)和欧姆定律可求得通过各并联电阻的电流和总电流的关系式,即并联电阻的分流公式为

$$\left.\begin{aligned} I_1 &= \frac{U}{R_1} = \frac{IR}{R_1} \\ I_2 &= \frac{U}{R_2} = \frac{IR}{R_2} \\ &\cdots \\ I_n &= \frac{U}{R_n} = \frac{IR}{R_n} \end{aligned}\right\} \tag{1.3.4}$$

可见,并联电阻上电流的大小与其阻值成反比。

负载并联运行时,它们处于同一电压之下,可以认为任何一个负载的工作情况不受其他负载的影响。并联的负载电阻愈多,则总电阻愈小,电路中总电流和总功率也就愈大,但每个负载的电流和功率没有变化。

思考与练习

1.3.1 试求图 1.3.3 中 a、b 两点间的等效电阻 R_{ab}。

1.3.2 通常电灯开得愈多,总的负载电阻是愈大还是愈小?

1.3.3 计算图 1.3.4 所示电阻并联电路的等效电阻。

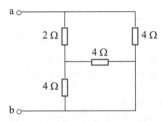

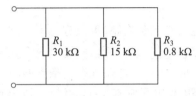

图 1.3.3　思考与练习 1.3.1 的图　　图 1.3.4　思考与练习 1.3.3 的图

1.3.4 电路如图 1.3.5 所示,其中 $R_1 = 10\ \Omega, R_2 = 5\ \Omega, R_3 = 2\ \Omega, R_4 = 3\ \Omega, U = 125\ \text{V}$,试求电流 $I_1 \setminus I_2$ 和 I_3 的值。

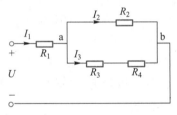

图 1.3.5　思考与练习 1.3.4 的图

1.4　支路电流法

凡不能用电阻串并联等效变换化简的电路,一般称为复杂电路。支路电流法是求解复杂电路最基本的方法。它以支路电流为求解对象,应用基尔霍夫电流定律和电压定律分别对节点和回路列出所需要的方程组,然后解出各支路电流。

现以图 1.4.1 所示电路为例,介绍支路电流法的解题步骤。

第一步,首先在电路中标出各支路电流的参考方向。

第二步,应用基尔霍夫电流定律和电压定律列节点电流和回路电压方程式。

对节点 a　　$I_1 + I_2 - I_3 = 0$　　(1.4.1)

对节点 b　　$I_3 - I_1 - I_2 = 0$

很显然,对节点 b 列的 KCL 方程是不独立的,它可由式(1.4.1)得到。

一般来说,对具有 n 个节点的电路,所能列出的独立节点方程数为 $(n-1)$ 个。

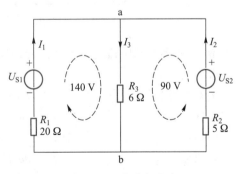

图 1.4.1　支路电流法

1.9 支路电流法

本电路有两个节点,因此独立的节点方程为 $2-1=1$ 个。

为了列出独立的回路电压方程,对于平面电路,一般选电路中的网孔列回路电压方程。该电路有两个网孔,每个网孔的绕行方向如图 1.4.1 中虚线箭头所示。

左网孔的回路电压方程为

$$U_{S1} = I_1 R_1 + I_3 R_3 \tag{1.4.2}$$

右网孔的回路电压方程为

$$U_{S2} = I_2 R_2 + I_3 R_3 \tag{1.4.3}$$

该电路有三条支路,因此有三个支路电流为未知量,以上列出的独立节点方程和回路方程也是三个,所以将以上三个式子联立求解,即可求出各支路电流。

一般而言,一个电路如有 b 条支路,n 个节点,那么独立的节点方程为 $n-1$ 个,网孔回路电压方程应有 $b-(n-1)$ 个,所得到的独立方程总数为 $(n-1)+b-(n-1)=b$ 个,即能求出 b 个支路电流。

第三步,代入数据,求解支路电流

$$I_1 + I_2 - I_3 = 0$$
$$140 = 20I_1 + 6I_3$$
$$90 = 5I_2 + 6I_3$$

解之,得 $I_1 = 4$ A,$I_2 = 6$ A,$I_3 = 10$ A。

【例 1.4.1】　在图 1.4.2 所示电路中,已知 $U_{S1} = 12$ V,$U_{S2} = 12$ V,$R_1 = 1\ \Omega$,$R_2 = 2\ \Omega$,$R_3 = 2\ \Omega$,$R_4 = 4\ \Omega$,求各支路电流。

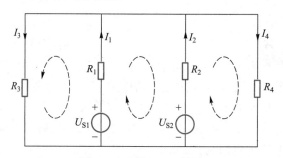

图 1.4.2　例 1.4.1 的图

解:选择各支路电流的参考方向和回路绕行方向如图 1.4.2 所示,列出节点和回路方程式如下。

上节点方程　　　　　　$I_1 + I_2 - I_3 - I_4 = 0$

左网孔方程　　　　　　$R_1 I_1 + R_3 I_3 - U_{S1} = 0$

中网孔方程　　　　　　$R_1 I_1 - R_2 I_2 - U_{S1} + U_{S2} = 0$

右网孔方程　　　　　　$R_2 I_2 + R_4 I_4 - U_{S4} = 0$

代入数据

$$I_1 + I_2 - I_3 - I_4 = 0$$
$$I_1 + 2I_3 - 12 = 0$$
$$I_1 - 2I_2 - 12 + 12 = 0$$

$$2I_2 + 4I_4 - 12 = 0$$

最后解得 $\qquad I_1 = 4\ \text{A}, \quad I_2 = 2\ \text{A}, \quad I_3 = 4\ \text{A}, \quad I_4 = 2\ \text{A}$

　　支路电流法是分析电路的基本方法,在需要求解电路的全电流时,均可采用此法。但如果只需要求出某一条支路的电流,用支路电流法求解就会比较烦琐,特别是当电路的支路数比较多时,这时,就可以选用后面将介绍的分析方法。

　●　**思考与练习**

　　1.4.1　列独立的回路方程式时,是否一定要选用网孔?

1.5　叠加原理

　　叠加原理是分析线性电路的一个重要定理。其内容为:在含有多个独立电源的线性电路中,任一支路的电流(或电压)等于电路中各个电源分别单独作用时在该支路中产生的电流(或电压)的代数和(叠加)。

　　例如,在图 1.5.1(a)所示电路中,设 U_S、I_S、R_1、R_2 已知,求电流 I_1 和 I_2。由于只有两个未知电流,利用支路电流法求解时可以只列出两个方程式。

上节点方程 $\qquad\qquad I_1 - I_2 + I_\text{S} = 0$

左网孔方程 $\qquad\qquad R_1 I_1 + R_2 I_2 = U_\text{S}$

由此解得 $\qquad\qquad I_1 = \dfrac{U_\text{S}}{R_1 + R_2} - \dfrac{R_2 I_\text{S}}{R_1 + R_2} = I_1' - I_1''$

$$I_2 = \dfrac{U_\text{S}}{R_1 + R_2} + \dfrac{R_1 I_\text{S}}{R_1 + R_2} = I_2' + I_2''$$

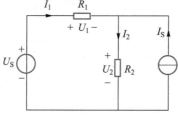

(a) 完整电路

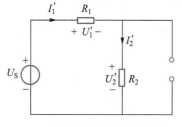

(b) 理想电压源单独作用的电路

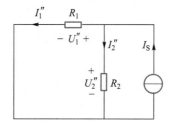

(c) 理想电流源单独作用的电路

图 1.5.1　叠加原理

　　其中,I_1' 和 I_2' 是在理想电压源单独作用时(将理想电流源开路,如图 1.5.1(b)所示)产生的电流;I_1'' 和 I_2'' 是在理想电流源单独作用时(将理想电压源短路,如图

15

1.5.1(c)所示)产生的电流。同样,电压也有

$$U_1 = R_1 I_1 = R_1 (I_1' - I_1'') = U_1' - U_1''$$
$$U_2 = R_2 I_2 = R_2 (I_2' + I_2'') = U_2' + U_2''$$

这样,利用叠加原理可以将一个多电源的电路简化为若干个单电源电路。

在应用叠加原理时,要注意以下几点。

① 当某一个电源单独作用时,其他电源则"不作用"。对这些不作用的电源应该怎样处理呢? 凡是电压源,应令其 U_S 为零,即在电压源处用短路代替;凡是电流源,应令其 I_S 为零,即在电流源处用开路代替,但是所有电阻应保留在电路中。

② 当如图 1.5.1(a)所示的原电路中各支路电流的参考方向确定后,在求各分电流的代数和时,各支路中分电流的参考方向与原电路中对应支路电流的参考方向一致者,取正值;相反者,取负值。

③ 叠加原理只适用于分析线性电路,不适用于分析非线性电路。

④ 叠加原理只能用来分析和计算电流和电压,不能用来计算功率。因为功率与电流、电压的关系不是线性关系,而是平方关系。

例如

$$P_1 = R_1 I_1^2 = R_1 (I_1' - I_1'')^2 \neq R_1 I_1'^2 - R_1 I_1''^2$$
$$P_2 = R_2 I_2^2 = R_2 (I_2' + I_2'')^2 \neq R_2 I_2'^2 + R_2 I_2''^2$$

1.10　叠加原理

【例 1.5.1】　用叠加原理求图 1.5.2(a)中的 U_{ab}。

解:先把图 1.5.2(a)分解成如图 1.5.2(b)和图 1.5.3(c)所示的电源单独作用的电路,然后按下列步骤计算。

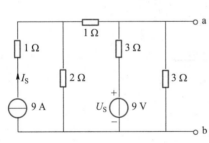

(a) 原电路

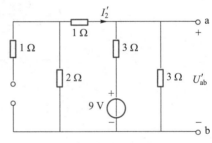

(b) 理想电压源单独作用

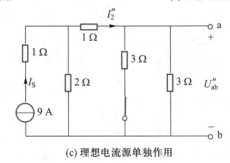

(c) 理想电流源单独作用

图 1.5.2　例 1.5.1 的图

(1) 如图 1.5.2(b)所示,当理想电压源单独作用时

$$U'_{ab} = \frac{\dfrac{(1+2)\times 3}{1+2+3}}{3+\dfrac{(1+2)\times 3}{1+2+3}}\times 9 \text{ V} = \frac{1.5}{3+1.5}\times 9 \text{ V} = 3 \text{ V}$$

（2）如图 1.5.2(c)所示，当理想电流源单独作用时

$$I''_2 = \frac{2}{2+1+\dfrac{3\times 3}{3+3}}\times I_S = \frac{2}{4.5}\times 9 \text{ A} = 4 \text{ A}$$

$$U''_{ab} = \frac{3\times 3}{3+3}\times I''_2 = 1.5\times 4 \text{ V} = 6 \text{ V}$$

（3）当两个电源共同作用时

$$U_{ab} = U'_{ab} + U''_{ab} = (3+6) \text{ V} = 9 \text{ V}$$

思考与练习

1.5.1 叠加原理可否用于将多个电源电路(例如有四个电源)看成是几组电源(例如两组电源)分别单独作用的叠加？

1.6 实际电源的两种模型及其等效变换

一个实际电源可以用两种不同的电路模型来表示。一种是用电压源形式来表示，另一种是用电流源形式来表示。这两种模型之间可以进行等效变换。

1.6.1 电压源模型

常见实际电源(如发电机、蓄电池等)的工作机理比较接近电压源，可用理想电压源和电阻的串联组合作为实际电源的电路模型，如图 1.6.1(a)所示，其输出电压 U 和输出电流 I 的伏安特性(外特性)曲线如图 1.6.1(b)所示。

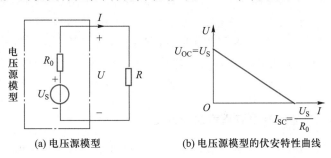

(a) 电压源模型　　　　(b) 电压源模型的伏安特性曲线

图 1.6.1　电压源模型及伏安特性曲线

从图 1.6.1(a)中可得

$$U = U_S - IR_0 \qquad\qquad (1.6.1)$$

可见，输出电压 U 随输出电流 I 的增加而减小。电压源内阻 R_0 越大，电压下降越多。

从图 1.6.1(b)中可以看出，电压源模型的外特性曲线在 U 轴和 I 轴各有一个交点，前者相当于 $I=0$ 时的电压，即开路电压 $U_{OC}(=U_S)$；后者相当于 $U=0$ 时的电

17

流,即短路电流 $I_{\mathrm{SC}}\left(=\dfrac{U_{\mathrm{S}}}{R_0}\right)$。

当 $R_0 = 0$ 时,输出电压 U 恒等于 U_{S},是一个定值,而输出电流 I 则与负载电阻 R 有关决定,这时电压源模型可用理想电压源来描述(如 1.1.4 节中理想电压源部分)。

1.6.2 电流源模型

光电池一类的器件,其工作时的特性比较接近电流源,可用理想电流源和电阻的并联组合作为实际电源的电路模型,如图 1.6.2(a)所示,其输出电压 U 和输出电流 I 的伏安特性(外特性)曲线如图 1.6.2(b)所示。

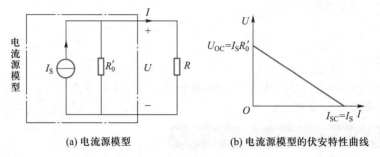

(a) 电流源模型   (b) 电流源模型的伏安特性曲线

图 1.6.2   电流源模型及伏安特性曲线

从图 1.6.2(a)中可得

$$I = I_{\mathrm{S}} - \frac{U}{R_0'} \tag{1.6.2}$$

可见,电流源内阻 R_0' 越大,则直线越陡,R_0' 支路对 I_{S} 的影响就越小。

从图 1.6.2(b)中可以看出,电流源模型的外特性曲线在 U 轴和 I 轴也各有一个交点,前者相当于电流源开路,开路电压 $U_{\mathrm{OC}} = I_{\mathrm{S}} R_0'$;后者相当于电流源短路,短路电流 $I_{\mathrm{SC}} = I_{\mathrm{S}}$。

当 $R_0' = \infty$(相当于 R_0' 支路断开)时,输出电流 I 将恒等于 I_{S},是一个定值,而其两端的电压 U 则与负载电阻 R 有关。这时电流源模型可用理想电流源来描述(如 1.1.4 节中理想电流源部分)。

1.6.3 实际电源两种电路模型的等效变换

根据实际电源的两种电路模型(电压源模型和电流源模型)的外特性曲线可知,这两种模型所反映的外特性是相同的,也就是说,对外电路而言,两种模型之间可以进行等效变换。

下面讨论等效变换的条件。在图 1.6.3 所示的电压源模型和电流源模型中有以下关系。

电压源模型

$$U = U_{\mathrm{S}} - IR_0$$

电流源模型

$$I = I_s - \frac{U}{R_0'}$$

如果令

$$R_0 = R_0' , \quad I_s = \frac{U_s}{R_0} \tag{1.6.3}$$

式(1.6.1)和式(1.6.2)所示的两个方程将完全相同。式(1.6.3)就是这两种模型对外等效必须满足的条件。

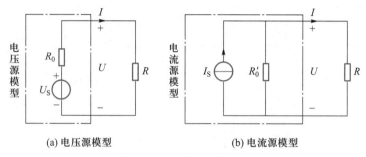

(a) 电压源模型   (b) 电流源模型

图 1.6.3 实际电源的模型

实际上凡是一个理想电压源 U_s 与电阻串联的电路都可以等效变换为一个理想电流源 I_s 和这个电阻并联的电路,反之亦然,如图 1.6.4 所示。电源模型的等效变换有时能使复杂的电路变得简单,所以是一种十分有用的电路分析方法。

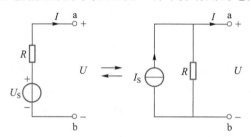

图 1.6.4 电压源模型与电流源模型的等效变换

在进行电源模型的等效变换时,要注意以下几点。

① 等效变换时,对外电路的电压和电流的大小和方向都不变。理想电流源 I_s 的参考方向由 U_s 的负极指向正极。

② 理想电压源和理想电流源之间无等效关系,因两者的伏安特性不同,故无从等效。

③ 电压源模型和电流源模型的等效变换是对外电路等效,对电源内部并无等效可言。例如,在图 1.6.4 中,当理想电压源开路时,理想电压源发出的功率为零,而理想电流源开路时,理想电流源发出的功率为 $I_s^2 R$。反之,短路时,理想电压源发出的功率为 $\frac{U_s^2}{R}$,理想电流源发出的功率为零。

【例 1.6.1】 试用电压源模型与电流源模型等效变换的方法计算图 1.6.5(a) 所示电路的电流 I。

1.11 电源模型的等效变换

解:图 1.6.5(a)的电路可简化为图 1.6.5(d)所示的单回路电路,简化过程如图 1.6.5(b)、图 1.6.5(c)、图 1.6.5(d)所示,由简化后的电路可求得

$$I = \frac{9-4}{1+2+7} \text{A} = 0.5 \text{ A}$$

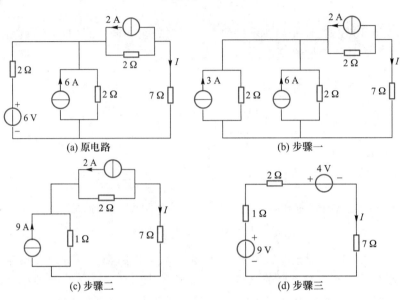

图 1.6.5 例 1.6.1 的图

思考与练习

1.6.1 将图 1.6.6 中的电压源模型变换为电流源模型,将电流源模型变换为电压源模型。

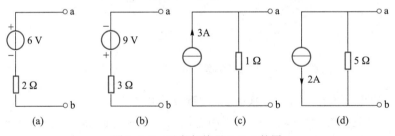

图 1.6.6 思考与练习 1.6.1 的图

1.6.2 在图 1.6.7 中,一个理想电压源和一个理想电流源相连,试讨论它们的工作状态。

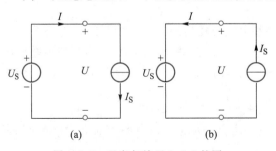

图 1.6.7 思考与练习 1.6.2 的图

1.7 戴维南定理

戴维南定理又称为等效电压源定理,该定理指出,任何一个线性有源二端网络,对其外电路而言,都可以用一个理想电压源 U_{S0} 和内阻 R_0 串联的电压源模型来等效代替,如图 1.7.1 所示。

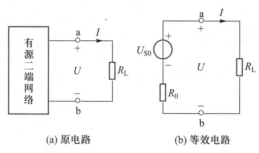

(a) 原电路　　　　　(b) 等效电路

图 1.7.1　戴维南定理

所谓二端网络就是有两个出线端的电路,二端网络中含电源时称为有源二端网络。

等效电压源模型的 U_{S0} 等于该有源二端网络的开路电压 U_{OC},即将负载断开后 a、b 两端之间的电压。等效电压源模型的内阻 R_0 等于有源二端网络中所有电源均除去(将各个理想电压源代之以短路,即令其电压为零;各个理想电流源代之以开路,即令其电流为零)后所得到的无源网络 a、b 两端之间的等效电阻。

戴维南定理在分析电路时十分有用,尤其是只需计算复杂电路中某一条支路的电压或电流时,应用该定理更为方便。此时只要保留待求的支路,而把电路的其余部分看作一个有源二端网络,通过把这个有源二端网络等效变换为电压源模型便能方便求出待求支路量。

1.12　戴维南定理

【例 1.7.1】　用戴维南定理计算图 1.7.2(a)中的支路电流 I_3。

解:(1)等效电压源的 U_{S0} 可由图 1.7.2(b)求得

$$I = \frac{U_{S1} - U_{S2}}{R_1 + R_2} = \frac{140 - 90}{20 + 5}\,A = 2\,A$$

于是　　　　　　$U_{S0} = U_{OC} = U_{S1} - R_1 I = (140 - 20 \times 2)\,V = 100\,V$

或　　　　　　　$U_{S0} = U_{OC} = U_{S2} + R_2 I = (90 + 5 \times 2)\,V = 100\,V$

(2)等效电压源的内阻 R_0 可由图 1.7.2(c)求得

$$R_0 = \frac{R_1 R_2}{R_1 + R_2} = \frac{20 \times 5}{20 + 5}\,\Omega = 4\,\Omega$$

(3)于是图 1.7.2(a)可等效为图 1.7.2(d)。所以

$$I_3 = \frac{U_{S0}}{R_0 + R_3} = \frac{100}{4 + 6}\,A = 10\,A$$

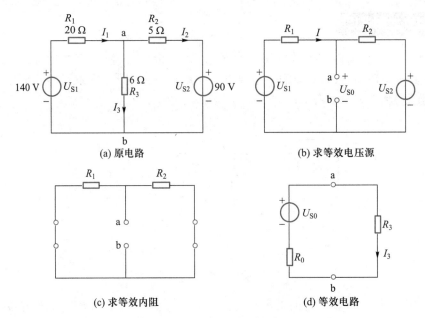

(a) 原电路　　　　　　　　　　　(b) 求等效电压源

(c) 求等效内阻　　　　　　　　　(d) 等效电路

图 1.7.2　例 1.7.1 的图

【例 1.7.2】　电路如图 1.7.3 所示,试用戴维南定理求 R_5 中的电流 I。

解:在电路中将 R_5 所在的支路从原电路中断开,并在断开点标上字母 a、b。为了计算等效电压源的 U_{S0} 和内阻 R_0 方便,将电路整理成串、并联关系清晰的电路图,如图 1.7.4(a)所示。

(1) 等效电压源的 U_{S0} 由图 1.7.4(a)求得

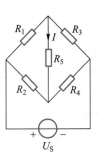

图 1.7.3　例 1.7.2 的图

$$I_1 = \frac{U_S}{R_1 + R_3}$$

$$I_2 = \frac{U_S}{R_2 + R_4}$$

$$U_{S0} = U_{OC} = I_1 R_3 - I_2 R_4 = \left(\frac{R_3}{R_1 + R_3} - \frac{R_4}{R_2 + R_4} \right) U_S = \frac{R_2 R_3 - R_1 R_4}{(R_1 + R_3)(R_2 + R_4)} U_S$$

(2) 等效电压源的内阻 R_0 可由图 1.7.4(b)求得

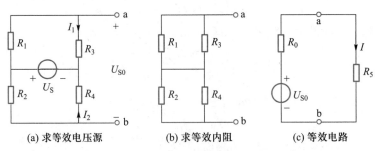

(a) 求等效电压源　　　　　(b) 求等效内阻　　　　　(c) 等效电路

图 1.7.4　例 1.7.2 的求解过程

$$R_0 = \frac{R_1 R_3}{R_1 + R_3} + \frac{R_2 R_4}{R_2 + R_4}$$

（3）于是图 1.7.3 可等效为图 1.7.4（c），并计算得

$$I = \frac{U_{S0}}{R_0 + R_5} = \frac{R_2 R_3 - R_1 R_4}{(R_1 + R_3)(R_2 + R_4)(R_0 + R_5)} U_S$$

思考与练习

1.7.1　应用戴维南定理将如图 1.7.5 所示的各电路化为等效电压源模型。

1.7.2　试求图 1.7.6 所示电路中的 U_{AO} 和 I_{AO}。

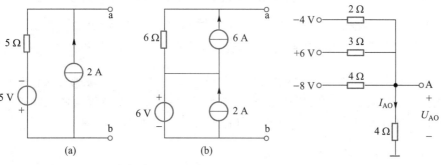

图 1.7.5　思考与练习 1.7.1 的图　　　　图 1.7.6　思考与练习 1.7.2 的图

1.8　应用实例

1.8.1　空气开关

空气开关是日常工作生活中常见的电气元件，当线路中发生短路、电流严重过载或电压严重下降时，空气开关将自动切断电源，保护线路安全；当故障排除后，手动合上开关，线路就可以继续正常运行。

图 1.8.1 所示是空气开关实物图，其内部结构如图 1.8.2 所示。其中过流脱扣器和欠压脱扣器的作用是在过流和欠压时自动切断电路。在正常情况下，过流脱扣器的衔铁处于释放状态；当电路发生短路或电流严重过载时，电流超过脱扣整定电流值，与主电路串联的线圈就会产生较强的电磁吸力把衔铁往下吸引而顶开锁

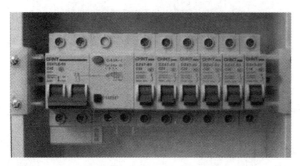

图 1.8.1　空气开关实物图

23

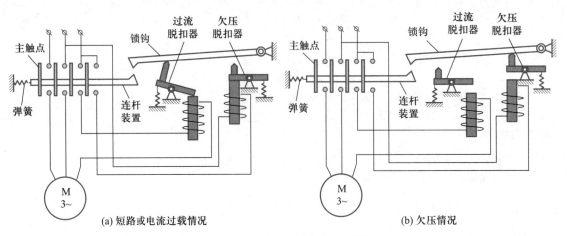

(a) 短路或电流过载情况　　　　　　　　　　(b) 欠压情况

图 1.8.2　空气开关工作原理图

钩,使主触点断开,切断电源;而欠压脱扣器在电压正常时,电磁吸力吸住衔铁,主触点才得以闭合。一旦电压严重下降或断电时,衔铁就被释放而使主触点断开。当电源电压恢复正常时,必须重新合闸后才能工作,实现了失压保护。

1.8.2　汽车发电机电路

汽车发动机运转时,发电机给蓄电池充电同时又给车灯供电。其中发电机和蓄电池是两个实际电源,可用两个戴维南等效电源模型来代替。两个戴维南等效电源模型的源电压分别用 U_{S1} 和 U_{S2} 表示,内阻分别用 R_{01} 和 R_{02} 表示,车灯用电阻 R 来表示,得到汽车发电机电路模型如图 1.8.3 所示。这样,便能利用本章所介绍的定律和定理来对该电路模型进行分析。

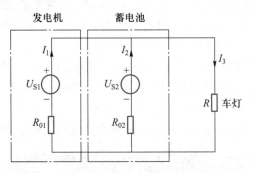

图 1.8.3　汽车发电机电路模型

习题

1.1　电路如图题 1.1 所示,五个元件代表电源或负载。电流和电压的参考方向如图题 1.1 所示,通过实验测得

$$I_1 = -4 \text{ A}, I_2 = 6 \text{ A}, I_3 = 10 \text{ A}$$

$$U_1 = 140 \text{ V}, U_2 = -90 \text{ V}, U_3 = 60 \text{ V}, U_4 = -80 \text{ V}, U_5 = 30 \text{ V}$$

（1）试在图中标出各电流和电压的实际方向。

（2）判断这五个元件中哪几个是电源，哪几个是负载。

（3）计算各元件的功率，电源发出的功率与负载吸收的功率是否平衡？

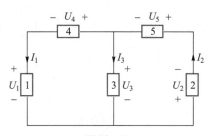

图题 1.1

1.2　电路如图题 1.2 所示，求图（a）中的电压 U 和图（b）中的电流 I。

1.3　两只白炽灯的额定电压均为 110 V，白炽灯甲的额定功率 $P_{N_1} = 60$ W，白炽灯乙的额定功率 $P_{N_2} = 100$ W。如果把甲、乙两白炽灯串联，接在 220 V 的电源上，每个白炽灯的电压为多少？并说明这种接法是否正确。

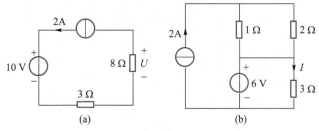

（a）　　　　　　　　　（b）

图题 1.2

1.4　电路如图题 1.4 所示，$U_{CC} = 6$ V，$R_C = 2$ kΩ，$I_C = 1$ mA，$R_B = 270$ kΩ，$I_B = 0.02$ mA，E 的电位 U_E 为零。求 A、B、C 三点的电位。

1.5　在电池两端接上电阻 $R_1 = 14$ Ω 时，测得电流 $I_1 = 0.4$ A；若接上电阻 $R_2 = 23$ Ω 时，测得电流 $I_2 = 0.35$ A。求此电池的源电压 U_S 和内阻 R_0。

1.6　电路如图题 1.6 所示，求 a、b 两点间的等效电阻 R_{ab}。

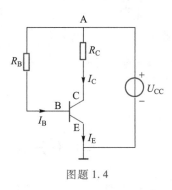

图题 1.4

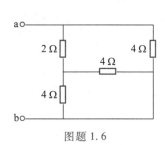

图题 1.6

1.7　电路如图题 1.7 所示，试求各支路电流。

1.8　用电源等效变换求图题 1.8 中的电压 U_{AB}。

1.9　电路如图题 1.9 所示，试用支路电流法求电流 I_1 和 I_2。

1.10　电路如图题 1.10 所示，求①点电位 U_1 及②点的电位 U_2 的大小。

1.11　用叠加原理求图题 1.11 电路中的 I_x。

1.12　求图题 1.12 所示电路的戴维南等效电路。

1.13　用戴维南定理求图题 1.13 所示电路中的电流 I_2。

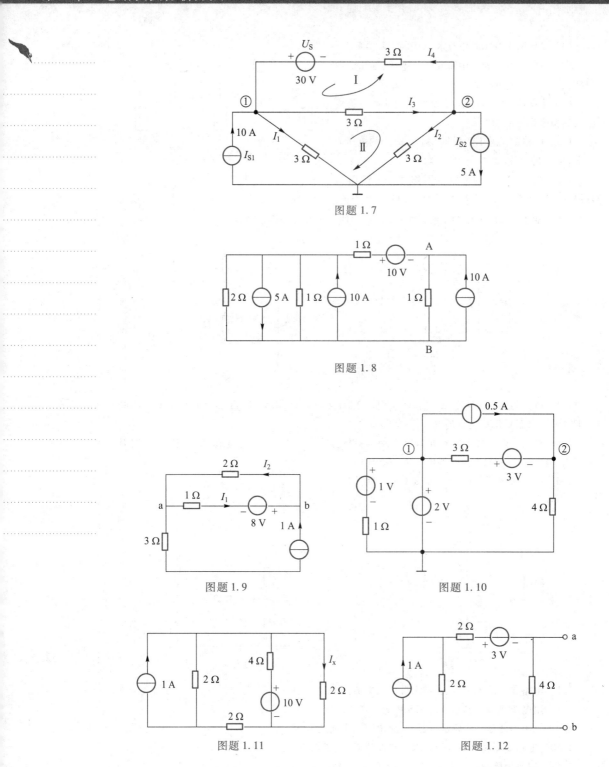

图题 1.7

图题 1.8

图题 1.9

图题 1.10

图题 1.11

图题 1.12

1.14　求图题 1.14 中的电流 I。

1.15　用戴维南定理求图题 1.15 所示电路中的电流 I。

1.16　用戴维南定理求图题 1.16 所示电路中的电流 I。

26

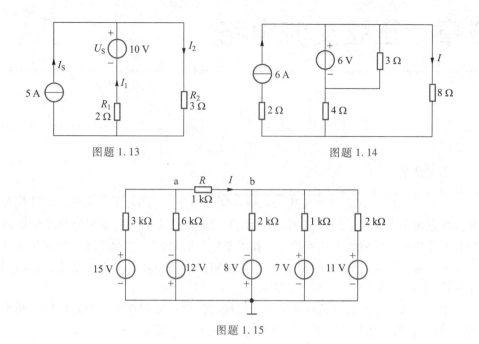

图题 1.13　　　　　　　　图题 1.14

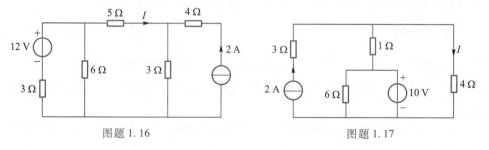

图题 1.15

1.17　试用叠加原理求图题 1.17 所示电路中的电流 I。

图题 1.16　　　　　　　　图题 1.17

1.18　有一个未知参数的电流源,要求测出其 I_s 和内阻 R_0,提供一个电压表、一个电流表和一个 10 Ω 电阻,应如何测量?请说明方法并画出电路(电流表内阻非常小,电压表内阻非常大)。

第 1 章习题答案

第2章 正弦交流电路

本章概要：

正弦交流电广泛应用于现代工农业生产和日常生活中,在无线通信和其他各种技术领域中也获得了广泛应用。因此,掌握正弦交流电的基本规律和交流电路的分析方法对于学习电工技术和电子技术是十分必要的。本章的重点内容是正弦交流电的基本知识、正弦量的相量表示、电路定律和理想元件电压与电流关系的相量形式、正弦稳态电路的分析和计算方法。

本章引入相量的目的是将时域中正弦量的三角函数运算变换为复数域中相量的复代数运算,从而简化正弦交流电路的计算,因而本章需要复习并掌握的数学工具是复数运算。交流电路具有用直流电路的概念无法理解和无法分析的物理现象,因此,在学习时必须建立交流的概念,否则容易引起错误。

学习目标：

（1）理解正弦交流电的三要素和相量表示法,理解相位差和有效值的意义。

（2）理解电路基本定律的相量形式,掌握理想元件的电压与电流的相量关系式及其相量图。

（3）了解正弦交流电路瞬时功率的概念,理解和掌握有功功率、无功功率和视在功率的概念和计算。

（4）了解正弦交流电路串联谐振和并联谐振的条件及特征。

（5）理解功率因素的概念,了解提高功率因素的方法及计算。

（6）掌握用相量法分析正弦交流电路的方法,并能作出电路各电压、电流的相量图。

2.1 正弦量的三要素

在第1章的直流电路中,当电路处于稳定状态时,电路中的电压和电流的大小和方向是不随时间变化的。而本章所要分析的正弦交流电路,其电路中的电压和电流是按照正弦规律周期性变化的,波形如图 2.1.1(a)所示。由于正弦电压和电流的方向是周期性变化的,图 2.1.1(b)电路图上所标的方向指的是它们的参考方向,即代表正半周时的方向。在负半周时,由于所标的参考方向与实际方向相反,则其值为负。图中的虚线箭头代表电流的实际方向;"⊕""⊖"代表电压的实际极性。

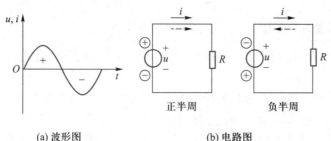

(a) 波形图　　　　(b) 电路图

图 2.1.1　正弦电压和电流

正弦电压和电流等物理量,常统称为正弦量。以正弦电流为例,其数学表达式为

$$i = I_m \sin(\omega t + \psi_i)$$

式中的角频率 ω、幅值 I_m、初相位 ψ_i 称为正弦量的三要素。其波形如图 2.1.2 所示。

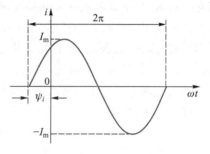

图 2.1.2　正弦交流电波形图

2.1.1　周期与频率

正弦量变化一周所需的时间,称为周期,用字母 T 表示,单位为秒(s)。每秒内完成的周期数称为频率,用字母 f 表示,单位为赫兹(Hz),简称赫。

频率和周期互为倒数,即

$$f = \frac{1}{T} \quad 或 \quad T = \frac{1}{f} \tag{2.1.1}$$

正弦量变化的快慢除用周期和频率表示外,还可用角频率 ω 来表示,单位是 rad/s。因为一周期 T 内经历了 2π 弧度(见图 2.1.2),因此角频率为

$$\omega = \frac{2\pi}{T} = 2\pi f \tag{2.1.2}$$

中国和大多数国家都采用 50 Hz 作为电力标准频率,有些国家(如美国、日本等)采用 60 Hz。这种频率在工业上应用广泛,习惯上也称为工频。通常的交流电动机和照明负载都用这种频率。

在其他各种不同的技术领域内使用着各种不同的频率。例如,高频炉的频率是 200~300 kHz;中频炉的频率是 500~8 000 Hz;高速电动机的频率是 150~2 000 Hz;通常收音机中波段的频率是 530~1 600 kHz,短波段的频率是 2.3~23 MHz。

【例 2.1.1】　已知频率 f=100 Hz,试求周期 T 和角频率 ω。

解:由式(2.1.1)、式(2.1.2)得

$$T = \frac{1}{f} = \frac{1}{100}\ s = 0.01\ s = 10\ ms$$

$$\omega = 2\pi f = 2 \times 3.14 \times 100\ rad/s = 628\ rad/s$$

2.1.2　幅值与有效值

正弦量在任一瞬间的值称为瞬时值,用小写字母来表示,如 e、u、i 分别表示电动势、电压和电流的瞬时值。

瞬时值中最大的值称为幅值或最大值,用带下标 m 的大写字母来表示,如 E_m、U_m、I_m 分别表示电动势、电压和电流的幅值。

幅值虽然能够反映出交流电的大小,但只是一个特定瞬间的数值。因此,交流量的大小常用有效值来计量。交流量的有效值是用电流的热效应来规定的,因为在电工技术中,电流常表现出其热效应。不论是周期性变化的电流还是直流电流,只要它们在相等的时间内通过同一电阻而两者的热效应相等,就把它们的安培值看作是相等的。就是说,如果交流电流 i 通过电阻 R 在一个周期的时间内产生的热量,与另一个直流电流 I 通过同样大小的电阻在相同的时间内所产生的热量相同,则该交流电流 i 的有效值在数值上就等于这个直流电流 I。

综上所述,可得

$$\int_0^T i^2 R \mathrm{d}t = I^2 RT$$

由此可得出周期电流的有效值为

$$I = \sqrt{\frac{1}{T}\int_0^T i^2 \mathrm{d}t} \tag{2.1.3}$$

可见,周期电流的有效值,就是瞬时值的平方在一个周期内平均后的平方根,所以有效值又称为均方根值。但式(2.1.3)仅适用于周期性变化的正弦(或非正弦)交流量,不能用于非周期量。

当周期电流为正弦量时,即 $i = I_m \sin(\omega t + \psi_i)$,则

$$
\begin{aligned}
I &= \sqrt{\frac{1}{T}\int_0^T I_m^2 \sin^2 \omega t \mathrm{d}t} = \sqrt{\frac{I_m^2}{T}\int_0^T \frac{1-\cos 2\omega t}{2} \mathrm{d}t} \\
&= I_m \sqrt{\frac{1}{T}\left(\int_0^T \frac{1}{2}\mathrm{d}t - \int_0^T \frac{1}{2}\cos 2\omega t \mathrm{d}t\right)} \\
&= \frac{I_m}{\sqrt{2}} = 0.707\, I_m
\end{aligned}
\tag{2.1.4}
$$

同理,正弦交流电压和电动势的有效值与它们的最大值的关系为

$$E = \frac{E_m}{\sqrt{2}} = 0.707\, E_m \tag{2.1.5}$$

$$U = \frac{U_m}{\sqrt{2}} = 0.707\, U_m \tag{2.1.6}$$

按照规定,有效值用大写字母表示,和表示直流的字母一样。

工程上常说的交流电压和电流的大小都是指有效值。一般交流测量仪表的刻度也是按照有效值来标定的。电气设备铭牌上的电压、电流也是有效值。但计算电路元件耐压值和绝缘的可靠性时,要用幅值。

2.1.3 相位与初相位

正弦量是随时间而变化的。在正弦电流 $i = I_m \sin(\omega t + \psi_i)$ 中,当 t 变化时,$\omega t + \psi_i$ 也在变化,i 的数值也随之变化,$\omega t + \psi_i$ 就称为正弦量的相位角或相位,它反映出正弦量随时间变化的进程。ψ_i 是正弦量在 $t = 0$ 时的相位,称为初相位(角),简称初相。

正弦量的初相位可正可负,应视其零值与计时起点在横轴上的相对位置而定。一般规定,初相位的取值范围为 $[-\pi, +\pi]$。在图 2.1.3 中,正弦量的零值在坐标原点的左边,其初相位为正;相反,若正弦量的零值在坐标原点的右边,则初相位为负。当正弦量的零值刚好与坐标原点重合时,初相位为零。

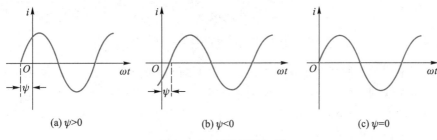

(a) $\psi > 0$ (b) $\psi < 0$ (c) $\psi = 0$

图 2.1.3 正弦量的初相

两个同频率正弦量的相位之差或初相位之差,称为相位角差或相位差。例如,正弦电路中的电压、电流为

$$\left.\begin{array}{l} u = U_m \sin(\omega t + \psi_u) \\ i = I_m \sin(\omega t + \psi_i) \end{array}\right\} \tag{2.1.7}$$

可见,它们的频率相同,初相位分别为 ψ_u、ψ_i,二者的相位差为

$$\varphi = (\omega t + \psi_u) - (\omega t + \psi_i) = \psi_u - \psi_i \tag{2.1.8}$$

图 2.1.4 画出了正弦量 u 和 i 的波形。以 ωt 为横坐标轴,u、i 为纵坐标轴,则可以看到两个正弦量的相位差等于两个初相位之差。

电路中常采用"超前"和"滞后"来说明两个同频率正弦量相位比较的结果。相位差可以通过波形来确定,如图 2.1.4 所示。在同一个周期内两个波形与横坐标轴的两个交点(正斜率过零点或负斜率过零点)之

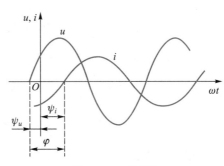

图 2.1.4 相位差

间的坐标值即为两者的相位差,先到达零点的为超前波。图 2.1.4 中所示为 u 超前 i,或者说 i 滞后 u。

若 $\varphi = \psi_u - \psi_i = 0$,波形如图 2.1.5(a) 所示,这时称 u 与 i 相位相同,或者说 u 与 i 同相。

当 $\varphi = \psi_u - \psi_i = \pm\pi$ 时，波形如图 2.1.5(b)所示，这时称 u 与 i 相位相反，或者说 u 与 i 反相。

当 $\varphi = \pm\dfrac{\pi}{2}$ 时，波形如图 2.1.5(c)所示，这时称 u 与 i 正交。

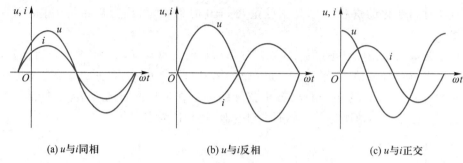

(a) u 与 i 同相　　　　　　　(b) u 与 i 反相　　　　　　　(c) u 与 i 正交

图 2.1.5　同频率正弦量的相位关系

对于不同频率的两个正弦量，它们之间的相位差不是一个常数，而是随时间变化的。书中谈到的相位差都是指同频率正弦量之间的相位差。

应当注意，当两个同频率正弦量的计时起点改变时，它们的初相也随之改变，但两者的相位差仍保持不变，即相位差与计时起点的选择无关。

【例 2.1.2】 已知正弦电压 $u_1(t) = U_{m1}\sin\left(\omega t + \dfrac{\pi}{6}\right)$，$u_2(t) = U_{m2}\sin\left(\omega t - \dfrac{\pi}{2}\right)$，正弦电流 $i_3(t) = I_{m3}\sin\left(\omega t + \dfrac{2\pi}{3}\right)$，试求各正弦量间的相位差。

解: 正弦电压 u_1 和 u_2 频率相同，可以进行相位比较，其相位差就等于 u_1 和 u_2 的初相位之差。即

$$\varphi_{12} = \psi_{u_1} - \psi_{u_2} = \frac{\pi}{6} - \left(-\frac{\pi}{2}\right) = \frac{2\pi}{3} > 0$$

上式说明，u_1 超前 u_2 $\dfrac{2\pi}{3}$ 弧度，或 u_2 滞后 u_1 $\dfrac{2\pi}{3}$ 弧度。

正弦电压 u_1 和正弦电流 i_3 间的相位差为

$$\varphi_{13} = \psi_{u_1} - \psi_{i_3} = \frac{\pi}{6} - \frac{2\pi}{3} = -\frac{\pi}{2} < 0$$

上式说明，u_1 滞后 i_3 $\dfrac{\pi}{2}$ 弧度，或 i_3 超前 u_1 $\dfrac{\pi}{2}$ 弧度。

正弦电压 u_2 和正弦电流 i_3 间的相位差为

$$\varphi_{23} = \psi_{u_2} - \psi_{i_3} = \left(-\frac{\pi}{2}\right) - \frac{2\pi}{3} = -\frac{7\pi}{6} < 0$$

但由于 $|\varphi_{23}| \geqslant \pi$，不满足相位差范围为 $[-\pi, +\pi]$ 的条件，因此，应取 $\varphi_{23} = -\dfrac{7\pi}{6} + 2\pi = \dfrac{5\pi}{6}$，因此，$u_2$ 超前 i_3 $\dfrac{5\pi}{6}$ 弧度，或 i_3 滞后 u_2 $\dfrac{5\pi}{6}$ 弧度。

思考与练习

2.1.1 在频率 f 分别为 100 Hz、1 000 Hz、5 000 Hz 时求 T 和 ω。

2.1.2 已知 $i = 50\sin\left(314t + \dfrac{\pi}{4}\right)$ mA，（1）它的频率、周期、角频率、幅值、有效值及初相位各为多少？（2）请画出波形图。

2.1.3 已知 $u_1 = 5\sqrt{2}\sin(6\,280t - 30°)$ V，$u_2 = 8\sqrt{2}\sin(6\,280t + 45°)$ V，试求 u_1 与 u_2 的相位差。

2.1.4 若 $i_1 = 10\sin(200\pi t + 15°)$ A，$i_2 = 20\sin(250\pi t - 20°)$ A，则两者之间的相位差是否为 35°？

2.1.5 已知某正弦电压在 $t = 0$ 时为 220 V，其初相为 45°，它的有效值是多少？

2.2 正弦量的相量表示法

前面已经学习了正弦量的两种表示方法，即三角函数和波形图。由于在进行交流电路的分析和计算时，经常需要进行同频率正弦量之间的加减运算，而以上两种方法都甚为烦琐。因此，引入正弦量的另一种表示方法——相量表示法。相量表示法就是用复数来表示正弦量，它可以把三角运算简化成复数形式的代数运算。

2.2.1 复数

复数及其运算是应用相量表示法的数学基础，本节仅做简要介绍。

设复平面中有一复数 F，其模为 r，辐角为 ψ，如图 2.2.1 所示，它可用下列三种式子表示

$$F = a + \mathrm{j}b = r\cos\psi + \mathrm{j}r\sin\psi \tag{2.2.1}$$

$$F = r\mathrm{e}^{\mathrm{j}\psi} \tag{2.2.2}$$

$$F = r\underline{/\psi} \tag{2.2.3}$$

式（2.2.1）称为复数的代数式，式中的 a 和 b 分别称为复数 F 的实部和虚部；式（2.2.2）称为复数的指数式；式（2.2.3）称为复数的极坐标式。三者可以互相转换。r 和 ψ 与 a 和 b 之间的关系为

$$r = \sqrt{a^2 + b^2}$$

$$\psi = \arctan\frac{b}{a}$$

$$a = r\cos\psi$$

$$b = r\sin\psi$$

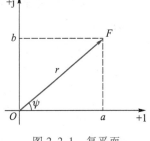

图 2.2.1 复平面

下面介绍复数的运算。复数的加减运算用代数式比较方便。例如，设

$$F_1 = a_1 + \mathrm{j}b_1, \quad F_2 = a_2 + \mathrm{j}b_2$$

则

$$F_1 \pm F_2 = (a_1 + \mathrm{j}b_1) \pm (a_2 + \mathrm{j}b_2) = (a_1 \pm a_2) + \mathrm{j}(b_1 \pm b_2)$$

复数的加减运算也可以按照平行四边形法在复平面上用向量的加减求得,如图 2.2.2 所示。

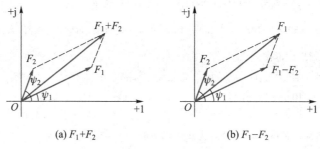

(a) F_1+F_2 (b) F_1-F_2

图 2.2.2 复数加减运算的图解法

复数的乘除运算用指数式或极坐标式比较方便。

复数相乘的运算为

$$F_1F_2=|F_1|e^{j\psi_1}|F_2|e^{j\psi_2}=|F_1||F_2|e^{j(\psi_1+\psi_2)}$$

所以

$$|F_1F_2|=|F_1||F_2|$$
$$\arg(F_1F_2)=\arg(F_1)+\arg(F_2)$$

复数相除的运算为

$$\frac{F_1}{F_2}=\frac{|F_1|\underline{/\psi_1}}{|F_2|\underline{/\psi_2}}=\frac{|F_1|}{|F_2|}\underline{/\psi_1-\psi_2}$$

所以

$$\left|\frac{F_1}{F_2}\right|=\frac{|F_1|}{|F_2|}$$

$$\arg\left(\frac{F_1}{F_2}\right)=\arg(F_1)-\arg(F_2)$$

可见,复数的乘除运算表示为模与模相乘除,辐角与辐角相加减。

【例 2.2.1】 试将下列复数的极坐标式转换为代数式:(1) $F=9.5\underline{/73°}$;(2) $F=13\underline{/112.6°}$

解:将极坐标式转换为代数式,有

(1) $F=9.5\underline{/73°}=9.5\cos73°+j9.5\sin73°=2.78+j9.1$

(2) $F=13\underline{/112.6°}=13\cos112.6°+j13\sin112.6°=-7+j10$

【例 2.2.2】 试将下列复数的代数式转换为极坐标式:(1) $F=5+j5$;(2) $F=4-j3$。

解:(1) $|F|=\sqrt{5^2+5^2}=\sqrt{50}=7.07$,$\psi=\mathrm{acrtan}\dfrac{5}{5}=45°$,所以

$$F=5+j5=7.07\underline{/45°}$$

(2) $|F|=\sqrt{4^2+(-3)^2}=\sqrt{25}=5$,$\psi=\mathrm{acrtan}\dfrac{-3}{4}=-36.9°$,所以

$$F = 4 - j3 = 5\underline{/-36.9°}$$

2.2.2 正弦量的相量表示法

由上述内容可知,一个复数可由模和辐角两个特征来表示。而正弦量由频率、幅值和初相位三个要素来确定。但在分析线性电路时,正弦激励和响应均为同频率的正弦量,即频率是已知或特定的,可不必考虑。因此只需确定正弦量的幅值(或有效值)和初相位就可表示正弦量。

对照复数和正弦量,正弦量可用复数表示。复数的模即为正弦量的幅值或有效值,复数的辐角即为正弦量的初相位。

为了与一般的复数相区别,我们把表示正弦量的复数称为**相量**,并在大写字母上加一点"·"。这就是正弦量的相量表示法。

如正弦电流

$$i = I_m \sin(\omega t + \psi_i) = \sqrt{2} I \sin(\omega t + \psi_i)$$

其幅值相量为

$$\dot{I}_m = I_m \underline{/\psi_i} \tag{2.2.4}$$

有效值相量为

$$\dot{I} = I \underline{/\psi_i} \tag{2.2.5}$$

其中,I_m 为正弦电流的幅值,I 为正弦电流的有效值。两者之间的关系为 $I_m = \sqrt{2} I$。

在实际应用中,正弦量更多地用有效值表示,以下凡无下标"m"的相量均指有效值相量。

注意,相量只是表示正弦量的一种数学工具,两者仅仅是一一对应关系,但相量并不等于正弦量。

相量是复数,可采用复数的各种数学表达形式和运算规则。对于复数的三种表示形式,相量可以有与之对应的三种表示形式,例如,对应于 $i = \sqrt{2} I \sin(\omega t + \psi_i)$,有

$$\left. \begin{array}{l} \dot{I} = I_a + jI_b = I(\cos\psi_i + j\sin\psi_i) \\ \dot{I} = I e^{j\psi_i} \\ \dot{I} = I \underline{/\psi_i} \end{array} \right\} \tag{2.2.6}$$

2.1 正弦量的相量表示法

其中,$I = \sqrt{I_a^2 + I_b^2}$,$I_a = I\cos\psi_i$,$I_b = I\sin\psi_i$,$\psi_i = \arctan\dfrac{I_b}{I_a}$。

【**例 2.2.3**】 若 $i = 141.4\sin(314t + 30°)$ A,$u = 311.1\sin(314t - 60°)$ V,试写出它们的有效值相量。

解:i 的有效值相量是 $\dot{I} = 100\underline{/30°}$ A,u 的有效值相量是 $\dot{U} = 220\underline{/-60°}$ V。

为了能更明确地表示相量的概念,可以把几个同频率正弦量的相量表示在同一复平面上。这种在复平面上按照各个正弦量的大小和相位关系画出的若干个相量的图形,叫作相量图,如图 2.2.3 所示。需要注意的是,只有正弦周期量才能用相量表示,相量不能表示非正弦周期量。只有同频率的正弦量才能画在同一相量

图上,不同频率的正弦量不能画在同一相量图上。

由上可知,表示正弦量的相量有两种形式:相量图和相量式(复数式)。

【例 2.2.4】 已知 $u_1 = 141.4\sin(\omega t + 60°)$ V,$u_2 = 70.7\sin(\omega t - 45°)$ V。(1) 求相应的相量;(2) 求两电压之和的瞬时值 $u(t)$;(3) 画出相量图。

解:(1) u_1、u_2 对应的有效值相量分别为

$$\dot{U}_1 = \frac{141.4}{\sqrt{2}} \underline{/60°}\ \text{V} = 100\underline{/60°}\ \text{V} = 100e^{j60°}\ \text{V} = (50 + j86.6)\ \text{V}$$

$$\dot{U}_2 = \frac{70.7}{\sqrt{2}} \underline{/-45°}\ \text{V} = 50\underline{/-45°}\ \text{V} = 50e^{-j45°}\ \text{V} = (35.35 - j35.35)\ \text{V}$$

(2) 两电压频率相同,可以进行加减运算。两电压对应相量的和为

$$\dot{U} = \dot{U}_1 + \dot{U}_2 = [(50 + j86.6) + (35.35 - j35.35)]\ \text{V} = (85.35 + j51.25)\ \text{V} = 99.55\underline{/31°}\ \text{V}$$

其对应的瞬时值表达式为

$$u(t) = 99.55\sqrt{2}\sin(\omega t + 31°)\ \text{V}$$

(3) 按一定比例画出 $\dot{U}_1$、$\dot{U}_2$、$\dot{U}$ 的相量图如图 2.2.4 所示。由于 u_1 的初相位 $\psi_1 = 60°$,故 $\dot{U}_1$ 位于正实轴逆时针方向转 60° 的位置。u_2 的初相位 $\psi_2 = -45°$,故 $\dot{U}_2$ 位于正实轴顺时针方向转 45° 的位置。长度分别等于有效值 U_1 和 U_2,总电压相量 $\dot{U}$ 位于 $\dot{U}_1$ 和 $\dot{U}_2$ 组成的平行四边形的对角线上。

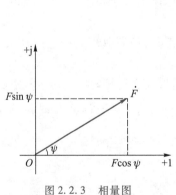

图 2.2.3　相量图

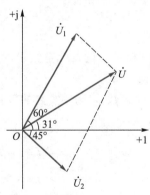

图 2.2.4　相量图

下面讨论 j 的几何意义。

式(2.2.1)中的 j 是一个虚数单位,即 $j = \sqrt{-1}$,并由此得 $j^2 = -1$,同时 j 又是一个旋转因子。根据欧拉公式 $e^{\pm j\psi} = \cos\psi \pm j\sin\psi$,当 $\psi = 90°$ 时,则

$$e^{\pm j90°} = \cos 90° \pm j\sin 90° = 0 \pm j = \pm j$$

因此任意一个相量乘以 +j 后,即向前(逆时针方向)旋转了 90°;乘以 -j 后,即向后(顺时针方向)旋转了 90°。在图 2.2.5 中,设相量 $\dot{A} = e^{j30°}$,现将 $\dot{A}$ 乘以 +j,得

$$j\dot{A} = e^{j90°} \cdot e^{j30°} = e^{j120°}$$

由此可见,相量 $\dot{A}$ 乘以 +j 后,该相量即按逆时针方向旋转 90°,故 $j\dot{A}$ 的辐角为 30° +

$90° = 120°$。

同理,相量 $\dot{A}$ 乘以 $-j$,得

$$-j\dot{A} = e^{-j90°} \cdot e^{j30°} = e^{-j60°}$$

该相量即按顺时针方向旋转 $90°$,故 $-j\dot{A}$ 的辐角为 $30° - 90° = -60°$。

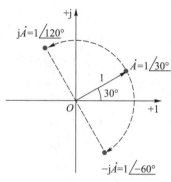

图 2.2.5 相量乘以 j,−j

● 思考与练习

2.2.1 相量前面加一个负号,相位角相差多少度?

2.2.2 若同频率正弦电流 $i_1(t)$ 及 $i_2(t)$ 的有效值分别为 I_1、I_2,$i_1(t) + i_2(t)$ 的有效值为 I,请问在什么条件下,下列关系式成立? (1) $I_1 + I_2 = I$;(2) $I_1 - I_2 = I$;(3) $I_1^2 + I_2^2 = I^2$。

2.3 单一理想元件的正弦交流电路

分析各种正弦交流电路,主要目的是要确定电路中电压和电流之间的关系(大小和相位),并讨论电路中能量的转换和功率问题。在分析各种交流电路时,我们必须首先掌握单一理想元件(电阻、电感、电容)电路中电压和电流之间的关系,这将成为分析复杂正弦电路的基础。

2.3.1 电阻元件的交流电路

图 2.3.1(a)所示是一个线性电阻元件交流电路的时域模型。电压和电流的参考方向如图中所示。在时域中电压和电流的关系由欧姆定律确定,即

$$u = Ri$$

设电阻电流为参考正弦量(假设其初相位为 $0°$),即

$$i = I_m \sin \omega t$$

则电阻电压

$$u = Ri = RI_m \sin \omega t = U_m \sin \omega t \tag{2.3.1}$$

电压和电流波形如图 2.3.1(d)所示。上式中

$$\frac{U_m}{I_m} = \frac{U}{I} = R \tag{2.3.2}$$

37

如用相量表示电压与电流,则有

$$\dot{U} = U e^{j0^\circ}, \dot{I} = I e^{j0^\circ}$$

那么

$$\frac{\dot{U}}{\dot{I}} = \frac{U}{I} e^{j0^\circ} = R$$

或写成

$$\dot{U} = R\dot{I} \qquad\qquad (2.3.3)$$

此即为欧姆定律的相量表达式。电阻元件的相量模型如图 2.3.1(b)所示,电压和电流的相量图如图 2.3.1(c)所示。

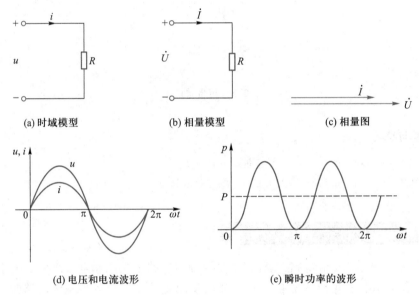

(a) 时域模型　　　　　(b) 相量模型　　　　　(c) 相量图

(d) 电压和电流波形　　　　　(e) 瞬时功率的波形

图 2.3.1　线性电阻元件的交流电路

从以上分析可得出如下结论。

① 电阻电路中,电压和电流的瞬时值、有效值、最大值和相量都满足欧姆定律,即

$$u = Ri, U = RI, U_{\mathrm{m}} = RI_{\mathrm{m}}, \dot{U} = R\dot{I}$$

② 电压与电流同相。

下面分析电路中的功率。在任意瞬间,电压瞬时值与电流瞬时值的乘积称为瞬时功率,用小写字母 p 表示,即

$$p = ui = U_{\mathrm{m}} \sin\omega t I_{\mathrm{m}} \sin\omega t = \frac{U_{\mathrm{m}} I_{\mathrm{m}}}{2}(1 - \cos 2\omega t) = UI(1 - \cos 2\omega t) \qquad (2.3.4)$$

由式(2.3.4)可知,p 由两部分组成,第一部分是常数 UI,第二部分是幅值为 UI 并以 2ω 的角频率随时间而变化的交变量 $UI\cos 2\omega t$。p 的变化曲线如图 2.3.1(e)所示。

由于在电阻元件的交流电路中,u 与 i 同相,所以瞬时功率总为正值,即 $p \geq 0$。从而表明,电阻是一耗能元件,始终从电源吸收电能,并将能量转化为热能,这是一种不可逆的能量转换。

工程上通常用瞬时功率在一个周期内的平均值来表示电路所消耗的功率,称为平均功率,用大写字母 P 表示。电阻元件的平均功率为

$$P = \frac{1}{T}\int_0^T p\,\mathrm{d}t = \frac{1}{T}\int_0^T UI(1-\cos 2\omega t)\,\mathrm{d}t = UI = I^2 R = \frac{U^2}{R} \qquad (2.3.5)$$

它与直流电路的功率公式在形式上是一样的。通常各交流电器上的功率,都是指其平均功率。由于它是电路实际消耗的功率,因此又称为有功功率。

【例 2.3.1】 把一个 100 Ω 的电阻元件接到频率为 100 Hz、电压有效值为 10 V 的正弦交流电源上,问电流是多少?如保持电压值不变,而电源频率改变为 200 Hz,这时电流将变为多少?

解:因为电阻与频率无关,因此电压有效值保持不变,电流有效值不变,即

$$I = \frac{U}{R} = \frac{10}{100}\ \mathrm{A} = 0.1\ \mathrm{A} = 100\ \mathrm{mA}$$

2.3.2 电感元件的交流电路

图 2.3.2(a)所示是一个线性电感元件交流电路的时域模型。当电感线圈中有正弦电流通过时,电路中会产生自感电动势 e。设电流 i、电动势 e 和电压 u 的参考方向如图 2.3.2(a)所示。根据基尔霍夫定律,线圈的端电压为

$$u = -e = L\frac{\mathrm{d}i}{\mathrm{d}t}$$

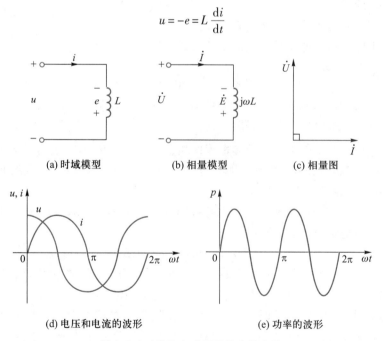

(a) 时域模型   (b) 相量模型   (c) 相量图

(d) 电压和电流的波形   (e) 功率的波形

图 2.3.2 线性电感元件的交流电路

设电感中的电流为参考正弦量,即

$$i = I_{\mathrm{m}}\sin \omega t$$

则电感电压为

$$u = L\frac{\mathrm{d}i}{\mathrm{d}t} = L\frac{\mathrm{d}(I_{\mathrm{m}}\sin\omega t)}{\mathrm{d}t} = I_{\mathrm{m}}\omega L\cos\omega t = I_{\mathrm{m}}\omega L\sin(\omega t + 90°) = U_{\mathrm{m}}\sin(\omega t + 90°) \quad (2.3.6)$$

上式中

$$\frac{U_{\mathrm{m}}}{I_{\mathrm{m}}} = \frac{U}{I} = \omega L \quad (2.3.7)$$

由此可见,在电感元件的交流电路中,电压、电流的幅值(及有效值)之比为 ωL,设 $X_L = \omega L$,称为感抗。当电压一定时,X_L 越大,则电流 I 越小,可见感抗对电流有阻碍作用。显然,感抗的单位是欧[姆](Ω)。

如果用相量表示电压与电流,则有

$$\dot{U} = U\mathrm{e}^{\mathrm{j}90°}, \dot{I} = I\mathrm{e}^{\mathrm{j}0°}$$

所以

$$\frac{\dot{U}}{\dot{I}} = \frac{U}{I}\mathrm{e}^{\mathrm{j}90°} = \mathrm{j}X_L$$

或写成

$$\dot{U} = \mathrm{j}X_L\dot{I} = \mathrm{j}\omega L\dot{I} \quad (2.3.8)$$

从式(2.3.8)可以看出,电感电路的电压超前电流 90°,或者说电流滞后电压 90°。电感元件的相量模型如图 2.3.2(b)所示,电感上电压和电流的相量图如图 2.3.2(c)所示。

从上述分析可得出以下结论。

(1)电感电路中电压与电流的一般关系式为

$$u = L\frac{\mathrm{d}i}{\mathrm{d}t}$$

该式的物理意义是在时域上电感电路的电压与电流的变化率成正比。因此在直流电路中,电感线圈可视为短路。

(2)正弦电路中的电感电压和电流的相量式 $\dot{U} = \mathrm{j}X_L\dot{I} = \mathrm{j}\omega L\dot{I}$ 表明了电压与电流的频率、大小和相位关系。电压与电流同频率,电压的有效值等于电流的有效值与感抗的乘积,电压超前电流 90°。

下面分析电路中的功率。设纯电感线圈的电流为 $i = I_{\mathrm{m}}\sin\omega t$,根据电压与电流的相互关系,电感的瞬时功率为

$$p = ui = U_{\mathrm{m}}\sin(\omega t + 90°)I_{\mathrm{m}}\sin\omega t = UI\sin 2\omega t = X_L I^2\sin 2\omega t \quad (2.3.9)$$

可见,p 是一个幅值为 UI、以 2ω 的角频率随时间变化的正弦量,其波形如图 2.3.2(e)所示。从图中可以看出,在第一个和第三个 1/4 周期内,电压和电流同时为正或同时为负,瞬时功率 p 为正值,线圈中的磁场增强,表明电感从电源吸取电能转换成为磁场能量储存起来。在第二和第四个 1/4 周期内,u、i 一个为正,另一个为负,瞬时功率 p 为负值,此时电感在向外输出能量。在这两个 1/4 周期内,流过线圈的电流都从峰值下降到零,说明线圈中的磁场在减弱,线圈正在将所储存的磁场能量转换为电能送还给外电路。这是一种可逆的能量转换过程。

电感元件的平均功率为

$$P = \frac{1}{T}\int_0^T p\,\mathrm{d}t = \frac{1}{T}\int_0^T UI\sin 2\omega t\,\mathrm{d}t = 0 \tag{2.3.10}$$

上式进一步说明了电感元件中没有能量的损耗,只有电感和外电路进行能量互换。这种能量互换的规模,我们用无功功率 Q 来度量。规定电感的无功功率等于瞬时功率的幅值,也就是等于电感元件两端电压的有效值 U 与电流有效值 I 的乘积。即

$$Q = UI = I^2 X_L = \frac{U^2}{X_L} \tag{2.3.11}$$

2.3 电感元件的交流电路

虽然 Q 有功率的量纲,但为了区别,其单位称为乏(var)。无功功率反映了电感与外电路进行能量交换的规模。要正确理解"无功"的含义,其是指"交换但不消耗"。

【例 2.3.2】 设有一线圈,其电阻可忽略不计,电感 $L = 35$ mH,在频率为 50 Hz 的电压 $U_L = 110$ V 的作用下,求:(1)线圈的感抗 X_L;(2)电路中的电流 $\dot{I}$ 及其与 $\dot{U}_L$ 的相位差 φ;(3)线圈的无功功率 Q_L。

解:(1) $X_L = 2\pi fL = 2\times 3.14\times 50\times 35\times 10^{-3}$ Ω $= 11$ Ω

(2)设 $\dot{U}_L = 110\underline{/0°}$ V,则

$$\dot{I} = \frac{\dot{U}_L}{\mathrm{j}X_L} = \frac{110\underline{/0°}}{11\underline{/90°}} \text{ A} = 10\underline{/-90°} \text{ A}$$

即 $\dot{I}$ 滞后 $\dot{U}_L 90°$,$\varphi = -90°$。

(3) $Q_L = I^2 X_L = 10^2\times 11$ var $= 1\ 100$ var

或 $Q_L = U_L I = 110\times 10$ var $= 1\ 100$ var

2.3.3 电容元件的交流电路

图 2.3.3(a)所示是一个线性电容元件交流电路的时域模型。设电容两端电压 u 和电流 i 的参考方向如图 2.3.3(a)所示,由此可得

$$i = C\frac{\mathrm{d}u}{\mathrm{d}t}$$

设电容元件两端的电压为参考正弦量,即

$$u = U_\mathrm{m}\sin\omega t$$

则电容电流为

$$i = C\frac{\mathrm{d}u}{\mathrm{d}t} = C\frac{\mathrm{d}(U_\mathrm{m}\sin\omega t)}{\mathrm{d}t} = U_\mathrm{m}\omega C\cos\omega t$$

$$= U_\mathrm{m}\omega C\sin(\omega t + 90°) = I_\mathrm{m}\sin(\omega t + 90°)$$

上式中

$$\frac{U_\mathrm{m}}{I_\mathrm{m}} = \frac{U}{I} = \frac{1}{\omega C} \tag{2.3.12}$$

由此可见,电压、电流的幅值(及有效值)之比为 $\dfrac{1}{\omega C}$,设 $X_C = \dfrac{1}{\omega C}$,称为容抗。当电压一定时,$X_C$ 越大则电流 I 越小,可见容抗对电流有阻碍作用。显然,容抗的单位是欧[姆](Ω)。X_C、X_L 与 R 具有同样的单位。

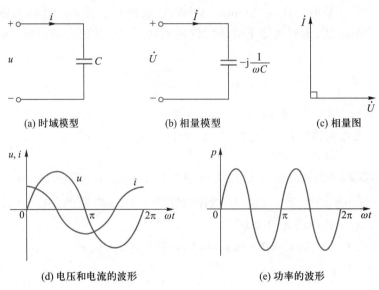

(a) 时域模型　　　　　(b) 相量模型　　　　　(c) 相量图

(d) 电压和电流的波形　　　　　　(e) 功率的波形

图 2.3.3　线性电容元件的交流电路

如果用相量表示电压与电流,则有

$$\dot{U} = U\mathrm{e}^{\mathrm{j}0°}, \quad \dot{I} = I\mathrm{e}^{\mathrm{j}90°}$$

所以

$$\frac{\dot{U}}{\dot{I}} = \frac{U}{I}\mathrm{e}^{-\mathrm{j}90°} = -\mathrm{j}X_C$$

或写成

$$\dot{U} = -\mathrm{j}X_C\dot{I} = -\mathrm{j}\frac{1}{\omega C}\dot{I} = \frac{\dot{I}}{\mathrm{j}\omega C} \qquad (2.3.13)$$

从式(2.3.13)可以看出,电容电路的电流超前电压 $90°$,或者说电压滞后电流 $90°$。电容元件的相量模型如图 2.3.3(b)所示,电感上电压和电流的相量图如图 2.3.3(c)所示。

从上述分析可得出以下结论。

① 电容电路中电压与电流的一般关系式为

$$i = C\frac{\mathrm{d}u}{\mathrm{d}t}$$

该式的物理意义是某一时刻电容的电流取决于该时刻电容电压的变化率。因此在直流电路中,电容可视为开路。

② 正弦电路中的电容电压和电流的相量式 $\dot{U} = -\mathrm{j}X_C\dot{I}$ 表明了电压与电流的频

率、大小和相位关系。电压与电流同频率，电压的有效值等于电流的有效值与容抗的乘积，电流超前电压90°。

2.4 电容元件的交流电路

下面分析电路中的功率。

设电容电压为 $u = U_m \sin \omega t$，根据电压与电流的相互关系，电容电路的瞬时功率为

$$p = ui = U_m \sin \omega t \cdot I_m \sin(\omega t + 90°)$$

$$= \frac{U_m I_m}{2} \sin 2\omega t = UI \sin 2\omega t = X_C I^2 \sin 2\omega t \qquad (2.3.14)$$

由此可知，电容元件的瞬时功率也是一个幅值为 UI、角频率为 2ω 的随时间改变的正弦量，如图2.3.3(e)所示。其平均功率为

$$P = \frac{1}{T} \int_0^T p \, dt = \frac{1}{T} \int_0^T UI \sin 2\omega t \, dt = 0 \qquad (2.3.15)$$

上式说明了电容元件是不消耗能量的，和电感元件一样，它与外电路之间只发生能量的互换。而这个能量互换的规模则由无功功率来度量，它等于瞬时功率的幅值，即

注意：

电容无功功率取负值，而电感无功功率取正值。

$$Q = -UI = -I^2 X_C = -\frac{U^2}{X_C} \qquad (2.3.16)$$

【例2.3.3】 已知电源电压 $u = 220\sqrt{2} \sin(100t - 60°)$ V，将电阻值 $R = 100$ Ω 的电阻、电感值 $L = 1$ H 的电感、电容值 $C = 100$ μF 的电容分别接到电源上。试分别求出通过各元件的电流相量 $\dot{I}_R$、$\dot{I}_L$、$\dot{I}_C$，并写出各电流 i_R、i_L 和 i_C 的函数式。

解：u 的有效值相量为

$$\dot{U} = 220\underline{/-60°} \text{ V}$$

则有

$$\dot{I}_R = \frac{\dot{U}}{R} = \frac{220\underline{/-60°}}{100} \text{ A} = 2.2\underline{/-60°} \text{ A}$$

$$\dot{I}_L = \frac{\dot{U}}{j\omega L} = \frac{220\underline{/-60°}}{j100 \times 1} \text{ A} = 2.2\underline{/-150°} \text{ A}$$

$$\dot{I}_C = j\omega C \dot{U} = j100 \times 100 \times 10^{-6} \times 220\underline{/-60°} \text{ A} = 2.2\underline{/30°} \text{ A}$$

由此可得

$$i_R = 2.2\sqrt{2} \sin(100t - 60°) \text{ A}$$

$$i_L = 2.2\sqrt{2} \sin(100t - 150°) \text{ A}$$

$$i_C = 2.2\sqrt{2} \sin(100t + 30°) \text{ A}$$

思考与练习

2.3.1 在单一的电感电路或电容电路中，试判断下列各式是否正确。

(1) $i = \frac{u}{X_C}$；(2) $u = iX_L$；(3) $I = \frac{U}{\omega C}$；(4) $I = \frac{U}{\omega L}$；(5) $I = U\omega C$；(6) $\frac{\dot{U}}{\dot{I}} = X_L$；

(7) $\dot{I} = -j\frac{U}{\omega L}$；(8) $\dot{U} = \dot{I}\frac{1}{j\omega C}$；(9) $\frac{\dot{U}}{\dot{I}} = -j\omega C$。

2.4　电阻、电感与电容元件串联交流电路

电阻、电感与电容元件串联的交流电路时域模型如图 2.4.1（a）所示。串联电路中各元件流过同一电流。电流 i 与电压 u_R、u_L 和 u_C 的参考方向如图中所示。

根据基尔霍夫电压定律，有

$$u = u_R + u_L + u_C$$

如果用相量表示电压和电流的关系，则为

$$\dot{U} = \dot{U}_R + \dot{U}_L + \dot{U}_C = R\dot{I} + jX_L\dot{I} - jX_C\dot{I}$$
$$= \left[R + j(X_L - X_C)\right]\dot{I} \qquad (2.4.1)$$

此即为基尔霍夫电压定律的相量形式，对应的电路相量模型如图 2.4.1（b）所示。式中，$R + j(X_L - X_C)$ 称为电路的阻抗，用大写字母 Z 表示。阻抗的实部为电阻，虚部为感抗与容抗的差，称为电抗，用大写字母 X 表示。

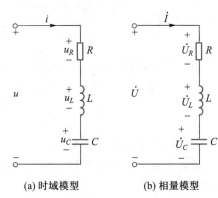

(a) 时域模型　　　(b) 相量模型

图 2.4.1　RLC 串联交流电路的时域模型和相量模型

阻抗
$$Z = R + j(X_L - X_C) = \frac{\dot{U}}{\dot{I}} \qquad (2.4.2)$$

电抗
$$X = X_L - X_C \qquad (2.4.3)$$

阻抗模用 $|Z|$ 表示，电压 u 与电流 i 之间的相位差 φ 又称为阻抗的辐角。

阻抗模
$$|Z| = \sqrt{R^2 + X^2} = \sqrt{R^2 + (X_L - X_C)^2} = \frac{U}{I} \qquad (2.4.4)$$

阻抗角
$$\varphi = \arctan\frac{X}{R} = \arctan\frac{X_L - X_C}{R} \qquad (2.4.5)$$

阻抗、阻抗模和电抗的单位都是欧［姆］（Ω）。当频率一定时它们的值均取决于元件参数 R、L 和 C，而与电源电压无关。阻抗是复数，但不是正弦量，所以 Z 上面不能加点。

由式（2.4.2）、式（2.4.4）和式（2.4.5）可知，阻抗 Z 既表示了电压与电流的大小关系（反映在阻抗模 $|Z|$ 上），又表示了电压与电流的相位关系（反映在辐角 φ 上）。

RLC 串联交流电路中电压与电流的相量图如图 2.4.2 所示。图 2.4.2（a）是用平行四边形法画出各相量，图 2.4.2（b）是用闭合多边形法画出各相量，它们的结果是一致的。

在作串联电路相量图时，通常选取电流相量 $\dot{I}$ 为参考相量，然后依次画出各电压相量

$$\dot{U}_R = R\dot{I}，\dot{U}_R 与 \dot{I} 同相$$
$$\dot{U}_L = jX_L\dot{I}，\dot{U}_L 超前 \dot{I}90°$$
$$\dot{U}_C = (-jX_C)\dot{I}，\dot{U}_C 滞后 \dot{I}90°$$

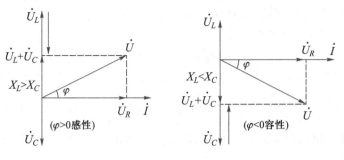

(a) 平行四边形法

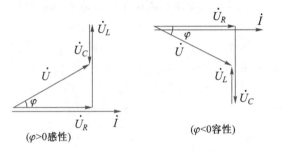

(b) 闭合多边形法

图 2.4.2 *RLC* 串联交流电路相量图

$$\dot{U} = \dot{U}_R + \dot{U}_L + \dot{U}_C = \dot{U}_R + \dot{U}_X, \dot{U} \text{ 与 } \dot{I} \text{ 的相位差为 } \varphi$$

在相量图中,由相量 $\dot{U}$、$\dot{U}_R$、$\dot{U}_X$ 组成的直角三角形称为电压三角形,其中 $\dot{U}_X = \dot{U}_L + \dot{U}_C$,如图 2.4.3(a)所示。电压的大小关系为

$$U = \sqrt{U_R^2 + U_X^2} = \sqrt{U_R^2 + (U_L - U_C)^2}$$

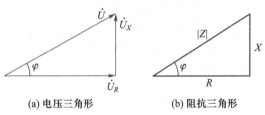

(a) 电压三角形　　　　　(b) 阻抗三角形

图 2.4.3　电压三角形和阻抗三角形

相量 $\dot{U}$ 和 $\dot{I}$ 的相位差为

$$\varphi = \arctan \frac{U_X}{U_R} = \arctan \frac{U_L - U_C}{U_R} = \arctan \frac{X_L - X_C}{R}$$

可见,电压和电流的相位差也可从电压三角形得出。同时也表明,由 $|Z|$、R、X 组成的阻抗三角形,如图 2.4.3(b)所示,与电压三角形是相似三角形。

由式(2.4.5)可知:当 $X_L > X_C$ 时,则 $\varphi > 0$,这时电流滞后电压 φ 角,该电路呈电感性;当 $X_L < X_C$ 时,则 $\varphi < 0$,这时电流超前电压 φ 角,该电路呈电容性;当 $X_L = X_C$ 时,则 $\varphi = 0$,这时电流与电压同相,该电路呈电阻性。$X_L = X_C$ 表明电路中感抗的作

2.5　电阻、电感与电容元件串联的正弦交流电路

用和容抗的作用互相抵消,这种现象称为谐振。

综合以上分析,可以得出如下结论。

① RLC 串联交流电路中各电压和电流都是同频率的正弦量。

② 总电压 u 的幅值(或有效值)与电流 i 的幅值(或有效值)成正比,比例系数为阻抗的模 $|Z|$, $|Z|=\dfrac{U_{\mathrm m}}{I_{\mathrm m}}=\dfrac{U}{I}$,但电压和电流的瞬时值不成正比,即 $|Z|\neq\dfrac{u}{i}$。

③ 电路的阻抗角 φ 是总电压 u 和电流 i 之间的相位差,它只与电路频率及参数 R、L、C 有关。

④ 交流电路中,基尔霍夫定律只适用于瞬时值和相量表达式,不能用于有效值和最大值。

【例 2.4.1】　在如图 2.4.1 所示的 RLC 串联电路中,已知 $\omega=50\ \mathrm{Hz}$,$I=10\ \mathrm A$,$U_R=80\ \mathrm V$,$U_L=180\ \mathrm V$,$U_C=120\ \mathrm V$。求:(1)总电压 U;(2)电路参数 R、L、C;(3)总电压与电流的相位差;(4)画出相量图。

解:(1)总电压 U 为
$$U=\sqrt{U_R^2+(U_L-U_C)^2}=\sqrt{80^2+(180-120)^2}=100\ \mathrm V$$

(2)电路各参数为

电阻　　$R=\dfrac{U_R}{I}=\dfrac{80}{10}\ \Omega=8\ \Omega$

感抗　　$X_L=\dfrac{U_L}{I}=\dfrac{180}{10}\ \Omega=18\ \Omega$

电感　　$L=\dfrac{X_L}{\omega}=\dfrac{X_L}{2\pi f}=\dfrac{18}{2\times3.14\times50}\ \mathrm{mH}=57\ \mathrm{mH}$

容抗　　$X_C=\dfrac{U_C}{I}=\dfrac{120}{10}\ \Omega=12\ \Omega$

电容　　$C=\dfrac{1}{\omega X_C}=\dfrac{1}{2\times3.14\times50\times12}\ \mu\mathrm F=265\ \mu\mathrm F$

(3)总电压与电流的相位差为
$$\varphi=\arctan\frac{U_L-U_C}{U_R}=\arctan\frac{X_L-X_C}{R}=\arctan\frac{18-12}{8}=36.9°$$

(4)以电流为参考相量,画出电压、电流相量图,如图 2.4.4 所示。

最后讨论正弦交流电路中的功率。

(1)瞬时功率

电阻、电感与电容元件串联的交流电路的瞬时功率表达式为
$$p=ui=\sqrt2 U\sin\omega t\cdot\sqrt2 I\sin(\omega t-\varphi)=UI\cos\varphi-UI\cos(2\omega t-\varphi)\qquad(2.4.6)$$

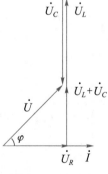

图 2.4.4　相量图

(2)平均功率、无功功率和视在功率

平均功率是指瞬时功率在一个周期内的平均值。根据式(2.4.6),可得

$$P = \frac{1}{T}\int_0^T p\,\mathrm{d}t = \frac{1}{T}\int_0^T \left[UI\cos\varphi - UI\cos(2\omega t - \varphi)\right]\mathrm{d}t = UI\cos\varphi \qquad (2.4.7)$$

式中的 $\cos\varphi$ 称为功率因数。

无功功率由式 (2.3.11) 和式 (2.3.16) 可得

$$Q = U_L I - U_C I = (U_L - U_C)I = (U\sin\varphi)I = UI\sin\varphi \qquad (2.4.8)$$

电压与电流有效值的乘积称为电路的视在功率，用 S 表示，即

$$S = UI \qquad (2.4.9)$$

为了与平均功率和无功功率加以区别，视在功率的单位为伏·安（V·A）。

平均功率、无功功率和视在功率之间的关系为

$$\left.\begin{array}{l} P = S\cos\varphi \\ Q = S\sin\varphi \\ S = \sqrt{P^2 + Q^2} \end{array}\right\} \qquad (2.4.10)$$

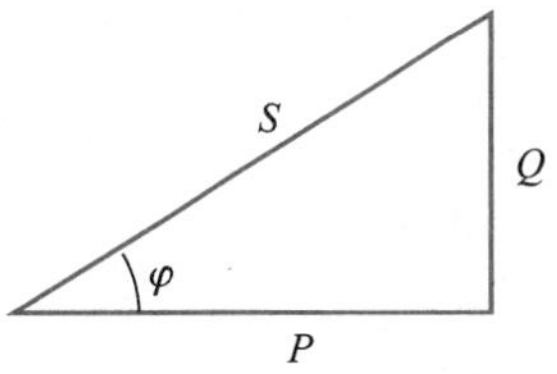

如图 2.4.5 所示，该三角形称为功率三角形，与图 2.4.3 所示的电压三角形和阻抗三角形是相似三角形。

图 2.4.5 功率三角形

思考与练习

2.4.1 在什么情况下，$S = P + Q$ 才能成立？

2.4.2 在什么情况下，瞬时功率波形图在一个周期内 $P < 0$ 部分可能大于 $P > 0$ 部分？

2.5 阻抗的串联与并联

在交流电路中，阻抗的连接形式是多种多样的，其中最简单和最常用的是串联与并联。

2.5.1 阻抗的串联

图 2.5.1(a) 所示是两个阻抗串联的电路，根据 KVL 的相量形式，有

$$\dot{U} = \dot{U}_1 + \dot{U}_2 = \dot{I}Z_1 + \dot{I}Z_2 = \dot{I}(Z_1 + Z_2) = \dot{I}Z \qquad (2.5.1)$$

式中

$$Z = Z_1 + Z_2 \qquad (2.5.2)$$

Z 称为电路的等效阻抗，即串联电路的等效阻抗等于各串联阻抗之和。其等效电路如图 2.5.1(b) 所示。

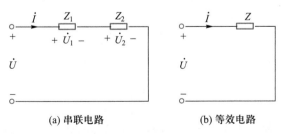

(a) 串联电路   (b) 等效电路

图 2.5.1 阻抗的串联

一般情况下

$$U \neq U_1 + U_2$$

即

$$|Z||I \neq |Z_1||I + |Z_2||I$$

所以

$$|Z| \neq |Z_1| + |Z_2|$$

2.5.2　阻抗的并联

图 2.5.2(a)所示是两个阻抗并联的电路,根据 KCL 的相量形式,有

$$\dot{I} = \dot{I}_1 + \dot{I}_2 = \frac{\dot{U}}{Z_1} + \frac{\dot{U}}{Z_2} = \dot{U}\left(\frac{1}{Z_1} + \frac{1}{Z_2}\right) = \dot{U} \cdot \frac{1}{Z} \qquad (2.5.3)$$

式中

$$\frac{1}{Z} = \frac{1}{Z_1} + \frac{1}{Z_2} \qquad (2.5.4)$$

或

$$Z = \frac{Z_1 \times Z_2}{Z_1 + Z_2} \qquad (2.5.5)$$

Z 称为电路的等效阻抗,即并联电路的等效阻抗的倒数等于各个并联阻抗的倒数之和。等效电路如图 2.5.2(b)所示。

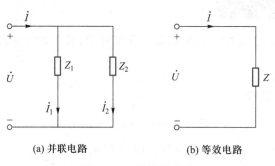

<table>
<tr><td>(a) 并联电路</td><td>(b) 等效电路</td></tr>
</table>

图 2.5.2　阻抗的并联

2.6　阻抗的串联与并联

一般情况下

$$I \neq I_1 + I_2$$

即

$$\frac{U}{|Z|} \neq \frac{U}{|Z_1|} + \frac{U}{|Z_2|}$$

所以

$$\frac{1}{|Z|} \neq \frac{1}{|Z_1|} + \frac{1}{|Z_2|}$$

【例 2.5.1】　如图 2.5.3(a)所示的无源二端网络中,已知端电压和电流分别为 $u(t) = 10\sqrt{2}\sin(100t + 36.9°)$ V, $i(t) = 2\sqrt{2}\sin 100t$ A,试求该网络的输入阻抗及其

等效电路。

解: 由题可得电压和电流相量分别为

$$\dot{U} = 10\underline{/36.9°}\ \text{V}, \quad \dot{I} = 2\underline{/0°}\ \text{A}$$

则阻抗为

$$Z = \frac{\dot{U}}{\dot{I}} = R + jX = \frac{10\underline{/36.9°}}{2\underline{/0°}}\ \Omega = 5\underline{/36.9°}\ \Omega = (4+j3)\ \Omega$$

因 $X = 3\ \Omega > 0$,电路呈感性,故等效电路为一个 $R = 4\ \Omega$ 的电阻与一个感抗 $X_L = 3\ \Omega$ 的电感元件串联,其等效电感为

$$L_1 = \frac{X_L}{\omega} = \frac{3}{100}\ \text{H} = 0.03\ \text{H}$$

等效电路如图 2.5.3(b)所示。

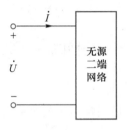
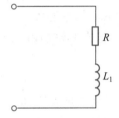

(a) 无源二端网络电路　　　　(b) 等效电路

图 2.5.3　例 2.5.1 的图

【例 2.5.2】 在如图 2.5.4 所示正弦稳态电路中,已知 $R_1 = 8\ \Omega$,$X_{C1} = 6\ \Omega$,$R_2 = 3\ \Omega$,$X_{L2} = 4\ \Omega$,$R_3 = 5\ \Omega$,$X_{L3} = 10\ \Omega$。试求电路的输入阻抗 Z_{ab}。

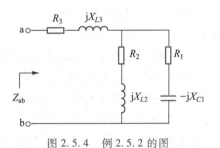

图 2.5.4　例 2.5.2 的图

解: 首先,求出各支路的阻抗

$$Z_1 = R_1 - jX_{C1} = (8-j6)\ \Omega$$
$$Z_2 = R_2 + jX_{L2} = (3+j4)\ \Omega$$
$$Z_3 = R_3 + jX_{L3} = (5+j10)\ \Omega$$

利用阻抗的串、并联关系可得输入阻抗

$$Z_{ab} = Z_3 + \frac{Z_1 Z_2}{Z_1 + Z_2} = \left[5+j10 + \frac{(8-j6)(3+j4)}{(8-j6)+(3+j4)}\right]\ \Omega = (9+j12)\ \Omega$$

思考与练习

2.5.1　两阻抗串联时,在什么情况下 $|Z| = |Z_1| + |Z_2|$?

2.5.2　两阻抗并联时,在什么情况下 $\frac{1}{|Z|} = \frac{1}{|Z_1|} + \frac{1}{|Z_2|}$?

2.5.3　在并联交流电路中,支路电流是否有可能大于总电流?

2.6　正弦交流电路的相量分析法

1. 理想元件电压和电流关系的相量形式

由 2.3 节可知 R、L、C 三种元件的 $\dot{U}$-$\dot{I}$ 关系的相量形式分别为

$$\dot{U} = R\dot{I}, \dot{U} = \mathrm{j}\omega L\dot{I}, \dot{U} = -\mathrm{j}\frac{1}{\omega C}\dot{I}$$

可见,相量形式的欧姆定律不仅适用于电阻元件,也适用于电感元件和电容元件,只不过它们的电压、电流的相量之比,分别用阻抗 $\mathrm{j}\omega L$ 和 $-\mathrm{j}\dfrac{1}{\omega C}$ 来表示。

不失一般性,对任意阻抗 Z,相量形式的欧姆定律可表示为

$$\dot{U} = Z\dot{I} \tag{2.6.1}$$

R、L、C 三种元件的 $\dot{U}$-$\dot{I}$ 关系的相量形式可视为式(2.6.1)的特例。

2. 基尔霍夫定律的相量形式

在时域中,正弦交流电路的电流和电压的瞬时值遵循基尔霍夫定律(KCL 与 KVL),即

$$\sum i = 0, \quad \sum u = 0 \tag{2.6.2}$$

如果电流和电压用相量表示,根据正弦量相量表示的唯一性,可直接写出基尔霍夫定律的相量形式,即

$$\sum \dot{I} = 0, \quad \sum \dot{U} = 0 \tag{2.6.3}$$

3. 相量分析法

电路分析计算的基本依据是元件的电压和电流关系的约束方程以及 KCL 与 KVL 的约束方程。对线性电阻直流电路而言,这两类方程均为代数方程。

元件电压和电流关系约束方程为 $U = RI$ 　　　　　　　　　　　(2.6.4)

KCL、KVL 的约束方程为 $\sum I = 0, \quad \sum U = 0$ 　　　　　　(2.6.5)

对正弦交流电路而言,这两类约束方程的相量形式为式(2.6.1)与式(2.6.3),与电阻电路的相应关系形式上完全相同。因而,电阻电路的支路电流法、电源模型等效变换和戴维南定理等方法都可以推广应用于正弦稳态电路的相量模型。这种基于相量模型对正弦稳态电路进行分析的方法称为相量分析法,简称相量法。应用相量法计算正弦交流电路的步骤如下。

① 将时域模型电路转化为相量模型电路,即电路结构不变;电路变量 $i \rightarrow \dot{I}$,$u \rightarrow \dot{U}$;元件参数 $R \rightarrow R$,$L \rightarrow \mathrm{j}X_L = \mathrm{j}\omega L$,$C \rightarrow -\mathrm{j}X_C = -\mathrm{j}\dfrac{1}{\omega C}$

② 根据元件约束方程 $\dot{U} = R\dot{I}$、$\dot{U} = \mathrm{j}\omega L\dot{I}$、$\dot{U} = -\mathrm{j}\dfrac{1}{\omega C}\dot{I}$ 和 KCL 与 KVL 方程 $\sum \dot{I} = 0$、$\sum \dot{U} = 0$ 建立相量形式的电路方程并求解未知量;或者利用相量图中各相量之间的几何关系求出未知相量以代替复数运算。

③ 若有需要,将所得相量形式的解转化为正弦时间函数。

对于简单的正弦交流电路,可以直接应用阻抗串、并联化简来求解电路;对于复杂的正弦交流电路,则可以像直流电路一样采用支路电流法、戴维南定理、电源模型等效变换等方法,但需用相量进行计算。

【例 2.6.1】 在图 2.6.1 所示电路中,$\dot{U} = 220 \underline{/0°}$ V,$R_1 = 5\ \Omega$,$X_C = 8\ \Omega$,$R_2 = 10\ \Omega$,$X_L = 10\ \Omega$。求各电流及电压 $\dot{U}_{AB}$。

解:电路的等效阻抗为

$$Z = R_1 - jX_C + \frac{R_2(jX_L)}{R_2 + jX_L} = \left[5 - j8 + \frac{10(j10)}{10 + j10} \right]\ \Omega = (5 - j8 + 5 + j5)\ \Omega$$

$$= (10 - j3)\ \Omega = 10.44 \underline{/-16.7°}\ \Omega$$

$$\dot{I}_1 = \frac{\dot{U}}{Z} = \frac{220 \underline{/0°}}{10.44 \underline{/-16.7°}}\ A = 21.1 \underline{/16.7°}\ A$$

接下来用分流公式求支路电流 $\dot{I}_2$ 和 $\dot{I}_3$。在正弦交流电路中,其分流公式与在直流电路中相似,只需把电阻改为阻抗,故得

$$\dot{I}_2 = \frac{jX_L}{R_2 + jX_L}\dot{I}_1 = \frac{j10}{10 + j10} \times 21.1 \underline{/16.7°}\ A = 14.9 \underline{/61.7°}\ A$$

$$\dot{I}_3 = \frac{R_2}{R_2 + jX_L}\dot{I}_1 = \frac{10}{10 + j10} \times 21.1 \underline{/16.7°}\ A = 14.9 \underline{/-28.3°}\ A$$

$$\dot{U}_{AB} = R_2\dot{I}_2 = 10 \times 14.9 \underline{/61.7°}\ V = 149 \underline{/61.7°}\ V$$

【例 2.6.2】 在图 2.6.2 所示电路中。已知电源总电压 u_s 超前电流 i $45°$,角频率 $\omega = 1\,000$ rad/s。求电源 u_s 的瞬时表达式和电压表 V_3 的读数。

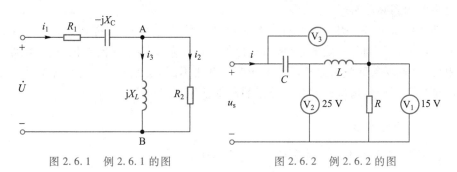

图 2.6.1 例 2.6.1 的图   图 2.6.2 例 2.6.2 的图

解:此题可通过作相量图来进行求解。先画出相量模型电路,如图 2.6.3(a)所示。设串联支路的电流 $\dot{I}$ 为参考相量,如图 2.6.3(b) 所示,则电阻电压 $\dot{U}_R$ 与 $\dot{I}$ 同相,电感电压 $\dot{U}_L$ 超前 $\dot{I}$ $90°$。由于 $\dot{U}_2 = \dot{U}_R + \dot{U}_L$,即 $\dot{U}_2$ 与 $\dot{U}_R$、$\dot{U}_L$ 构成直角三角形,故得

$$U_L = \sqrt{U_2^2 - U_R^2} = \sqrt{25^2 - 15^2}\ V = 20\ V$$

又由于 $\dot{U}_C$ 与 $\dot{U}_L$ 方向相反,$\dot{U}_3 = \dot{U}_L + \dot{U}_C$,且总电压 $\dot{U}_s$ 超前 $\dot{I}$ $45°$,$\dot{U}_s = \dot{U}_3 + \dot{U}_R$,所以 $\dot{U}_s$ 与 $\dot{U}_3$、$\dot{U}_R$ 构成等腰直角三角形,因而可得

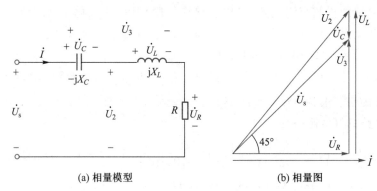

(a) 相量模型　　　　　　　(b) 相量图

图 2.6.3　相量模型及相量图

$$U_3 = U_R = 15 \text{ V}$$

$$U_s = \sqrt{U_3^2 + U_R^2} = \sqrt{15^2 + 15^2} \text{ V} = 21.21 \text{ V}$$

即电压表Ⓥ₃的读数为 15 V,电源总电压的瞬时表达式为

$$u_s = 21.21\sqrt{2}\sin(1\,000t + 45°) \text{ V}$$

2.7　电路的谐振

　　在 2.4 节中曾经提到过谐振。谐振现象是正弦稳态电路中一种特定的物理现象,一方面,谐振被广泛地应用于电工技术和无线电技术,例如用于高温淬火、高频加热和收音机、电视机中;但另一方面,谐振会在电路的某些元件中产生较大的电压或电流,使元件受损,甚至有可能使电路系统无法正常工作。因此,研究谐振现象有重要的实际意义。

　　那么什么是谐振呢? 在含有电容和电感元件的电路中,当电源的频率和电路的参数(即 L、C)满足一定的条件时,电路输入电压与输入电流同相位,整个电路呈电阻性,这种现象称为谐振。按发生谐振的电路不同,谐振现象可分为串联谐振和并联谐振。下面分别讨论这两种谐振的产生条件及其特征。

2.7.1　串联谐振

1. 串联谐振条件与谐振频率

RLC 串联电路如图 2.7.1 所示,当

$$X_L = X_C \qquad (2.7.1)$$

时,则

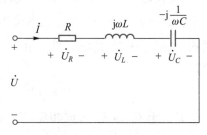

$$\varphi = \arctan\frac{X_L - X_C}{R} = 0$$

即电压 $\dot{U}$ 和电流 $\dot{I}$ 同相,这时电路中发生串联谐振。式(2.7.1)是发生串联谐振的条件,并由此得到串联谐振频率

图 2.7.1　RLC 串联电路

$$f = f_0 = \frac{1}{2\pi\sqrt{LC}} \tag{2.7.2}$$

f_0 称为电路的固有频率,它取决于电路参数 L 和 C,是电路的一种固有属性。当电源的频率等于固有频率时,RLC 串联电路就发生谐振。若电源频率是固定的,那么可以调整 L 或 C 的值,使电路固有频率等于电源频率从而发生谐振。

2. 串联谐振的特征

① 电路中电流与电压同相,电路呈电阻性。

② 电路的阻抗模 $|Z| = \sqrt{R^2 + (X_L - X_C)^2} = R$,其值最小。因此,当电源电压一定时,电路中的电流在谐振时达到最大值,即 $I = I_0 = \dfrac{U}{R}$。

③ 由于谐振时 $X_L = X_C$,于是 U_L、U_C 大小相等,相位相反互为补偿;因此,电源电压 $\dot{U} = \dot{U}_R$。其相量关系如图 2.7.2 所示。

谐振时,U_L、U_C 分别为

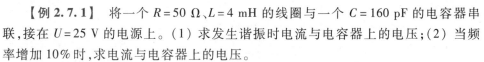

$$U_L = X_L I$$

$$U_C = X_C I$$

图 2.7.2　串联谐振相量图

2.7　电路中的谐振

当 $X_L = X_C > R$ 时,电感和电容上电压都高于电源电压。所以串联谐振又称为电压谐振。电压谐振产生的高电压在无线电工程上是十分有用的,因为接收信号非常微弱,通过电压谐振可把信号提高几十乃至几百倍。但电压谐振在电力系统中有时会击穿线圈和电容器的绝缘,造成设备的损坏。因此,在电力系统中应尽量避免电压谐振。

【例 2.7.1】 将一个 $R = 50\ \Omega$、$L = 4\ \text{mH}$ 的线圈与一个 $C = 160\ \text{pF}$ 的电容器串联,接在 $U = 25\ \text{V}$ 的电源上。(1)求发生谐振时电流与电容器上的电压;(2)当频率增加 10% 时,求电流与电容器上的电压。

解:(1) $f_0 = \dfrac{1}{2\pi\sqrt{LC}} = \dfrac{1}{2\times3.14\times\sqrt{4\times10^{-3}\times160\times10^{-12}}}\ \text{Hz} = 2\times10^5\ \text{Hz}$

$X_L = 2\pi f_0 L = 2\times3.14\times2\times10^5\times4\times10^{-3}\ \Omega \approx 5\ 000\ \Omega$

$X_C = \dfrac{1}{2\pi f_0 C} = \dfrac{1}{2\times3.14\times2\times10^5\times160\times10^{-12}}\ \Omega \approx 5\ 000\ \Omega$

$I_0 = \dfrac{U}{R} = \dfrac{25}{50}\ \text{A} = 0.5\ \text{A}$

$U_C = I_0 X_C = 0.5\times5\ 000\ \text{V} = 2\ 500\ \text{V}$

(2)当频率增加 10% 时

$X_L = 5\ 000(1+10\%)\ \Omega = 5\ 500\ \Omega$,　　$X_C = \dfrac{5\ 000}{1+10\%}\ \Omega = 4\ 500\ \Omega$

$|Z| = \sqrt{50^2 + (5\ 500 - 4\ 500)^2}\ \Omega \approx 1\ 000\ \Omega$,　　$I = \dfrac{U}{|Z|} = \dfrac{25}{1\ 000}\ \text{A} = 0.025\ \text{A}$

$$U_C = IX_C = 0.025 \times 4\,500 \text{ V} = 112.5 \text{ V}$$

可见,当频率增加 10% 时,I 和 U_C 都大大减小。

2.7.2　并联谐振

图 2.7.3 所示是线圈 RL 和电容器 C 并联的电路。当发生并联谐振时,电压 $\dot{U}$ 与电流 $\dot{I}$ 同相,相量图如图 2.7.4 所示。

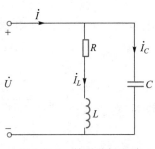

图 2.7.3　并联谐振电路

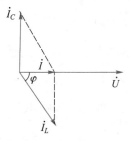

图 2.7.4　并联谐振相量图

1. 并联谐振的条件

由相量图可得

$$I_L \sin \varphi = I_C \tag{2.7.3}$$

由于

$$I_L = \frac{U}{\sqrt{R^2 + X_L^2}}$$

$$\sin \varphi = \frac{X_L}{\sqrt{R^2 + X_L^2}}$$

$$I_C = \frac{U}{X_C}$$

将以上各式代入式(2.7.3)中,得

$$\frac{U}{\sqrt{R^2 + X_L^2}} \times \frac{X_L}{\sqrt{R^2 + X_L^2}} = \frac{U}{X_C}$$

将 $X_L = 2\pi f L$,$X_C = \dfrac{1}{2\pi f C}$ 代入上式,整理后得谐振频率

$$f = f_0 = \frac{1}{2\pi} \sqrt{\frac{1}{LC} - \frac{R^2}{L^2}} \tag{2.7.4}$$

通常线圈的电阻 R 很小,即 $R \approx 0$,上式可近似认为

$$f = f_0 \approx \frac{1}{2\pi \sqrt{LC}} \tag{2.7.5}$$

可见,并联谐振的条件与串联谐振相同。

2. 并联谐振的特征

① 电路中电流与电压同相,电路呈电阻性。

②若 $R \ll X_L$，则 $\varphi \approx 90°$，且从图2.7.4的相量图可知，$\dot{I}_L \approx -\dot{I}_C$，$I_C \approx I_L$，$I \approx 0$。这说明，并联谐振时电路的阻抗模 $|Z|$ 达到最大值 $\left(|Z| = \dfrac{L}{RC} \right)$，这与串联谐振时的情况相反。在电源电压 U 一定的情况下，电流达到最小值，为

$$I = I_0 = \frac{U}{|Z|} = \frac{U}{\dfrac{L}{RC}}$$

③若 R 较小时，电感电流与电容电流近似相等，且远远大于总电流 I，即支路电流大于总电流，这从相量图可以看出。

因为 $I = I_L \cos \varphi = I_L \dfrac{R}{\sqrt{R^2 + X_L^2}}$，若 $R \ll X_L$，可近似认为 $I = I_L \dfrac{R}{X_L}$。因 $R \ll X_L$，且 $I_L \approx I_C$，故得

$$I_L \approx I_C = I \frac{X_L}{R} \gg I \tag{2.7.6}$$

换言之，并联谐振时，各并联支路的电流近似相等，并且比总电流大许多倍。因此，并联谐振又称为电流谐振。

并联谐振在电工与电子技术中也有广泛的应用。利用并联谐振可提高电感性电路的功率因数；在收音机的调谐电路中，也常采用并联谐振实现选台。

【例2.7.2】　在图2.7.3电路中，已知 $L = 500$ μH，$C = 234$ pF，$R = 20$ Ω。(1) 求 f_0；(2) 若 $I = 1$ μA，求谐振时的 I_C。

解：(1)　　　$\sqrt{LC} = \sqrt{500 \times 10^{-6} \times 234 \times 10^{-12}} = 342 \times 10^{-9}$
故得

$$f_0 = \frac{1}{2\pi \sqrt{LC}} = \frac{1}{2\pi \times 342 \times 10^{-9}} \text{ Hz} = 465 \text{ kHz}$$

(2)　　　$X_L = 2\pi f_0 L = 2\pi \times 465 \times 10^3 \times 500 \times 10^{-6}$ Ω $= 1\ 460$ Ω

根据式(2.7.6)，求得谐振时

$$I_C = I \frac{X_L}{R} = 1 \times \frac{1\ 460}{20} \text{ μA} = 73 \text{ μA}$$

所以电容电流是总电流的73倍。

思考与练习

2.7.1　一串联谐振电路中，$R = 10$ Ω，$L = 10$ mH，$C = 0.01$ μF，试求谐振频率 f_0。

2.7.2　RLC 串联谐振电路中，在谐振频率点处电路呈现电阻性，在小于谐振频率点处，电路呈现什么性质？在大于谐振频率点处，电路又呈现什么性质？

2.8　功率因数的提高

2.8.1　提高功率因数的意义

交流电路的平均功率不仅取决于电压和电流的大小，而且还与电压和电流间

55

的相位差 φ 有关,即

$$P = UI\cos\varphi$$

上式中的 $\cos\varphi$ 是电路的功率因数。当电路负载为电阻性时,电压、电流是同相位的,其功率因数为 1。而对其他负载而言,其功率因数均介于 0 与 1 之间,电源需向负载提供无功功率,即电源和负载之间有一部分能量在相互交换。在 U、I 一定的情况下,功率因数越低,无功功率比例越大,对电力系统运行越不利,这体现在以下两个方面。

1. 降低了电源设备容量的利用率

电源设备的额定容量是根据额定电压和额定电流设计的。额定电压和额定电流的乘积就是额定视在功率,代表着设备的额定容量。而容量一定的供电设备提供的有功功率为

$$P = S_N\cos\varphi$$

功率因数 $\cos\varphi$ 越低,P 越小,则设备利用率越低。

2. 增加了输电线路和供电设备的功率损耗

负载上的电流为

$$I = \frac{P}{U\cos\varphi}$$

在 P、U 一定的情况下,功率因数 $\cos\varphi$ 越低,I 就越大。而线路上的功率损耗为

$$\Delta P = I^2 r = \left(\frac{P}{U\cos\varphi}\right)^2 r = \left(\frac{P^2}{U^2}\cdot r\right)\frac{1}{\cos^2\varphi}$$

其中,r 代表传输线路加上电源内阻的总等效电阻。由上式可知,功率损耗和功率因数 $\cos\varphi$ 的平方成反比,即功率因数 $\cos\varphi$ 越低,电路损耗越大,则输电效率就越低。

由上述可知,提高电网的功率因数既能使电源设备容量得到充分的利用,又能减少线路上的电能损耗,从而节约大量电能,这对发展国民经济具有极其重要的意义。

2.8.2　提高功率因数的方法

功率因数不高的根本原因是电感性负载(也称感性负载)的存在。如工业生产中最常用的异步电动机在额定负载时的功率因素为 0.7~0.9,轻载时更低;日光灯作为感性负载,功率因数也只有 0.5 左右。而感性负载的功率因数之所以不高,是由于负载本身需要一定的无功功率。从技术经济观点出发,如何解决这个矛盾,也就是如何才能减少电源与负载之间能量的互换,但又使电感性负载能取得所需的无功功率,这就是我们所提出的要提高功率因素的实际意义。

按照供电规则,高压供电的工业企业的平均功率因数不低于 0.95,其他单位不低于 0.9。

提高功率因数,常用的方法就是在电感性负载两端并联适当大小的电容,其电路如图 2.8.1 所示。

由图 2.8.2 所示的相量图可知,并联电容器之前,感性负载上的电流等于线路

上的电流,它滞后于电压的角度是 φ,这时的功率因数是 $\cos\varphi$。并联电容 C 之后,由于增加了一个超前于电压 90°的电流 $\dot{I}_c$,所以线路上的电流变为

$$\dot{I}' = \dot{I} + \dot{I}_c$$

其中,$\dot{I}'$滞后于电压 $\dot{U}$ 的角度是 φ'。$\varphi'<\varphi$,所以 $\cos\varphi'>\cos\varphi$。只要电容 C 选得适当,即可达到补偿要求。

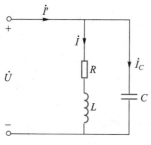
图 2.8.1 提高功率因数电路

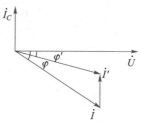
图 2.8.2 相量图

并联电容之后,感性负载本身的电流 $I = \dfrac{U}{\sqrt{R^2+X_L^2}}$ 和功率因数 $\cos\varphi = \dfrac{R}{\sqrt{R^2+X_L^2}}$ 均未改变,这是因为所加电压和感性负载的参数没有改变。因此,我们所说的提高功率因数,是指提高电源或电网的功率因数,而非指提高某个电感性负载的功率因数。另外,并联电容后有功功率并未改变,因为电容是不消耗电能的。

下面推导计算并联电容的电容值。由图 2.8.2 可得

$$I_c = I\sin\varphi - I'\sin\varphi' = \left(\frac{P}{U\cos\varphi}\right)\sin\varphi - \left(\frac{P}{U\cos\varphi'}\right)\sin\varphi' = \frac{P}{U}(\tan\varphi - \tan\varphi')$$

又因

$$I_c = \frac{U}{X_c} = \omega C U$$

则有

$$\omega C U = \frac{P}{U}(\tan\varphi - \tan\varphi')$$

因此

$$C = \frac{P}{\omega U^2}(\tan\varphi - \tan\varphi') \tag{2.8.1}$$

在感性负载两端并联适当的电容后,请注意如下几点:

① 并联电容后,不会改变原感性负载的工作状态,即原感性负载的有功功率、无功功率未变;

② 利用电容发出的无功功率,部分(或全部)补偿感性负载所吸收的无功功率,从而减轻了电源的无功功率负担;

③ 线路电流减小了。

【例 2.8.1】 有一感性负载的功率 $P=1\,600$ kW,功率因数 $\cos\varphi_1=0.8$,接在电压 $U=6.3$ kV 的电源上,电源频率 $f=50$ Hz。(1)如把功率因数提高到 $\cos\varphi_2=0.95$,试求并联电容的电容值和电容并联前后的线路电流;(2)如将功率因数从

57

0.95 再提高到 1,试问并联电容的电容值还需增加多少？此时电路中发生了怎样的物理现象？

解:(1)　　　　　　　　　　$\cos \varphi_1 = 0.8,\quad \varphi_1 = 36.9°$

　　　　　　　　　　　　$\cos \varphi_2 = 0.95,\quad \varphi_2 = 18.2°$

根据公式　　　　　　$C = \dfrac{P}{\omega U^2}(\tan \varphi - \tan \varphi')$

所需电容值为　　$C = \dfrac{1\,600 \times 10^3}{2 \times 3.14 \times 50 \times 6\,300^2}(\tan 36.9° - \tan 18.2°)\ \text{F} = 5.2\ \mu\text{F}$

并联电容前后,线路电流分别为

$$I_1 = \frac{P}{U\cos \varphi_1} = \frac{1\,600 \times 10^3}{6\,300 \times 0.8}\ \text{A} = 317\ \text{A}$$

$$I_2 = \frac{P}{U\cos \varphi_2} = \frac{1\,600 \times 10^3}{6\,300 \times 0.95}\ \text{A} = 267\ \text{A}$$

(2)要将功率因数从 0.95 再提高到 1,尚需增加电容

$$C = \frac{1\,600 \times 10^3}{2 \times 3.14 \times 50 \times 6\,300^2}(\tan 18.2° - \tan 0°)\ \text{F} = 42.2\ \mu\text{F}$$

此时,线路电流为

$$I = \frac{P}{U\cos \varphi} = \frac{1\,600 \times 10^3}{6\,300 \times 1}\ \text{A} = 254\ \text{A}$$

将功率因数从 0.95 提高到 1,需要增加电容 42.2 μF,增加了原电容值的 78%,但线路电流的改变不大,仅降至 254 A,只下降了 5%。同时,电路中发生了谐振现象,这也说明了将功率因数提高到 1 在经济上是不可取的。故通常只将功率因数提高到 0.9~0.95 之间即可。

思考与练习

2.8.1　电感性负载串联电容能否提高电路的功率因数？

2.8.2　试问并联电容后,电感性负载本身的功率因数是否提高？

2.8.3　电感性负载并联电阻能提高电路的功率因数,该方法有什么缺点？

2.9　非正弦周期电路

除了直流电路和正弦稳态电路外,实际工程中还存在着按非正弦规律变化的电源和信号,如电子计算机的数字脉冲电路和整流电源设备中,电压和电流的波形都是非正弦的。产生这种非正弦信号的原因有很多,比如,电路中有非线性元件;又如,有的设备本身采用产生非正弦电压的电源;再如,几个频率不同的正弦电源共同作用于一个电路。非正弦的信号又分为周期性和非周期性的,本节主要讨论非正弦周期电路。非正弦周期电路的稳态分析要用到前述的电路定律,但不可直接应用相量法,非正弦电路与正弦电路在分析方法上有不同之处。

2.9.1　非正弦周期量的分解

在高等数学理论中,证明了若周期为 T 的周期信号 $f(t)$ 满足狄里赫利条件,即

（1）$f(t)$在一个周期内只有有限个间断点；（2）只有有限个极大点和极小点；（3）并且$f(t)$在一个周期内绝对可积，即

$$\int_0^T |f(t)|\,\mathrm{d}t < \infty \ （有界）\tag{2.9.1}$$

则$f(t)$可展开为如下三角形式的傅里叶级数

$$f(t) = a_0 + \sum_{n=1}^{\infty} \left[a_n\cos(n\omega_1 t) + b_n\sin(n\omega_1 t) \right]\tag{2.9.2}$$

其中

$$a_0 = \frac{1}{T}\int_0^T f(t)\,\mathrm{d}t$$

$$a_n = \frac{2}{T}\int_0^T f(t)\cos(n\omega_1 t)\,\mathrm{d}t$$

$$b_n = \frac{2}{T}\int_0^T f(t)\sin(n\omega_1 t)\,\mathrm{d}t$$

式中，$n = 1,2,3,\cdots$。a_0、a_n、b_n 称为傅里叶系数，$\omega_1 = \dfrac{2\pi}{T}$称为$f(t)$的基本角频率或基波角频率。

傅里叶级数还有另外一种表达形式

$$f(t) = A_0 + A_{1m}\cos(\omega_1 t + \psi_1) + A_{2m}\cos(2\omega_1 t + \psi_2) + \cdots + A_{nm}\cos(n\omega_1 t + \psi_n)$$

$$= A_0 + \sum_{n=1}^{\infty} A_{nm}\cos(n\omega_1 t + \psi_n)\tag{2.9.3}$$

两种表示形式之间的关系为

$$A_0 = a_0$$

$$a_n = A_{nm}\cos\psi_n$$

$$b_n = -A_{nm}\sin\psi_n$$

$$\tan\psi_n = -\frac{b_n}{a_n}$$

上式中，第一项 A_0 称为周期函数$f(t)$的恒定分量，或称直流分量；第二项$A_{1m}\cos(\omega_1 t + \psi_1)$称为一次谐波，或称基波分量，其周期和频率与原周期函数相同；其他各项为高次谐波，即 2 次谐波、3 次谐波……这种把一个周期函数展开或分解为具体一系列谐波的傅里叶级数称为谐波分析。

因为在电工学中遇到的非正弦周期性电压或电流都能满足狄里赫利条件，因此，非正弦周期电压或电流都可以分解为傅里叶级数。

2.9.2　非正弦周期量的最大值、平均值和有效值

最大值是非正弦波在一个周期内的最大瞬间绝对值。

非正弦周期量的平均值是它绝对值的平均值。以电流为例，非正弦周期电流的平均值定义为

$$I_{av} = \frac{1}{T}\int_0^T |i|\,\mathrm{d}t\tag{2.9.4}$$

周期量的有效值定义为

$$F = \sqrt{\frac{1}{T} \int_0^T f^2(t)\, dt} \qquad (2.9.5)$$

根据谐波分析,非正弦周期信号可分解为傅里叶级数

$$f(t) = A_0 + \sum_{n=1}^{\infty} A_{nm} \cos(n\omega_1 t + \psi_n)$$

将上式代入有效值公式中,则其有效值为

$$F = \sqrt{\frac{1}{T} \int_0^T f^2(t)\, dt} = \sqrt{A_0^2 + \frac{1}{2}\sum_{n=1}^{\infty} A_n^2} \qquad (2.9.6)$$

对一周期电压信号

$$u(t) = U_0 + \sum_{n=1}^{\infty} U_{nm} \cos(n\omega_1 t + \psi_n) = U_0 + \sum_{n=1}^{\infty} \sqrt{2}\, U_n \cos(n\omega_1 t + \psi_n) \qquad (2.9.7)$$

非正弦周期电压信号 $u(t)$ 的有效值为

$$U = \sqrt{U_0^2 + \sum_{n=1}^{\infty} U_n^2} = \sqrt{U_0^2 + U_1^2 + U_2^2 + \cdots} \qquad (2.9.8)$$

由此,非正弦周期电流或电压信号的有效值等于它的直流分量和各次谐波分量有效值的平方和的平方根。

2.9.3　非正弦周期电路的平均功率

下面讨论非正弦周期电路中的平均功率问题。采用下式

$$P = \frac{1}{T} \int_0^T p\, dt = \frac{1}{T} \int_0^T ui\, dt$$

非正弦周期电压和非正弦周期电流分别为

$$u = U_0 + \sum_{n=1}^{\infty} U_{nm} \cos(n\omega_1 t + \psi_{nu})$$

$$i = I_0 + \sum_{n=1}^{\infty} I_{nm} \cos(n\omega_1 t + \psi_{ni})$$

利用三角函数的正交性可以证明,平均功率为

$$P = \frac{1}{T} \int_0^T p\, dt = \frac{1}{T} \int_0^T U_0 I_0\, dt + \frac{1}{T} \int_0^T \sum_{n=1}^{\infty} U_{nm} I_{nm} \cos(n\omega_1 t + \psi_{nu}) \cos(n\omega_1 t + \psi_{ni})\, dt$$

$$= U_0 I_0 + \sum_{n=1}^{\infty} U_n I_n \cos \varphi_n = P_0 + \sum_{n=1}^{\infty} P_n \qquad (2.9.9)$$

其中,$\varphi_n = \psi_{nu} - \psi_{ni}$ 为 n 次谐波电压与电流之间的相位差;P_n 为 n 次谐波分量的平均功率。即非正弦周期信号的平均功率等于直流分量和各次谐波分量各自产生的平均功率之和。

2.9.4　非正弦周期电路的计算

关于非正弦周期电路的计算,可以简单地描述为以下几个步骤。

① 将给定的非正弦周期信号分解为傅里叶级数形式,依据所需的精确度,确定高次谐波的取舍。

② 求出该信号的恒定分量,以及各谐波分量单独作用时的响应。

③ 采用叠加原理,将上一步得出的结果转换成瞬时表达式后再相加,最后求得的就是用时间函数表示的响应。

2.10 应用实例

2.10.1 日光灯电路

日光灯是一种气体放电光源,因其发出的光接近自然光,故称日光灯。由于日光灯和节能灯的发光效率高,节能效果明显,因而已逐渐取代白炽灯成为当前主要的照明灯具。目前,功率较大的白炽灯已禁止生产,功率较小的白炽灯也将逐渐被日光灯和节能灯所取代。

传统的日光灯电路如图 2.10.1 所示。主要由灯管、镇流器和启辉器三个部件组成。

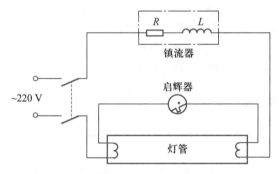

图 2.10.1 传统日光灯电路

灯管由灯头、灯丝和玻璃管组成,通常做成长条形或环形。玻璃管的两端各装有一个由钨丝构成的灯丝,灯丝表面涂有氧化钡。灯丝两端接在灯头的两极上。灯管内涂有荧光粉,并充有少量汞气和氩气。

启辉器又称启动器,是一个小型氖气泡,内有一个固定电极和一个双金属片构成的可动电极,成 U 字形,两极与一个小电容并联。

镇流器由硅钢片铁芯线圈构成。

电路与电源接通之初,因启辉器两个电极是断开的,220 V 交流电压全部作用在启辉器两端,使其产生辉光放电,可动电极受热膨胀,与固定电极接触,接通灯丝电路,使灯丝迅速加热并发射电子。这时镇流器的作用是限制灯丝的预热电流。启辉器接通后,两端的电压降为零,辉光放电停止。双金属片可动电极因温度下降而复原,电路断开,此时镇流器电感因电流突变产生高压电,它与 220 V 交流电源电压一起形成约 600 V 的高电压作用于灯管两端,使灯管内的电子形成高速电子流,撞击管内气体分子,使之电离而产生弧光放电并发出紫外线。紫外线激发灯管内

10000000

壁的荧光粉发出类似荧光的可见光。灯管点亮后,电路成为由镇流器(含电感和电阻)与灯管(含电阻)串联的交流电路。220 V 交流电压大部分作用在镇流器两端,灯管两端的电压低于启辉器的放电电压,启辉器不再发生辉光放电而失去作用。这时镇流器的作用是降压限流,即起镇流作用,故名镇流器。由于镇流器具有很大的电感,故日光灯电路的功率因数很低,为提高电路的功率因数,通常在日光灯电路两端并联电容器。

上述由铁芯线圈构成的镇流器价格贵,损耗大,目前已逐渐被电子镇流器所取代。采用电子镇流器还可以取消启辉器,启辉与镇流作用都由电子镇流器来完成。采用电子镇流器的日光灯电路如图 2.10.2 所示。

节能灯更进一步,它将电子镇流器和灯管组装在一起,如图 2.10.3 所示,使用起来更为方便。

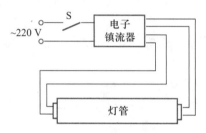

图 2.10.2　采用电子镇流器的日光灯电路　　　　图 2.10.3　节能灯

2.10.2　超外差式调幅收音机

谐振电路的应用非常广泛,特别是在通信系统中的应用很多。在收音机与电视机中一般采用 LC 谐振电路实现选台。在接收无线电和电视广播信号时,调节选台按钮就是调节 LC 谐振电路的固有频率使其等于某电台的发射频率,从而利用谐振电路的选择性,把所需要的信号从诸多信号中选择出来。

图 2.10.4 所示为超外差式调幅收音机的功能框图。调幅广播的通频带在 535～1 605 kHz 之间,每个电台在这个频率范围内都分配了一个很窄的频带。来自不同广播电台的成千上万个不同频率的入射调幅无线电波(载波)由天线接收后,首先通过谐振电路(带通滤波器)的"调谐",选出其中某一路载波(如 600 kHz),其幅值的变化(包络)反映着含有原始信息的音频信号(5 kHz)的变化。所谓调谐就是调节电路的电容,使电路与某电台的信号发生谐振,从而将该电台的信号与其他电台的信号区分开来,达到选台的目的。所选出的入射载波通常很微弱,需要通过射频放大器放大,再与本地振荡器同轴调谐产生的信号(1 055 kHz)混频后得到差频信号 455 kHz[(1 055-600) kHz=455 kHz],该 455 kHz 信号是标准调幅接收机中的中频信号,无论选择什么波段,接收机前端的三个并联谐振带通滤波器的同轴调谐总能将所选出的射频载波转换成 455 kHz 中频信号,该中频信号再由中频放大器放大后加在音频检波器上,从而去掉中频信号,留下其包络,即提取出原始音频信号,该音频信号再经过音频放大器放大,然后驱动扬声器发声。

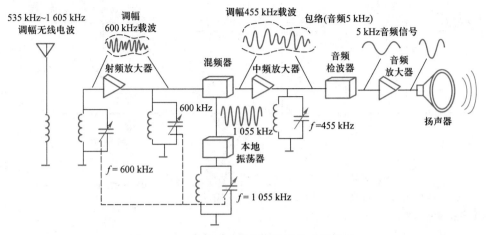

535 kHz~1 605 kHz 调幅无线电波

调幅 600 kHz载波

调幅455 kHz载波

包络(音频5 kHz)

5 kHz音频信号

射频放大器

混频器

中频放大器

音频检波器

音频放大器

扬声器

600 kHz

1 055 kHz

f=455 kHz

f= 600 kHz

本地振荡器

f= 1 055 kHz

图 2.10.4 超外差式调幅收音机的功能框图

习题

2.1 已知正弦量 $\dot{I} = (-3-j4)$ A 和 $\dot{U} = 220e^{j60°}$ V,试分别用三角函数式及相量图表示它们。

2.2 已知某负载的电流和电压的有效值和初相位分别是 2 A、$-30°$;36 V、$45°$;频率均为 50 Hz。(1) 写出它们的瞬时值表达式;(2) 画出它们的波形图;(3) 指出它们的幅值、角频率以及二者之间的相位差。

2.3 已知 $t=0$ 时正弦量的值分别为 $u(0) = 110$ V,$i(0) = -5\sqrt{2}$ A。它们的相量图如图题 2.3 所示,试写出它们的正弦量瞬时值表达式和相量表达式。

2.4 已知 $i_1 = 20\sin(314t+75°)$ A,$i_2 = 20\sin(314t-15°)$ A,$i = i_1+i_2$。试用相量法求 i,并画出三个电流的相量图。

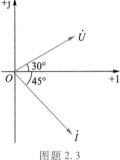

图题 2.3

2.5 电压 $u = 314\sqrt{2}\sin 314t$ V,分别作用于(1) $R = 10$ Ω;(2) $L = 1$ H;(3) $C = 100$ μF 元件上。试求分别流经它们的电流 i_R、i_L、i_C,并画出相量图。

2.6 电路如图题 2.6 所示,已知 $R = X_L = X_C$,求各图中电表读数之间的关系。

2.7 在如图题 2.7 所示的电路中,$u_i = \sqrt{2}U\sin\omega t$,求 u_o 和 u_i 的关系。

2.8 在图题 2.8 所示电路中,计算图(a)的电流 $\dot{I}$ 和各阻抗元件上的电压 $\dot{U}_1$ 和 $\dot{U}_2$,并作相量图;计算图(b)中各支路电流 $\dot{I}_1$ 和 $\dot{I}_2$、电压 $\dot{U}$,并作相量图。

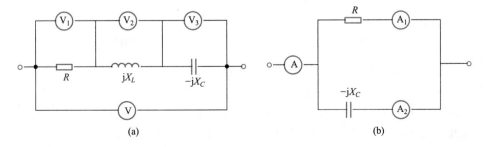

(a)   (b)

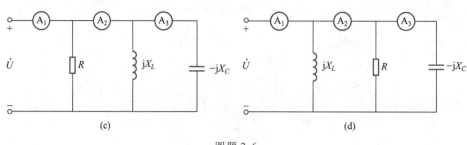

图题 2.6

2.9　一个电路中，R、L、C 元件并联在一个 220 V 的交流电源上，已知 $R=60\ \Omega$，$X_C=80\ \Omega$，$X_L=40\ \Omega$，求电路的总有功功率、无功功率和视在功率。

2.10　在如图题 2.10 所示电路中，若 $R=X_C=X_L=100\ \Omega$，求电路的输入阻抗 Z_{ab}。

2.11　在图题 2.11 中，$I_1=5$ A，$I_2=5\sqrt{2}$ A，$U=100$ V，$R=\dfrac{5}{2}\ \Omega$，$X_L=R_2$，计算 I、X_C、X_L 和 R_2。

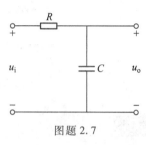

图题 2.7

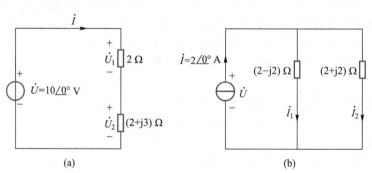

(a)　　　　　　　(b)

图题 2.8

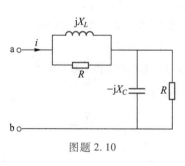

图题 2.10

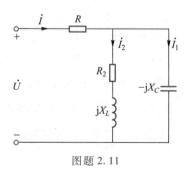

图题 2.11

2.12　电路如图题 2.12 所示，无源二端网络输入端的电压为 $u=220\sqrt{2}\sin(314t+47°)$ V，电流为 $i=11\sqrt{2}\sin(314t+10°)$ A，则此二端网络可以等效为两个元件的串联电路，试画出该等效电路，并求出元件的参数值，以及此二端网络的功率因数、有功功率和无功功率。

2.13　电路如图题 2.13 所示，$U=220$ V，R 和 X_L 串联支路的 $P_1=$

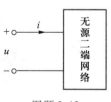

图题 2.12

64

726 W，$\cos\varphi_1 = 0.6$。当开关 S 闭合后，电路的总有功功率增加了 74 W，无功功率减少了 168 var，试求总电流 I 及 Z_2 的大小和性质。

2.14　有一电感性负载接到 50 Hz、220 V 的交流电源上工作时，消耗的有功功率为 4.8 kW，功率因数为 0.5。试问应并联多大的电容才能将电路的功率因数提高到 0.95？

2.15　电路如图题 2.15 所示，$U = 220$ V，$f = 50$ Hz，$R_1 = 10\sqrt{2}$ Ω，$X_1 = 10\sqrt{2}$ Ω，$R_2 = 5\sqrt{2}$ Ω，$X_2 = 5\sqrt{2}$ Ω。（1）求电流表的读数和电路功率因数 $\cos\varphi_1$；（2）欲使电路的功率因数提高到 0.866，则需并联多大电容？（3）并联电容后电流表的读数为多少？

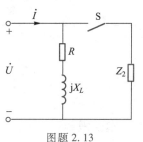

图题 2.13

2.16　试证明：在如图题 2.16 所示的 RC 串并联选频电路中，当 $f_0 = \dfrac{1}{2\pi RC}$ 时，$\dfrac{\dot{U}_o}{\dot{U}_i} = \dfrac{1}{3}\underline{/0°}$。

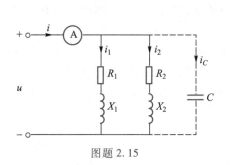

图题 2.15

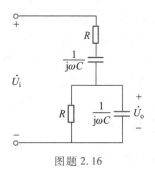

图题 2.16

2.17　收音机天线调谐回路模型如图题 2.17 所示，已知 $L = 250$ μH，$R = 20$ Ω，若接收频率 $f = 1$ MHz，电压 $U_s = 10$ μV 的信号，求（1）调谐回路的电容值 C；（2）谐振阻抗 Z_0、谐振电流 I_0 和谐振电容电压 U_{C0}。

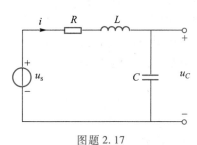

图题 2.17

第 2 章习题答案

第3章 三相正弦交流电路

本章概要：

电力是现代工业的主要动力。由于三相电路在发电、输电和用电等方面与单相电路相比具有很多优点，因而电力系统普遍采用三相电源供电。由三相电源供电的电路称为三相电路，上一章讨论的交流电路只是三相电路中某一相的电路。本章主要讨论三相电路中电源和负载的联结，对称三相电路中电压、电流和功率的计算以及安全用电，这些内容是进一步学习电力系统的基础。

三相电路本质上是一种特殊形式的正弦交流电路，因此，上一章所介绍的正弦交流电路的分析方法都适用于三相电路。特别地，对于对称三相电阻的分析，可以采用简化为单相电路的思路来进行，再根据对称电压、电流关系直接写出另外两相的电压和电流。

学习目标：

(1) 了解三相交流电源的产生和特点。
(2) 掌握三相四线制电源的线电压和相电压的关系，理解中性线的作用。
(3) 理解和掌握对称三相负载 Y 联结和 △ 联结时，负载线电压和相电压、线电流和相电流的关系及其相量图。
(4) 掌握对称三相电路功率的计算方法。
(5) 了解安全用电常识及其重要性。

3.1 三相交流电源

3.1.1 三相电动势的产生及其主要特征

三相正弦交流电一般由三相交流发电机产生，图 3.1.1(a) 所示是三相交流发电机的原理图，其主要由固定的定子和转动的转子两部分构成。

3.1 三相电动势的产生与特征

定子铁心的内圆周表面有均匀分布的槽，槽内对称嵌放着参数相同的三组绕组，每组 N 匝（图中以一匝示意）称为一相，于是有三相对称绕组，每相绕组的始（头）端分别用 A、B、C 标示，末（尾）端分别用 A′、B′、C′标示。图 3.1.1(b) 是一相绕组结构示意图，图 3.1.1(c) 为每相绕组电路模型。各相绕组的始端 A、B、C（末端 A′、B′、C′）彼此间隔120°。

发电机转子铁心上绕有励磁线圈，通以直流电流 I 励磁。选择合适的极面形状

66

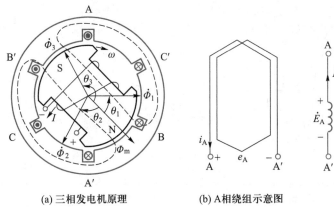

（a）三相发电机原理　　　（b）A相绕组示意图　　　（c）三相绕组电路模型

图 3.1.1　三相交流发电机

和励磁绕组的布置,可使空气隙中的磁感应强度按正弦规律分布。

当转子由原动机(水轮机、汽轮机等)驱动,并按顺时针方向以 ω 角速度匀速旋转时,则每相绕组依次切割磁通,三相绕组中会产生频率相同、幅值相等、相位彼此互差 120°的三相正弦交流电动势,称为对称三相电动势,其正方向由各相绕组的末端指向始端,如图 3.1.1(b)、图 3.1.1(c)所示。

$$\left.\begin{array}{l} e_{A} = E_{m}\sin \omega t \\ e_{B} = E_{m}\sin(\omega t - 120°) \\ e_{C} = E_{m}\sin(\omega t + 120°) \end{array}\right\} \qquad (3.1.1)$$

可用相量表示为

$$\left.\begin{array}{l} \dot{E}_{A} = E\underline{/0°} \\ \dot{E}_{B} = E\underline{/-120°} \\ \dot{E}_{C} = E\underline{/120°} \end{array}\right\} \qquad (3.1.2)$$

对称三相电动势波形图及相量图如图 3.1.2 所示。显然,对称三相电动势的瞬时值之和及相量之和均为零,即

$$\left.\begin{array}{l} e_{A} + e_{B} + e_{C} = 0 \\ \dot{E}_{A} + \dot{E}_{B} + \dot{E}_{C} = 0 \end{array}\right\} \qquad (3.1.3)$$

对称三相电动势各瞬时值抵达正幅值的先后次序称为相序。图 3.1.1(a)所示的 A 相超前 B 相 120°,B 相超前 C 相 120°的相序称为正序或顺序;与之相反,如 B 相超前 A 相 120°,C 相超前 B 相 120°,这种相序称为负序或逆序。当发电机并网运行时必须严格按相序同名端连线。一些三相负载的工作状态也与相序密切相关,比如给三相电动机逆序供电,则使其反转。将三相电源输出端线的任意两个接点彼此调换一次,即可获得逆序供电。相序无误才能确保系统正常工作。

如无特别说明,三相电动势总是指正序。

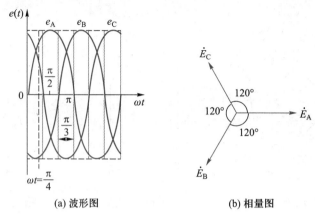

(a) 波形图   (b) 相量图

图 3.1.2 对称三相电动势

3.1.2 三相电源的联结方式

由三个频率相同、幅值相等、相位彼此互差 120°的正弦交流电压(电动势)按照一定方式联结而成的整体激励源,称为对称三相电源,简称三相电源。其中的每一个电源称为一相或单相。在三相制的电力系统中,电源的联结方式有星形(Y)和三角形(△)两种。

1. 三相电源的星形(Y)联结

星形联结时,三个绕组末端的联结点称为中性点或零点,用 N 表示,由中性点引出的供电线,称为中性线或零线。三相绕组的始端 A、B、C 称为端点,由端点引出的三条供电线 L_1、L_2、L_3 称为相线或端线,俗称火线。从三根相线和一根中性线向外引出四根供电线的方式称为三相四线制,如图 3.1.3 所示。只从三个相线向外引出三根供电线的方式称为三相三线制。

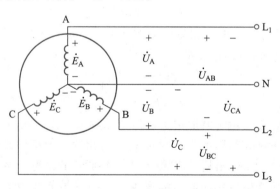

图 3.1.3 三相电源的星形联结

采用三相四线制供电方式可以向用户提供两种电压:每相绕组两端的电压,即相线与中性线之间的电压称为相电压,如图 3.1.3 中 $\dot{U}_A$、$\dot{U}_B$、$\dot{U}_C$。每两相绕组端点之间的电压,即相线与相线之间的电压称为线电压,如图 3.1.3 中 $\dot{U}_{AB}$、$\dot{U}_{BC}$、$\dot{U}_{CA}$。如果忽略电源三相绕组和导线中的阻抗,那么三个相电压就等于相对应的三个电

动势。由于三个电动势是对称的,因而三个相电压也是对称的,故得

$$\left.\begin{aligned}
\dot{U}_\mathrm{A} &= U\underline{/0^\circ} \\
\dot{U}_\mathrm{B} &= U\underline{/-120^\circ} \\
\dot{U}_\mathrm{C} &= U\underline{/120^\circ}
\end{aligned}\right\} \tag{3.1.4}$$

在图示参考方向下,线电压与相电压的关系式为

$$\left.\begin{aligned}
\dot{U}_\mathrm{AB} &= \dot{U}_\mathrm{A} - \dot{U}_\mathrm{B} \\
\dot{U}_\mathrm{BC} &= \dot{U}_\mathrm{B} - \dot{U}_\mathrm{C} \\
\dot{U}_\mathrm{CA} &= \dot{U}_\mathrm{C} - \dot{U}_\mathrm{A}
\end{aligned}\right\} \tag{3.1.5}$$

图 3.1.4 为星形联结时相电压和线电压的相量图。由相量图可知,当三个相电压对称时,三个线电压也是对称的。在大小关系上,线电压是相电压的 $\sqrt{3}$ 倍,分别将相电压、线电压的有效值用 U_P、U_L 表示,得

$$\left.\begin{aligned}
U_\mathrm{A} &= U_\mathrm{B} = U_\mathrm{C} = U_\mathrm{P} \\
U_\mathrm{AB} &= U_\mathrm{BC} = U_\mathrm{CA} = U_\mathrm{L} \\
U_\mathrm{L} &= \sqrt{3}\, U_\mathrm{P}
\end{aligned}\right\} \tag{3.1.6}$$

在相位关系上,各线电压分别超前于相应的相电压 30°,即

$$\left.\begin{aligned}
\dot{U}_\mathrm{AB} &= \sqrt{3}\,\dot{U}_\mathrm{A}\underline{/30^\circ} \\
\dot{U}_\mathrm{BC} &= \sqrt{3}\,\dot{U}_\mathrm{B}\underline{/30^\circ} \\
\dot{U}_\mathrm{CA} &= \sqrt{3}\,\dot{U}_\mathrm{C}\underline{/30^\circ}
\end{aligned}\right\} \tag{3.1.7}$$

我国低压配电系统多采用三相四线制,标准电压为相电压 220 V,线电压 380 V。

相电压和线电压的相量图也可画成闭合三角形的形式,如图 3.1.5 所示。对于对称三相电源,三个线电压组成一个正三角形,三个相电压相量的末端位于三角形的中心 N。

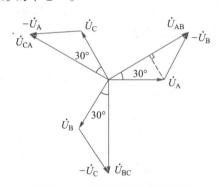
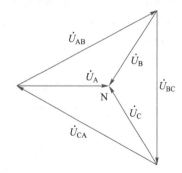

图 3.1.4　星形联结电压相量图　　　图 3.1.5　星形联结电压闭合三角形形式相量图

2. 三相电源的三角形(△)联结

将电源的三相绕组的末端、首端依次相连,即 A′与 B、B′与 C、C′与 A 相连,形成闭合三角形,再由三个联结点引出端线,即形成电源的三角形(△)联结,如图

3.1.6 所示。电源三角形联结只能向负载提供一种电压,即线电压。此时线电压即为相应绕组的端电压。电源的三角形联结一般只用于工业,或用在变流技术中。

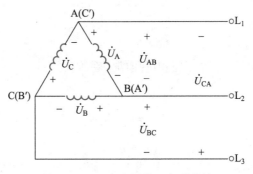

图 3.1.6　三相电源的三角形联结

● 思考与练习

3.1.1　对称三相电源绕组星形联结,正序供电,相电压 $u_A = 220\sqrt{2}\sin(\omega t + 30°)$ V,问线电压 u_{BC} 为多少?

3.1.2　图 3.1.3 中,相电压 $\dot{U}_A = 220\underline{/0°}$ V,若错将 B 相绕组的始端点 B 接在中性点 N,而末端点 B′接输出端线 L_2,则输出的三个相电压和三个线电压是否依然对称?

3.2　三相负载的联结

由三相电源供电的负载称为三相负载(如三相电动机等),若其各相阻抗参数相等,则是对称三相负载。那些可以由单相电源供电的负载称为单相负载,三组单相负载可以组合成三相负载,由三相电源供电,构成三相电路,但这种组合难以保证三相的阻抗参数完全相等,一般属于不对称三相负载。对称三相负载和不对称三相负载接入三相电源如图 3.2.1 所示。

三相负载的联结方式有两种:星形(丫)联结和三角形(△)联结。选择哪种联结方式应根据其额定电压及工作需要而定。原则上,应使负载的实际相电压等于其额定相电压。

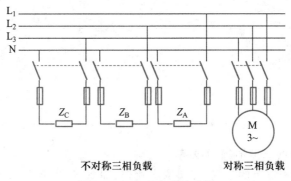

图 3.2.1　三相负载连线图

3.2.1 三相负载的星形联结

三相负载星形联结的三相四线制电路模型如图 3.2.2(a)所示。图中三相负载的阻抗分别为 Z_A、Z_B、Z_C。若不计中性线阻抗,电源中性点 N 与负载中性点 N′等电位;若忽略端线阻抗,负载上的相电压等于电源的相电压。

三相电路中的电流有相电流和线电流之分。每相负载中的电流称为相电流,有效值一般用 I_P 表示。每根相线中的电流称为线电流,有效值一般用 I_L 表示。在图 3.2.2(a)中,$\dot{I}_A$、$\dot{I}_B$、$\dot{I}_C$ 既是相电流也是线电流,且有

$$\dot{I}_A = \frac{\dot{U}_A}{Z_A} = \frac{U_A}{|Z_A|} \underline{/0° - \varphi_A} = I_A \underline{/-\varphi_A}$$

$$\dot{I}_B = \frac{\dot{U}_B}{Z_B} = \frac{U_B}{|Z_B|} \underline{/-120° - \varphi_B} = I_B \underline{/-120° - \varphi_B} \qquad (3.2.1)$$

$$\dot{I}_C = \frac{\dot{U}_C}{Z_C} = \frac{U_C}{|Z_C|} \underline{/120° - \varphi_C} = I_C \underline{/120° - \varphi_C}$$

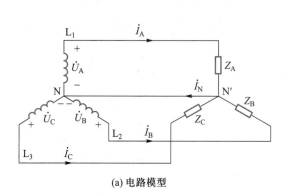
(a) 电路模型

(b) 电压、电流相量图

图 3.2.2 三相负载星形联结的三相四线制电路

根据图 3.2.2(a)中电流的参考方向,中性线电流为

$$\dot{I}_N = \dot{I}_A + \dot{I}_B + \dot{I}_C$$

若三相负载对称,即 $Z_A = Z_B = Z_C = Z \underline{/\varphi}$ 时,则

$$\left. \begin{array}{l} \dot{I}_A = I \underline{/-\varphi} \\ \dot{I}_B = I \underline{/-120° - \varphi} \\ \dot{I}_C = I \underline{/120° - \varphi} \end{array} \right\} \qquad (3.2.2)$$

即三相电流(或线电流)也是对称的,也就是说,$\dot{I}_A$、$\dot{I}_B$、$\dot{I}_C$ 的有效值相等,相位互差120°。对称负载星形联结时电压和电流的相量图如图 3.2.2(b)所示。此时中性线上电流为

$$\dot{I}_N = \dot{I}_A + \dot{I}_B + \dot{I}_C = I \underline{/-\varphi} (1 + \underline{/-120°} + \underline{/120°}) = 0 \qquad (3.2.3)$$

既然中性线电流为零,这种情况下中性线可以省掉,就形成了三相三线制电路。

71

下面讨论中性线的作用。

如果负载不对称，即不满足 $Z_A = Z_B = Z_C = Z\underline{/\varphi}$ 时，中性线的电流不等于零，中性线便不能省去。这是因为三相负载不对称而又没有中性线时，三相负载的相电压便不对称，势必使得有的负载上的相电压超过其额定相电压，有的低于其额定相电压，致使负载不能正常工作，甚至损坏。中性线的作用在于能保持负载中性点 N′ 和电源中性点 N 电位相等，从而在三相负载不对称时，负载的相电压仍然是对称的，因此，在三相四线制电路中，中性线不允许断开，也不允许安装熔断器等短路或过电流保护装置。

由对称三相电源和对称三相负载组成的三相电路称为对称三相电路。当对称三相电路中负载星形联结时，不论中性线是否存在，也不论中性线的阻抗大小如何，都可以假想在电源中性点 N 与负载中性点 N′ 之间，用一根理想导线连接，这对电路不会产生任何影响。这样每一相就成为一个独立的单相电路。因此，可以将对称三相电路简化为某一单相电路，求出该相负载的相电压和相电流，再根据对称性和相线关系，得出其余两相的结果。

【例 3.2.1】　在图 3.2.2（a）所示的对称三相电路中，每相阻抗 $Z = (8+j6)\ \Omega$，若线电压 $u_{AB} = 380\sqrt{2}\sin(\omega t + 30°)$ V，试求各相电流 i_A、i_B、i_C 的值。

解：依题意可得

$$Z = (8+j6)\ \Omega = \sqrt{8^2+6^2}\underline{/\arctan\frac{6}{8}}\ \Omega = 10\underline{/37°}\ \Omega$$

$$\dot{U}_{AB} = 380\underline{/30°}\ V$$

$$\dot{U}_A = \frac{\dot{U}_{AB}}{\sqrt{3}}\underline{/-30°}\ V = \frac{380}{\sqrt{3}}\underline{/30°-30°}\ V = 220\underline{/0°}\ V$$

$$\dot{I}_A = \frac{\dot{U}_A}{Z} = \frac{220\underline{/0°}}{10\underline{/37°}}\ A = 22\underline{/-37°}\ A$$

因负载对称，可以得出其余两相电流分别为

$$\dot{I}_B = 22\underline{/-37°-120°}\ A = 22\underline{/-157°}\ A$$

$$\dot{I}_C = 22\underline{/-37°+120°}\ A = 22\underline{/83°}\ A$$

于是

$$i_A = 22\sqrt{2}\sin(\omega t-37°)\ A$$

$$i_B = 22\sqrt{2}\sin(\omega t-157°)\ A$$

$$i_C = 22\sqrt{2}\sin(\omega t+83°)\ A$$

【例 3.2.2】　在如图 3.2.3 所示电路中，已知每相电压 $U_P = 220$ V，负载为白炽灯组，在额定电压下其电阻分别为 $R_A = 5\ \Omega$，$R_B = 10\ \Omega$，$R_C = 20\ \Omega$。试求负载相电压、负载相电流及中性线电流，并画出相量图。

解：在负载不对称而有中性线（其上电压降可忽略不计）的情况下，负载相电压和电源相电压相等，且是对称的，其有效值为 220 V。设

$$\dot{U}_A = 220\underline{/0°}\ \text{V}$$

$$\dot{U}_B = 220\underline{/-120°}\ \text{V}$$

$$\dot{U}_C = 220\underline{/120°}\ \text{V}$$

则各相电流为

$$\dot{I}_A = \frac{\dot{U}_A}{R_A} = \frac{220\underline{/0°}}{5}\ \text{A} = 44\underline{/0°}\ \text{A}$$

$$\dot{I}_B = \frac{\dot{U}_B}{R_B} = \frac{220\underline{/-120°}}{10}\ \text{A} = 22\underline{/-120°}\ \text{A}$$

$$\dot{I}_C = \frac{\dot{U}_C}{R_C} = \frac{220\underline{/120°}}{20}\ \text{A} = 11\underline{/120°}\ \text{A}$$

根据图中电流的参考方向,中性线电流为

$$\dot{I}_N = \dot{I}_A + \dot{I}_B + \dot{I}_C = (44\underline{/0°} + 22\underline{/-120°} + 11\underline{/120°})\ \text{A}$$

$$= [44 + (-11 - \text{j}18.9) + (-5.5 + \text{j}9.45)]\ \text{A}$$

$$= (27.5 - \text{j}9.45)\ \text{A}$$

$$= 29.1\underline{/-19°}\ \text{A}$$

电压和电流的相量图如图 3.2.4 所示。

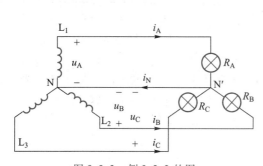

图 3.2.3　例 3.2.2 的图

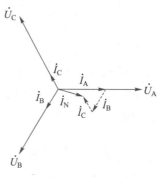

图 3.2.4　例 3.2.2 电路电压
电流相量图

【例 3.2.3】　在上例条件下,分别求当(1) L_1 相短路时,(2) L_1 相短路且中性线又断开时,各相负载上的电压。

解:(1) L_1 相短路时,L_1 相短路电流很大,会将 L_1 相中的熔断器熔断,而 L_2、L_3 相不受影响,其相电压仍为 220 V。

(2) L_1 相短路且中性线又断开时,电路如图 3.2.5 所示。负载中点 N' 即为 L_1,因此负载各相电压为

$$\dot{U}'_A = 0$$

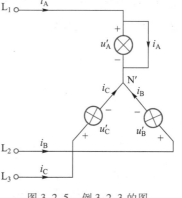

图 3.2.5　例 3.2.3 的图

73

$$\dot{U}'_{B} = \dot{U}'_{BA}$$

$$\dot{U}'_{C} = \dot{U}'_{CA}$$

故

$$U_A = 0 \text{ V}$$

$$U_B = 380 \text{ V}$$

$$U_C = 380 \text{ V}$$

在这种情况下,L_2 相与 L_3 相的白炽灯组上电压都超过其额定压(220 V)而烧毁,这是不容许的。

【例 3.2.4】　在例 3.2.2 条件下,分别求当(1) L_1 相断开时,(2) L_1 相断开而中性线也断开时,各相负载上的电压。

解:(1) L_1 相断开时,$I_A = 0$,L_2、L_3 相不受影响,其相电压仍为 220 V。

(2) L_1 相断开且中性线也断开时,电路如图 3.2.6 所示。这时电路已成为单相电路,即 L_2 相的白炽灯组和 L_3 相的白炽灯组串联,接在线电压为 380 V 的电源上。根据分压公式,可求得 L_2 相和 L_3 相白炽灯组两端的电压为

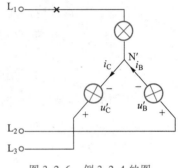

图 3.2.6　例 3.2.4 的图

$$U'_B = 380 \text{ V} \times \frac{R_B}{R_B + R_C} = 380 \times \frac{10}{10+20} \text{ V} = 126.7 \text{ V}$$

$$U'_C = 380 \text{ V} \times \frac{R_C}{R_B + R_C} = 380 \times \frac{20}{10+20} \text{ V} = 253.3 \text{ V}$$

可见,当中性线断开时,各相负载的电压不再等于电源的相电压。本例中 L_2 相白炽灯组因其相电压低于额定电压而不能正常发光,而 L_3 相白炽灯组因其相电压高于额定电压而烧毁,这在实际中是不容许的。

3.2.2　三相负载的三角形联结

三相负载三角形联结的电路如图 3.2.7(a)所示。因为每相负载接在两根相线上,若忽略线路阻抗,则负载的相电压等于电源的线电压。若仍以电源相电压 $\dot{U}_A = U_A\underline{/0°} = 220\underline{/0°}$ V 为参考相量,则三相负载的相电压应为 $\dot{U}_{AB} = 380\underline{/30°}$,$\dot{U}_{BC} = 380\underline{/-90°}$,$\dot{U}_{CA} = 380\underline{/150°}$,各相电流分别为

$$\left.\begin{array}{l} \dot{I}_{AB} = \dfrac{\dot{U}_{AB}}{Z_{AB}} = \dfrac{380\underline{/30°}}{|Z_{AB}|\underline{/\varphi_{AB}}} \\[12pt] \dot{I}_{BC} = \dfrac{\dot{U}_{BC}}{Z_{BC}} = \dfrac{380\underline{/-90°}}{|Z_{BC}|\underline{/\varphi_{BC}}} \\[12pt] \dot{I}_{CA} = \dfrac{\dot{U}_{CA}}{Z_{CA}} = \dfrac{380\underline{/150°}}{|Z_{CA}|\underline{/\varphi_{CA}}} \end{array}\right\} \quad (3.2.4)$$

若三相负载对称,即 $Z_{AB} = Z_{BC} = Z_{CA} = |Z|\underline{/\varphi}$ 时,电流与电压的相量图如图 3.2.7

(b)所示。由式(3.2.4)可知,在对称三相电源作用下,负载的相电流也是对称的,即

$$
\left.
\begin{aligned}
\dot{I}_{AB} &= \frac{380}{|Z|} \underline{/30° - \varphi} \\
\dot{I}_{BC} &= \frac{380}{|Z|} \underline{/-90° - \varphi} \\
\dot{I}_{CA} &= \frac{380}{|Z|} \underline{/150° - \varphi}
\end{aligned}
\right\}
\tag{3.2.5}
$$

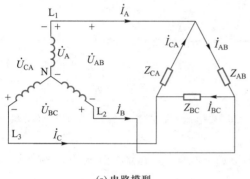
(a) 电路模型

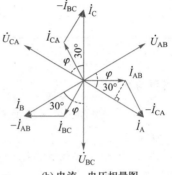
(b) 电流、电压相量图

图 3.2.7　三相负载三角形联结

负载三角形联结电路的线电流显然不等于相电流,在图 3.2.7(a)所示参考方向下,由基尔霍夫电流定律可得

$$
\left.
\begin{aligned}
\dot{I}_A &= \dot{I}_{AB} - \dot{I}_{CA} \\
\dot{I}_B &= \dot{I}_{BC} - \dot{I}_{AB} \\
\dot{I}_C &= \dot{I}_{CA} - \dot{I}_{BC}
\end{aligned}
\right\}
\tag{3.2.6}
$$

根据式(3.2.6)作出的相量图如图 3.2.7(b)所示,可知三个线电流也是对称电流,线电流有效值 I_L 与相电流有效值 I_P 的大小关系为

$$
I_L = \sqrt{3} I_P \tag{3.2.7}
$$

各线电流相位分别滞后于对应的(下标第一个字符与之相同的)相电流30°,即

$$
\dot{I}_A = \sqrt{3} \dot{I}_{AB} \underline{/-30°}, \quad \dot{I}_B = \sqrt{3} \dot{I}_{BC} \underline{/-30°}, \quad \dot{I}_C = \sqrt{3} \dot{I}_{CA} \underline{/-30°} \tag{3.2.8}
$$

若知道一相电流,可推知其他各相电流及线电流。一般三相设备铭牌上的额定电压、额定电流指线电压 U_L、线电流 I_L。

【例 3.2.5】　在如图 3.2.8 所示电路中,已知 $Z_{AB} = Z_{BC} = Z_{CA} = (16+j12)\ \Omega$,电源线电压为 380 V,求线电流 $\dot{I}_A$、$\dot{I}_B$、$\dot{I}_C$,并画出相量图。

解:因负载对称,故只需计算其中一相电流,其余两相电流可以直接根据对称性写出。

设

$$
\dot{U}_{AB} = 380 \underline{/0°}\ \text{V}
$$

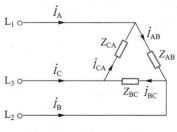
图 3.2.8　例 3.2.5 的图

则相电流为

$$\dot{I}_{AB} = \frac{\dot{U}_{AB}}{Z_{AB}} = \frac{380\underline{/0°}}{16+j12} \text{ A} = \frac{380\underline{/0°}}{20\underline{/36.9°}} \text{ A} = 11\sqrt{3}\underline{/-36.9°} \text{ A}$$

线电流为

$$\dot{I}_{A} = \sqrt{3}\dot{I}_{AB}\underline{/-30°} = 33\underline{/-36.9°-30°} \text{ A} = 33\underline{/-66.9°} \text{ A}$$

根据对称性,可推知

$$\dot{I}_{B} = 33\underline{/173.1°} \text{ A}$$

$$\dot{I}_{C} = 33\underline{/53.1°} \text{ A}$$

相量图如图 3.2.9 所示。

思考与练习

3.2.1 在三相电路中,负载如何联结会出现 $I_{L} = \sqrt{3} I_{P}$ 关系? 负载如何联结会出现 $U_{L} = \sqrt{3} U_{P}$ 关系?

3.2.2 图 3.2.10 所示为对称三相负载,即 $Z_{AB} = Z_{BC} = Z_{CA}$。已知三个电流表的读数均为 10 A。若阻抗 Z_{AB} 因故断开,各电流表的读数将为多少?

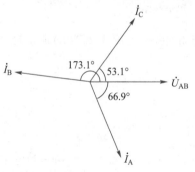

图 3.2.9 例 3.2.5 的相量图

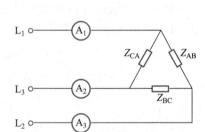

图 3.2.10 思考与练习 3.2.2 的图

3.3 三相电路的功率

无论负载是星形联结还是三角形联结,总的有功功率必定等于各相有功功率之和。当负载对称时,每相的有功功率是相等的。因此三相功率为

$$P = 3P_{P} = 3U_{P}I_{P}\cos\varphi \qquad (3.3.1)$$

其中 φ 为对称负载的阻抗角,也是负载相电压与相电流之间的相位差;U_{P} 为负载的相电压。

当对称负载是星形联结时

$$U_{L} = \sqrt{3} U_{P}, I_{L} = I_{P}$$

当对称负载是三角形联结时

$$U_{L} = U_{P}, I_{L} = \sqrt{3} I_{P}$$

将上述关系代入式(3.3.1),得

$$P = \sqrt{3}\, U_L I_L \cos\varphi \qquad\qquad (3.3.2)$$

应注意,上式中的 φ 仍为负载相电压与相电流之间的相位差。

同理,可得三相电路的无功功率和视在功率

$$Q = 3 U_P I_P \sin\varphi = \sqrt{3}\, U_L I_L \sin\varphi \qquad\qquad (3.3.3)$$

$$S = 3 U_P I_P = \sqrt{3}\, U_L I_L \qquad\qquad (3.3.4)$$

三相电路的功率因数为

$$\cos\varphi = \frac{P}{S}$$

3.5 三相功率

【例 3.3.1】 有一对称三相负载,每相电阻 $R = 6\ \Omega$,电抗 $X = 8\ \Omega$,三相电源的线电压 $U_L = 380\ \mathrm{V}$。求:(1) 负载星形联结时的功率 P_Y;(2) 负载三角形联结时的功率 $P_\triangle$。

解: 每相阻抗为

$$|Z| = \sqrt{6^2 + 8^2}\ \Omega = 10\ \Omega$$

每相负载的功率因数为

$$\cos\varphi = \frac{R}{|Z|} = 0.6$$

(1) 负载星形联结时

相电压 $\qquad\qquad U_P = \dfrac{U_L}{\sqrt{3}} = 220\ \mathrm{V}$

线电流等于相电流 $\qquad I_L = I_P = \dfrac{U_P}{|Z|} = 22\ \mathrm{A}$

负载的功率 $\quad P_Y = \sqrt{3}\, U_L I_L \cos\varphi = \sqrt{3} \times 380 \times 22 \times 0.6\ \mathrm{W} = 8.7\ \mathrm{kW}$

(2) 负载三角形联结时

相电流 $\qquad\qquad I_P = \dfrac{U_L}{|Z|} = \dfrac{380}{10}\ \mathrm{A} = 38\ \mathrm{A}$

线电流 $\qquad\qquad I_L = \sqrt{3}\, I_P = 38\sqrt{3}\ \mathrm{A} = 66\ \mathrm{A}$

负载的功率 $\quad P_\triangle = \sqrt{3}\, U_L I_L \cos\varphi = \sqrt{3} \times 380 \times 66 \times 0.6\ \mathrm{W} = 26.1\ \mathrm{kW}$

由此可见,当电源的线电压相同时,对同样的负载阻抗而言,三角形联结时的功率是星形联结时的 3 倍。这是由于三角形联结负载的相电压是星形联结负载的相电压的 $\sqrt{3}$ 倍,而功率是与电压的平方成正比的。

3.4 安全用电

1. 电流对人体的作用

人体因触及高电压的带电体而承受过大的电流,导致死亡或局部受伤的现象称为触电。触电对人体的伤害程度,与流过人体电流的频率和大小、通电时间的长短、电流流过人体的途径,以及触电者本人的情况有关。

触电事故表明,频率为 50 ~ 100 Hz 的电流最危险,通过人体的电流超过 50 mA

时,就会产生呼吸困难、肌肉痉挛、中枢神经损害从而使心脏停止跳动以至死亡;电流流过大脑或心脏时,最容易造成死亡事故。

触电伤人的主要因素是电流,但电流值又决定于作用到人体上的电压和人体的电阻值。通常人体的电阻为 800 Ω 至几万欧,规定 36 V 以下的电压为安全电压,对人体安全不构成威胁。

常见的触电方式有单相触电和两相触电。人体同时接触两根相线,形成两相触电,这时人体受 380 V 的线电压作用,最为危险。单相触电是人体在地面上,而触及一根相线,电流通过人体流入大地造成触电。此外,某些电气设备由于导电绝缘破损而漏电时,人体触及外壳也会发生触电事故。

2. 常用的安全措施

为防止发生触电事故,除应注意开关必须安装在相线上以及合理选择导线与熔丝外,还必须采取以下防护措施。

(1) **正确安装用电设备**　电气设备要根据说明和要求正确安装,不可大意。带电部分必须有防护罩或放到不易接触到的高处,以防触电。

(2) **电气设备的保护接地**　把电气设备的金属外壳用导线和埋在地中的接地装置连接起来,叫作保护接地,适用于中性点不接地的低压系统。电气设备采用保护接地以后,即使外壳因绝缘不好而带电,这时工作人员碰到机壳就相当于人体和接地电阻并联,而人体的电阻远比接地电阻大,因此流过人体的电流就很微小,保证了人身安全。

(3) **电气设备的保护接零**　保护接零就是在电源中性点接地的三相四线制中,把电气设备的金属外壳与中性线连接起来。这时,如果电气设备的绝缘损坏而与外壳接触,由于中性线的电阻很小,所以短路电流很大,立即使电路中的熔丝烧断,切断电源,从而消除触电危险。

(4) **使用漏电保护装置**　漏电保护装置的作用主要是防止由漏电引起的触电事故和单相触电事故;其次是防止由漏电引起的火灾事故以及监视或切除一相接地故障。有的漏电保护装置还能切除三相电动机的断相运行故障。

3.5　应用实例

3.5.1　住宅供电

低压供电系统的主要服务对象之一是居民住宅。在中国,城镇居民住宅区通常是由变电站通过架空线或电缆线向其供电的。如图 3.5.1 所示,从进户总配电箱至单元配电总箱采用放射式或速干式接线方式;从单元配电总箱至各楼层电表箱采用树干式接线方式;从楼层电表箱至住户配电箱也采用树干式接线方式。当线路电流小于或等于 60 A 时,采用 220 V 单相配电,当线路电流大于 60 A 时,采用 220/380 V 三相四线制配电。新建居民住宅则应该采用二相五线制配电,即采用 TN-S 系统,保护地线与中性线是分开的。

若每单元的住户不多,亦可省去楼层电表箱,由单元配电总箱直接配电给住户配电箱。当各住户采用 220 V 单相配电时,应将整座楼的住户分为三组,接到三相电源的三个相上。住户用电量采用一户一表式,分层或分单元安装。公用走廊、楼梯照明以及电梯等公用电力装置用电,可采用单独设置电表计量的方式。

住宅供电系统属三相负载不对称系统,三相电流不平衡的现象较为严重。由于居民住宅区人员密集,对供电系统的防火、防爆、防触电都有较高要求。

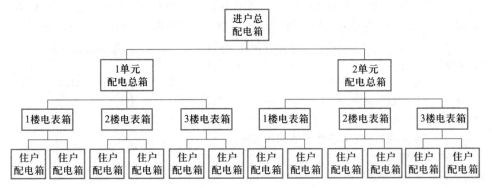

图 3.5.1　住宅供电系统

3.5.2　电源插座和插头的使用

常用的家用电器大多配有如图 3.5.2 所示的三芯电源插头,以供该电器接电源之用。该插头下面两个扁插较短,用来接单相交流电源,上面中间的扁插比较长,通常与家用电器的金属外壳相连,用来接保护地线 PE 用。之所以该扁插比其他两个扁插长,是为了保证该电器使用时能先接通保护地线,然后再接通电源线,以保证安全。

目前我国民用建筑广泛采用 TN-S 系统做接地保护。供电气设备接通电源用的几种插座的接线如图 3.5.3 所示。左边为单相两芯插座,一般右孔接相线 L,左孔接工作中性线 N,该插座与单相两芯插头配套使用,没有上述的保护措施。中间为单相三芯插座,同样右下孔接相线 L,左下孔接工作中性线 N,中上孔接保护地线 PE。右边

图 3.5.2　三芯电源插头

则是三相电源插座,左、右、下三孔分别接相线 L_1,L_2 和 L_3,中上孔接保护地线 PE。

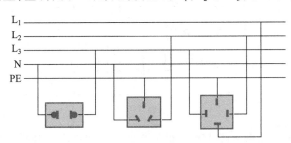

图 3.5.3　电源插座接线图

习题

3.1　对称三相负载 $Z = (17.32 + j10)$ Ω，额定电压 $U_N = 220$ V，三相四线制电源的线电压 $u_{AB} = 380\sqrt{2}\sin(314t + 30°)$ V，问负载应如何联结？并求线电流。

3.2　已知对称三相电源 L_1、L_2 相线间的电压为 $u_{AB} = 380\sqrt{2}\sin(314t + 60°)$ V，试写出其余各线电压和相电压的瞬时值表达式。

3.3　有日光灯 120 只，每只功率 $P = 40$ W，额定电压 $U_N = 220$ V，$\cos\varphi_N = 0.5$，电源是三相四线制，相/线电压是 220/380 V，问日光灯应如何联结？当日光灯全部点亮时，相电流、线电流是多少？

3.4　三相绕组三角形联结的对称三相电路中，已知 $U_L = 380$ V，$I_L = 84.2$ A，三相总功率 $P = 48.75$ kW，求绕组阻抗 Z。

3.5　对称三相负载 $Z_L = (50 + j28.9)$ Ω 星形联结，已知 $U_L = 380$ V，端线阻抗 $Z_L = (2 + j1)$ Ω，中性线阻抗 $Z_N = (1 - j)$ Ω。求负载端的电流和线电压，并画相量图。

3.6　如图题 3.6 所示电路中，当 S 闭合时，电流表读数为 7.6 A，求 S 打开时各电流表读数（设三相电压不变）。

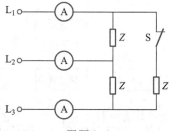

图题 3.6

3.7　图题 3.7 中，已知电压表读数为 220 V，负载 $Z = (8 + j6)$ Ω，求电流表读数、负载的 $\cos\varphi$ 及三相有功功率 P。

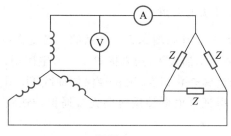

图题 3.7

3.8　负载额定电压为 220 V，现有两种电源 $U_L = 380$ V、$U_L = 220$ V，对称负载 $R = 24$ Ω，$X_L = 18$ Ω，分别求负载星形和三角形联结时的相电流、线电流。画出 $U_L = 380$ V 时的相量图。

3.9　在线电压为 380 V 的三相电源上接有两组对称负载，如图题 3.9 所示。试求线路电流 I 及三相有功功率。

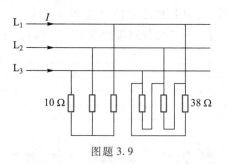

图题 3.9

3.10　一台三相交流电动机，定子绕组星形联结，额定电压为 380 V，额定电流为 2.2 A，$\cos\varphi = 0.8$，求每相绕组的阻抗。

3.11　星形联结负载 $Z=(30.8+\mathrm{j}23.1)$ Ω，电源线电压为 380 V，求 $\cos\varphi$、P、Q、S。

3.12　如图题 3.12 所示的三相四线制电路中，设 $\dot{U}_1=220\underline{/0°}$ V，接有对称星形联结的白炽灯负载，其总功率为 180 W。此外，在 L_3 相上接有额定电压为 220 V、功率 30 W、功率因数为 0.5 的日光灯一只。试求电流 $\dot{I}_N$、$\dot{I}_1$、$\dot{I}_2$、$\dot{I}_3$。

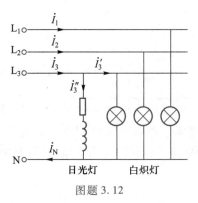

图题 3.12

第 3 章习题答案

第4章　一阶电路的瞬态分析

本章概要：

瞬态过程是电路系统启动运行中的一种客观存在,瞬态过程的利用及预防在电工与电子技术中颇为重要。本章首先介绍瞬态过程中几个基本概念及换路定则,接着重点讨论一阶电路瞬态过程的变化规律,最后归纳出一阶电路瞬态分析的重要方法——三要素法。

学习目标：

(1)理解瞬态过程的基本概念和换路定则。
(2)掌握瞬态过程初始值、稳态值和时间常数的计算。
(3)理解一阶电路的零输入响应、零状态响应和全响应的求解过程。
(4)熟练运用三要素法对一阶电路进行瞬态分析。

4.1　瞬态过程与换路定则

前面各章讨论的线性电路中,当电源电压(激励)为恒定值或作周期性变化时,电路中各部分电压或电流(响应)也是恒定或按周期性规律变化的,即电路中响应与激励的变化规律完全相同,称电路所处的这种工作状态为稳定状态,简称稳态。但是,在实际含有电感、电容等储能元件的电路中,当电路工作状态发生改变时,储能元件储存或释放能量是不能瞬间完成的,而是需要经历一个过程,这个过程称为电路的瞬态过程或瞬态。

4.1.1　瞬态过程

一般来说,瞬态过程是指电路从一个稳定状态变化到另一个稳定状态所经历的中间过程。通常将第一个稳态称为旧稳态,第二个稳态称为新稳态。电路处于瞬态过程,实际上是电路中各支路的电压、电流从旧稳态值向新稳态值的转换。

瞬态过程的产生必须同时具备内因和外因两个条件,缺一不可。内因是:电路中必须包含储能元件,瞬态过程的实质就是储能元件的充放电(磁)过程。外因是:电路必须要进行换路。所谓换路,是指电路工作状态的改变,例如电路的接通或断开、电路参数或电源的变化以及电路的改接等等。

4.1　瞬态过程

82

4.1.2 换路定则

1. 换路定则

基于物理学知识可知,电感元件储存的磁场能为 $W_L = \dfrac{1}{2}Li_L^2$,与流过电感线圈的电流 i_L 大小有关;电容元件储存的电场能为 $W_C = \dfrac{1}{2}Cu_C^2$,与加在电容器两端的电压 u_C 大小有关。又由能量守恒原理可知,能量是不能发生突变的,否则功率 $p = \dfrac{\mathrm{d}W}{\mathrm{d}t}$ 将达到无穷大,这在实际中是不可能的。因此,在换路瞬间,电感元件储存的磁场能 W_L 不能突变,这反映在电感元件中的电流 i_L 不能突变;电容元件储存的电场能 W_C 不能突变,这反映在电容元件的端电压 u_C 不能突变。

4.2 换路定则

现在用数学公式来表示换路定则。

在电路分析中,通常认为换路是在瞬间完成的,记为 $t=0$,并且用 $t=0_-$ 表示换路前的终了时刻,用 $t=0_+$ 表示换路后的初始时刻,换路经历的时间为 0_- 到 0_+。需要注意的是,$t=0_-$ 时刻电路仍处于旧稳态,对于直流电源激励下的电路,此时电容相当于开路,电感相当于短路;而 $t=0_+$ 时刻电路已经进入瞬态过程,是瞬态过程的开始时刻。在换路瞬间(即从 $t=0_-$ 到 $t=0_+$),电容元件的端电压 u_C 和电感元件中的电流 i_L 不能突变,于是换路定则可表示为

$$\begin{cases} u_C(0_+) = u_C(0_-) \\ i_L(0_+) = i_L(0_-) \end{cases} \tag{4.1.1}$$

换路定则仅适用于换路瞬间(即从 $t=0_-$ 到 $t=0_+$),可根据它来确定 $t=0_+$ 时刻电路中电压和电流的值,即瞬态过程的初始值。

2. 初始值的确定

含电容或电感的电路具有动态特性,称为动态电路。电容电压和电感电流的初始值称为独立的初始条件,其余的称为非独立初始条件。

4.3 换路定则
初始值的确定

独立初始条件 $u_C(0_+)$ 和 $i_L(0_+)$,可以根据换路定则,由 $t=0_-$ 时刻的 $u_C(0_-)$ 和 $i_L(0_-)$ 来确定。对于非独立初始值,还需通过换路后 $t=0_+$ 时刻的等效电路来求解。

确定电路初始值的步骤如下。

① 作出 $t=0_-$ 时的等效电路,求出 $i_L(0_-)$ 和 $u_C(0_-)$。

② 根据换路定则求出 $i_L(0_+)$ 和 $u_C(0_+)$。

③ 作 $t=0_+$ 时的等效电路,要对储能元件做如下的处理:若 $i_L(0_+) \neq 0$,则用理想电流源 $I_S = i_L(0_+)$ 等效代替电感元件,若 $u_C(0_+) \neq 0$,则用理想电压源 $U_S = u_C(0_+)$ 等效代替电容元件;若 $i_L(0_+) = 0$,则将电感元件开路;若 $u_C(0_+) = 0$,则将电容元件短路。

④ 根据 $t=0_+$ 时的等效电路求解非独立初始值。

【例 4.1.1】 电路如图 4.1.1(a)所示,换路前电路已处于稳态。在 $t=0$ 时开关 S 断开,试求 $i_L(0_+)$、$i_1(0_+)$、$u_1(0_+)$ 和 $u_L(0_+)$。

解:因为 $t=0_-$ 时电路已处于稳态,则电感元件已储满能量,即 $u_L(0_-)=0$ V。作出 $t=0_-$ 时的等效电路如图 4.1.1(b)所示。

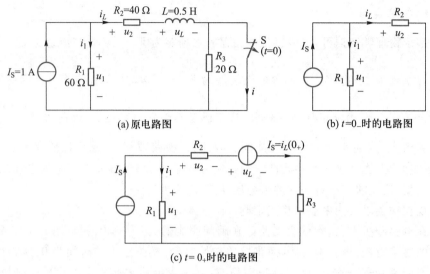

(a)原电路图　　　　　　　(b) $t=0_-$ 时的电路图

(c) $t=0_+$ 时的电路图

图 4.1.1　例 4.1.1 的图

可知

$$i_L(0_-)=I_S\frac{R_1}{R_1+R_2}=1\times\frac{60}{60+40}\text{ A}=0.6\text{ A}$$

依据换路定则　　　　　　$i_L(0_+)=i_L(0_-)=0.6$ A

作出 $t=0_+$ 时的等效电路如图 4.1.1(c)所示,可得

$$i_1(0_+)=I_S-i_L(0_+)=(1-0.6)\text{ A}=0.4\text{ A}$$

$$u_1(0_+)=i_1(0_+)R_1=0.4\times60\text{ V}=24\text{ V}$$

$$u_L(0_+)=u_1(0_+)-i_L(0_+)R_2-i_L(0_+)R_3=(24-0.6\times40-0.6\times20)\text{ V}=-12\text{ V}$$

3. 稳态值的确定

电路在稳态工作时各处的电流和电压之值称为稳态值,记为 $f(\infty)$。

换路前电路的工作状态通常为稳态,则求 $t=0_-$ 时的 $i_L(0_-)$ 和 $u_C(0_-)$ 之值,也就是求换路前的稳态值;而当瞬态过程结束后,电路进入一种新的稳定状态,此时的稳态值是 $t\to\infty$ 时的值,它与 $t=0_-$ 时的稳态值不同。稳态值的确定是分析一阶电路瞬态过程的重要环节。事实上,前面几章所讨论的电路及分析方法,均是在稳态下进行的,所求解均为稳态值。

确定电路稳态值 $f(\infty)$ 的步骤如下。

① 根据储能元件的储能状态来决定对它们的处理方法,若各储能元件已经储满能量,即 $i_C(\infty)=0$ A,则将电容元件视为开路,$u_L(\infty)=0$ V,电感元件视为短路;若储能元件未储存能量,即 $u_C(\infty)=0$ V,则将电容元件视为短路,$i_L(\infty)=0$ A,电感元件视为开路。

② 作出储能元件处理后的等效电路,并求出此等效电路中各处的电流和电压

注意:

$u_L(0_-)=0$ V,

而 $u_L(0_+)=-12$ V,

加在电感元件两端的电压发生了突变,它会将线路或某些器件的绝缘击穿,使用时也应予以注意。

84

的值,即为 $f(\infty)$ 值。

思考与练习

4.1.1 若一个电感元件两端的电压为零,其储能是否也一定为零?若一个电容元件中的电流为零,其储能是否也一定为零?为什么?

4.1.2 在图 4.1.2 所示的电路中,当开关 S 闭合后发现:白炽灯 R_1 立即正常发光;白炽灯 R_2 闪光后熄灭不再亮;白炽灯 R_3 逐渐亮起来。试解释所发生的现象。

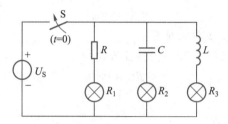

图 4.1.2 思考与练习 4.1.2 的图

4.2 一阶电路的瞬态分析

对电路瞬态过程进行分析可采用经典法。所谓经典法就是根据激励、求解电路的微分方程来得出电路响应的方法。经典法的实质是根据电路的基本定律及电路元件的伏安约束关系,列出表征换路后电路运行状态的微分方程,再根据已知的初始条件进行求解,分析电路从换路时刻开始直到建立新的稳态终止时所经历的全过程。

通常将描述电路瞬态过程的微分方程的阶数称为电路的阶数。当电路中仅含有一种储能元件时,所列微分方程均为一阶方程,故称此时的电路为一阶电路。

4.2.1 一阶电路的零输入响应

所谓一阶电路的零输入,是指在一阶电路中,无外部电源激励,输入信号为零。在此条件下,由非零初始状态(储能元件有储能)所引起的电路的响应,称为一阶电路的零输入响应。

下面以一阶 RC 放电电路为例来分析一阶电路的零输入响应。

在图 4.2.1 所示电路中,$t=0$ 时换路。换路前,开关 S 合到位置 1 端,而且电路已稳定,电容相当于开路,因此有 $u_C(0_-) = U_S$。换路后,开关 S 合到位置 2 端。根据换路定则可知 $u_C(0_+) = u_C(0_-) = U_S$,由于电路无外部激励,但在电容初始储能的作用下,电容经电阻放

4.4 一阶电路的零输入响应

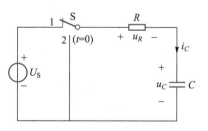

图 4.2.1 一阶 RC 放电电路

电,当放电过程结束时,电路达到一个新的稳态,稳态值 $u_C(\infty) = 0$。

根据 KVL,由换路后的电路可得

85

$$u_R(t) + u_C(t) = 0 \tag{4.2.1}$$

而
$$u_R(t) = i_C(t)R, \quad i_C(t) = C\frac{\mathrm{d}u_C(t)}{\mathrm{d}t}$$

将上式代入式(4.2.1)得

$$RC\frac{\mathrm{d}u_C(t)}{\mathrm{d}t} + u_C(t) = 0 \tag{4.2.2}$$

显然,式(4.2.2)为一阶常系数线性齐次微分方程。此方程的通解形式为

$$u_C(t) = Ae^{pt} \tag{4.2.3}$$

式中 A 为待定积分常数,p 为特征根。

将式(4.2.3)代入式(4.2.2)得特征方程为

$$RCp + 1 = 0$$

所以,特征根为
$$p = -\frac{1}{RC} = -\frac{1}{\tau} \tag{4.2.4}$$

由换路定则知
$$u_C(0_+) = u_C(0_-) = U_\mathrm{S}$$

故 $t = 0_+$ 时有
$$u_C(0_+) = Ae^{p \cdot 0} = U_\mathrm{S}$$

所以
$$A = U_\mathrm{S} \tag{4.2.5}$$

将式(4.2.5)和式(4.2.4)代入式(4.2.3)中,得电容的放电规律为

$$u_C(t) = U_\mathrm{S}e^{-\frac{t}{\tau}} \tag{4.2.6}$$

即电容的放电电压是从初始值开始,按指数规律随时间逐渐衰减到零。

式(4.2.6)中,$\tau = RC$,单位为秒,即 $1\ \Omega \times \dfrac{\mathrm{C}}{\mathrm{V}} = 1\ \Omega \times \dfrac{\mathrm{As}}{\mathrm{V}} = 1\ \mathrm{s}$。由于 τ 具有时间量纲,故称为时间常数。

由式(4.2.6)可知:$u_C(t)$ 的变化快慢完全由 τ 的大小来决定。τ 越小,$u_C(t)$ 变化越快;τ 越大,$u_C(t)$ 变化越慢。

当 $t = \tau$ 时,$u_C(\tau) = U_\mathrm{S}e^{-1} = \dfrac{U_\mathrm{S}}{2.718} = 36.8\% U_\mathrm{S}$。可见,时间常数 τ 等于电容端电压 u_C 衰减到初始值电压 U_S 的 36.8% 时所需的时间,如图 4.2.2 所示。

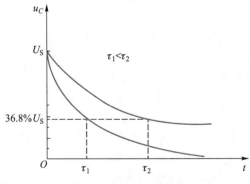

图 4.2.2　不同 τ 时的变化曲线

同样,可计算出 $t = 2\tau, 3\tau, \cdots$ 时刻的 u_C 值,列于表 4.2.1 中。

表 4.2.1　不同时刻的 u_C 值

t	τ	2τ	3τ	4τ	5τ	6τ
u_C	$0.368U_s$	$0.135U_s$	$0.05U_s$	$0.018U_s$	$0.007U_s$	$0.002U_s$

从理论上讲,只有经过无限长的时间后($t\to\infty$),电容的放电过程才结束。但从表 4.2.1 可见,当 $t=(3\sim5)\tau$ 时,u_C 就已衰减至初始值的 $5\%\sim0.7\%$。所以工程上认为,当 $t=3\tau$ 时,电路中的瞬态过程就基本结束。

电容放电电流的变化规律为　　$i_C(t)=C\dfrac{\mathrm{d}u_C(t)}{\mathrm{d}t}=-\dfrac{U_s}{R}\mathrm{e}^{-\frac{t}{\tau}}$ 　　　(4.2.7)

电阻端电压的变化规律为　　$u_R(t)=i_C(t)R=-U_s\mathrm{e}^{-\frac{t}{\tau}}$ 　　　(4.2.8)

式(4.2.7)及式(4.2.8)中的负号均表示 i_C 及 u_R 的方向与图 4.2.1 中所选定的参考方向相反。

由此可见,在 RC 串联电路的零输入响应中,$u_C(t)$,$i_C(t)$ 和 $u_R(t)$ 均是按同一指数规律衰减的,如图 4.2.3 所示。

【例 4.2.1】　在图 4.2.4(a)所示的电路中,换路前电路已处于稳态。求 $t>0$ 后的 $i_1(t)$,$i_2(t)$,$i_C(t)$。

解:$t=0_-$ 时的等效电路如图 4.2.4(b)所示,可得

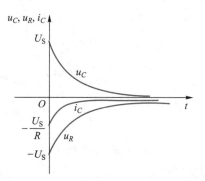

图 4.2.3　u_C、u_R、i_C 的变化曲线

$$u_C(0_-)=I_sR=I_s\frac{R_1R_2}{R_1+R_2}=1\times\frac{60\times30}{60+30}\ \text{V}=20\ \text{V}$$

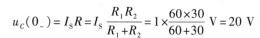

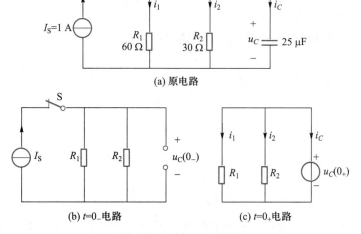

(a) 原电路

(b) $t=0_-$电路　　　(c) $t=0_+$电路

图 4.2.4　例 4.2.1 的图

依据换路定则得

$$u_C(0_+) = u_C(0_-) = 20 \text{ V}$$

$t=0_+$ 时的等效电路如图 4.2.4(c) 所示,可求得

$$i_1(0_+) = \frac{u_C(0_+)}{R_1} = \frac{20}{60} \text{ A} = \frac{1}{3} \text{ A}, i_2(0_+) = \frac{u_C(0_+)}{R_2} = \frac{20}{30} \text{ A} = \frac{2}{3} \text{ A}$$

$$i_C(0_+) = -[i_1(0_+) + i_2(0_+)] = -1 \text{ A}$$

当 $t \to \infty$ 时,$u_C(\infty) = 0 \text{ V}$,即电容要经 R_1 及 R_2 放电至零,$u_C(t) = u_C(0_+) \text{e}^{-\frac{t}{\tau}}$。

且

$$\tau = RC = \frac{R_1 R_2}{R_1 + R_2}C = 20 \times 25 \times 10^{-6} \text{ s} = 5 \times 10^{-4} \text{ s}$$

所以

$$u_C(t) = 20\text{e}^{-2 \times 10^3 t} \text{ V}$$

$$i_C(t) = i_C(0_+) \text{e}^{-\frac{t}{\tau}} = -\text{e}^{-2 \times 10^3 t} \text{ A}$$

$$i_1(t) = i_1(0_+)\text{e}^{-\frac{t}{\tau}} = \frac{1}{3}\text{e}^{-2 \times 10^3 t} \text{ A}, i_2(t) = i_2(0_+)\text{e}^{-\frac{t}{\tau}} = \frac{2}{3}\text{e}^{-2 \times 10^3 t} \text{ A}$$

或

$$i_1(t) = \frac{u_C(t)}{R_1} = \frac{1}{3}\text{e}^{-2 \times 10^3 t} \text{ A}, i_2(t) = \frac{u_C(t)}{R_2} = \frac{2}{3}\text{e}^{-2 \times 10^3 t} \text{ A}$$

$$i_C(t) = C\frac{\mathrm{d}u_C(t)}{\mathrm{d}t} = -\frac{u_C(0_+)}{R}\text{e}^{-\frac{t}{\tau}} = -\frac{20}{20} \times \text{e}^{-\frac{t}{5 \times 10^{-4}}} \text{ A} = -\text{e}^{-2 \times 10^3} \text{ A}$$

一阶 RL 电路的零输入响应与一阶 RC 电路的零输入响应的分析方法相似,只需在分析的过程中把电容元件的初始状态 $u_C(0_+)$ 换作电感元件的初始状态 $i_L(0_+)$ 即可,在此不再重复。

4.2.2　一阶电路的零状态响应

所谓一阶电路的零状态,是指在一阶电路中,储能元件未储能。在此条件下,仅由外部激励所引起的电路的响应,称为一阶电路的零状态响应。

下面以一阶 RL 充磁电路为例来分析一阶电路的零状态响应。

在图 4.2.5 所示电路中,换路前电源 U_S 与电路是断开的,电感元件没有储能,即 $i_L(0_-) = 0 \text{ A}$,在 $t=0$ 时发生换路,电源 U_S 与电路接通,电源经电阻开始给电感元件充磁。

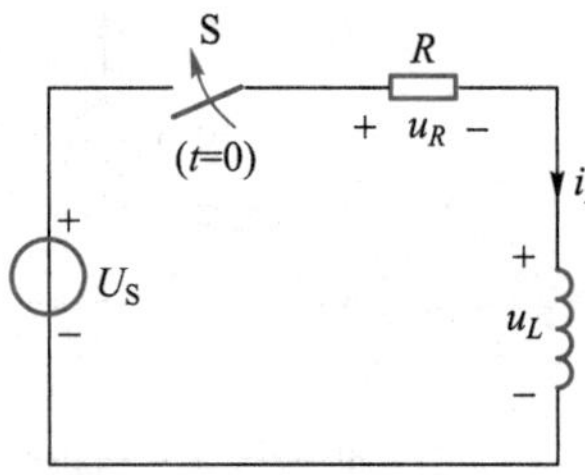

图 4.2.5　RL 充磁电路

根据 KVL,由换路后的电路可得

$$u_R(t) + u_L(t) = U_\text{S} \qquad (4.2.9)$$

而

$$u_R(t) = R \cdot i_L(t), u_L(t) = L\frac{\mathrm{d}i_L(t)}{\mathrm{d}t}$$

将上式代入式(4.2.9)得

$$L\frac{\mathrm{d}i_L(t)}{\mathrm{d}t} + Ri_L(t) = U_\text{S} \qquad (4.2.10)$$

显然,式(4.2.10)为一阶常系数线性非齐次微分方程。此方程的解由两部分组成,即对应于非齐次微分方程的特解 $i_L'(t)$ 和对应于齐次微分方程的通解 $i_L''(t)$。

特解 $i'_L(t)$ 应满足式 (4.2.10) 的要求,通常取换路后流过电感元件中电流的新稳态值作为该方程的特解,所以特解又称为电路的**稳态解**。由图 4.2.5 可知,充磁到稳态时,电感元件相当于短路,即 $u_L(\infty) = 0\text{ V}$,则稳态电流为 $i'_L(t) = i_L(\infty) = \dfrac{U_s}{R}$。

而通解 $i''_L(t)$ 应满足

$$L\frac{\mathrm{d}i_L(t)}{\mathrm{d}t} + Ri_L(t) = 0 \tag{4.2.11}$$

其解为 $i''_L(t) = Ae^{pt}$,将该式代入式 (4.2.11),得特征方程

$$Lp + R = 0$$

所以

$$p = -\frac{R}{L} = -\frac{1}{\tau}$$

即

$$\tau = \frac{L}{R}$$

所以,式 (4.2.10) 的解为 $\quad i_L(t) = i'_L(t) + i''_L(t) = \dfrac{U_s}{R} + Ae^{-\frac{t}{\tau}}$

又因为 $i_L(0_+) = i_L(0_-) = 0\text{ A}$,故 $0 = \dfrac{U_s}{R} + Ae^{-0}$,所以

$$A = -\frac{U_s}{R}$$

故电感充磁电流的变化规律为

$$i_L(t) = \frac{U_s}{R} - \frac{U_s}{R}e^{-\frac{t}{\tau}} = \frac{U_s}{R}(1 - e^{-\frac{t}{\tau}})\text{ A} \tag{4.2.12}$$

即充磁电流是从 0 A 值起,按指数规律增长,直到 $\dfrac{U_s}{R}$ 结束。

同理

$$u_L(t) = L\frac{\mathrm{d}i_L(t)}{\mathrm{d}t} = U_s e^{-\frac{t}{\tau}} \tag{4.2.13}$$

$$u_R(t) = Ri_L(t) = U_s(1 - e^{-\frac{t}{\tau}}) \tag{4.2.14}$$

即 $i_L(t)$、$u_L(t)$ 和 $u_R(t)$ 都是按同一指数规律变化,$i_L(t)$ 和 $u_R(t)$ 按同一指数规律增长,而 $u_L(t)$ 按相同的指数规律衰减,如图 4.2.6 所示。

当 $t = \tau$ 时,有

$$i_L(\tau) = \frac{U_s}{R}(1 - e^{-1}) = \frac{U_s}{R}\left(1 - \frac{1}{2.718}\right) = 63.2\% \times \frac{U_s}{R} = 63.2\% i_L(\infty)$$

时间常数 τ 表示充磁电流增长到稳态电流的 63.2% 时所需的时间,如图 4.2.6 所示。

【**例 4.2.2**】 在图 4.2.7(a) 所示电路中,换路前电路已处于稳态。求换路后的 $i_{L1}(t)$ 及 $i_{L2}(t)$。

4.5 一阶电路的零状态响应

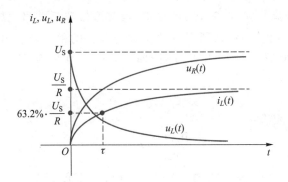

图 4.2.6 $i_L(t), u_R(t), u_L(t)$ 的变化曲线

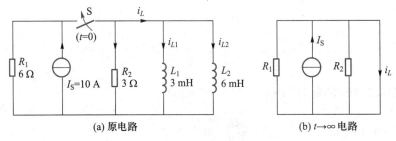

(a) 原电路　　　　　　　　(b) $t \rightarrow \infty$ 电路

图 4.2.7 例 4.2.2 的图

解：因为 $t = 0_-$ 时，L_1 和 L_2 均未储能，故

$$i_{L1}(0_-) = i_{L2}(0_-) = 0 \text{ A}$$

依据换路定则得

$$i_{L1}(0_+) = i_{L2}(0_+) = 0 \text{ A}$$

而当 $t \rightarrow \infty$ 时，电路达到一个新的稳态，L_1 和 L_2 均已储满了能量，相当于短路，如图 4.2.7(b) 所示。则

$$i_L(\infty) = I_S = 10 \text{ A}$$

换路后，L_1 与 L_2 并联的等效电感及 R_1 与 R_2 并联的等效电阻分别为

$$L = \frac{L_1 L_2}{L_1 + L_2} = \frac{3 \times 6}{3 + 6} \text{ mH} = 2 \text{ mH}$$

$$R = \frac{R_1 R_2}{R_1 + R_2} = \frac{3 \times 6}{3 + 6} \text{ Ω} = 2 \text{ Ω}$$

故

$$\tau = \frac{L}{R} = \frac{2}{2} \times 10^{-3} \text{ s} = 10^{-3} \text{ s}$$

由前面的分析可知 $i_L(t) = i_L(\infty)(1 - e^{-\frac{t}{\tau}}) = 10(1 - e^{-10^3 t}) \text{ A}$

所以

$$i_{L1}(t) = \frac{L}{L_1} \times i_L(t) = \frac{2}{3} \times 10(1 - e^{-10^3 t}) \text{ A} = \frac{20}{3}(1 - e^{-10^3 t}) \text{ A}$$

$$i_{L2}(t) = \frac{L}{L_2} \times i_L(t) = \frac{2}{6} \times 10(1 - e^{-10^3 t}) \text{ A} = \frac{10}{3}(1 - e^{-10^3 t}) \text{ A}$$

一阶 RC 电路的零状态响应与一阶 RL 电路的零状态响应的分析方法相似,在此不再重复。

4.2.3 一阶电路的全响应

所谓一阶电路的全响应,是指电源激励和储能元件的初始储能共同作用于电路所引起的响应,也就是零输入响应和零状态响应的叠加。

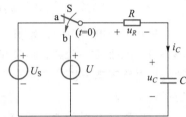

RC 全响应电路如图 4.2.8 所示,换路前电路已处于稳态。在 $t=0$ 时发生换路,将开关 S 从 a 端切换到 b 端。

由

$$全响应 = 零输入响应 + 零状态响应$$

图 4.2.8　RC 全响应电路

可得电容端电压的变化规律为

$$u_C(t) = U_{\mathrm{s}} \mathrm{e}^{-\frac{t}{\tau}} + U\left(1 - \mathrm{e}^{-\frac{t}{\tau}}\right) \tag{4.2.15}$$

整理上式可得

$$u_C(t) = U + (U_{\mathrm{s}} - U)\mathrm{e}^{-\frac{t}{\tau}} \tag{4.2.16}$$

故一阶电路的全响应又可分解为稳态分量和瞬态分量的叠加,即

$$全响应 = 稳态分量 + 瞬态分量$$

思考与练习

4.6　一阶电路的全响应

4.2.1　对于同一 RC 串联电路,以不同的电压值对电容进行充电时,电容电压达到稳态值所需的时间是否相等?为什么?

4.2.2　在 RC 串联电路中,当电源电压和电容容量一定时,是否电阻值越大,电容的充、放电时间就越长,在电阻上消耗的电能也就越多?

4.2.3　在 RC 串联电路中,欲使瞬态过程的速度不变,而使初始电流减小,该采取什么方法?在 RL 串联电路中,欲使瞬态过程的速度不变,而使稳态电流减小,又该采取什么方法?

4.2.4　有两个 RC 串联电路,初始电压各不相同,判断下列说法是否正确。

(1)若 $\tau_1 > \tau_2$,则它们的电压衰减到同一个电压值所需的时间必然是 $t_1 > t_2$,与初始电压的大小无关。

(2)若 $\tau_1 > \tau_2$,则它们的电压衰减到各自初始电压的同一百分比所需时间必然是 $t_1 > t_2$。

(3)若 $\tau_1 = \tau_2$,两个电压衰减到同一电压值的时间必然是 $t_1 = t_2$。

4.2.5　常用万用表的"$R \times 1\,000$"挡来检查较大容量的电容器质量。若在检测时出现下列现象,试解释,并评估电容器的质量好坏。

(1)指针满偏转。

(2)指针不动。

(3)指针很快偏转后又返回到原刻度处。

(4)指针偏转后不能返回到原刻度处。

(5)指针偏转后慢慢地返回。

4.3　一阶电路瞬态分析的三要素法

由上述的全响应分析已知：一阶线性电路的全响应由稳态分量和瞬态分量两部分相加而得。由式(4.2.16)可写出分析一阶线性电路瞬态过程中任意变量的一般公式，即

$$f(t)=f(\infty)+[f(0_+)-f(\infty)]\mathrm{e}^{-\frac{t}{\tau}} \qquad (4.3.1)$$

只要求得电路中的初始值 $f(0_+)$、稳态值 $f(\infty)$ 及时间常数 τ 这三个值，代入式(4.3.1)中，那么一阶线性电路的瞬态过程也就完全确定了。故称式(4.3.1)为一阶线性电路瞬态分析的三要素法。称 $f(0_+)$、$f(\infty)$ 及 τ 为一阶线性电路瞬态分析的三要素。

三要素法是对经典法求解一阶线性电路瞬态过程的概括和总结，应用三要素法的关键在于三要素的求解。

三要素的求解方法如下。

$f(0_+)$ 的求解方法：如 4.1.2 中的“2. 初始值的确定”所述。

$f(\infty)$ 的求解方法：如 4.1.2 中的“3. 稳态值的确定”所述。

τ 的求解方法：去源等效法。

① 首先将换路后的有源网络转换成无源网络(即凡是理想电压源均短路，凡是理想电流源均开路；电路结构保持不变)。

② 从任一储能元件的两端往里看，求出等效的 R 值即可。

注意：

① $f(0_-)$ 值是针对换路前的稳态电路进行求解的，而 $f(\infty)$ 值则是针对换路后的稳态电路进行求解的。

② 求解 $f(0_-)$ 值时只需求出 $u_C(0_-)$ 和 $i_L(0_-)$，而求解 $f(\infty)$ 值时，则需求出所有电量的稳态值。

③ 求解 $f(0_+)$ 值的关键是换路定则，而求解 $f(\infty)$ 值的关键是换路后电路处于稳态后储能元件的储能状况。

④ 求解 τ 值，是针对换路后的无源网络进行的。

【例 4.3.1】　在图 4.3.1 所示电路中，已知 $R_1=3\ \mathrm{k\Omega}$，$R_2=6\ \mathrm{k\Omega}$，$C=20\ \mathrm{\mu F}$，$U_\mathrm{S}=9\ \mathrm{V}$。求 $t>0$ 后 $u_C(t)$ 及 $i(t)$。

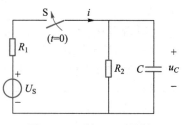

图 4.3.1　例 4.3.1 的图

解：此题可用三要素法求解。

(1) 求初始值 $u_C(0_+)$、$i(0_+)$

$$u_C(0_+)=u_C(0_-)=0\ \mathrm{V}$$

$$i(0_+)=\frac{U_\mathrm{S}}{R_1}=\frac{9}{3}\ \mathrm{mA}=3\ \mathrm{mA}$$

(2) 求稳态值 $u_C(\infty)$、$i(\infty)$

4.7　一阶电路瞬态分析的三要素法

$$i(\infty) = \frac{U_S}{R_1 + R_2} = \frac{9}{3+6} \text{ mA} = 1 \text{ mA}$$

$$u_C(\infty) = i(\infty)R_2 = 1 \times 6 \text{ V} = 6 \text{ V}$$

（3）求时间常数 τ

$$\tau = RC = \frac{R_1 R_2}{R_1 + R_2} \times C = \frac{3 \times 6}{3+6} \times 10^3 \times 20 \times 10^{-6} \text{ s} = 4 \times 10^{-2} \text{ s}$$

故得

$$u_C(t) = u_C(\infty) + [u_C(0_+) - u_C(\infty)] e^{-\frac{t}{\tau}} = 6 + (0-6) e^{-\frac{t}{4 \times 10^2}} \text{ V} = 6(1 - e^{-25t}) \text{ V}$$

$$i(t) = i(\infty) + [i(0_+) - i(\infty)] e^{-\frac{t}{\tau}} = [1 + (3-1) e^{-25t}] \text{ mA} = (1 + 2e^{-25t}) \text{ mA}$$

【例 4.3.2】 图 4.3.2（a）电路换路前已处于稳态。$t=0$ 时将开关 S 从 a 端打到 b 端。求 $t>0$ 后的 $i(t)$ 及 $u_C(t)$，并画出变化曲线。

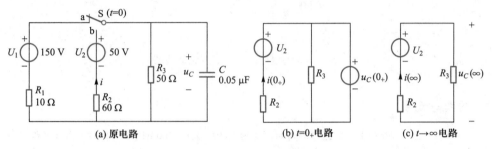

图 4.3.2　例 4.3.2 的图

解：此题可用三要素法求解。

（1）求初始值 $u_C(0_+)$、$i(0_+)$

$t=0_-$ 时，有

$$u_C(0_-) = \frac{R_3}{R_1 + R_3} \times U_1 = \frac{50}{10+50} \times 150 \text{ V} = 125 \text{ V}$$

依据换路定则，得

$$u_C(0_+) = u_C(0_-) = 125 \text{ V}$$

$t=0_+$ 的等效电路如图 4.3.2（b）所示，得

$$i(0_+) = \frac{U_2 - u_C(0_+)}{R_2} = \frac{50-125}{60} \text{ A} = -1.25 \text{ A}$$

（2）求稳态值 $u_C(\infty)$、$i(\infty)$

$t \to \infty$ 的等效电路如图 4.3.2（c）所示，得

$$i(\infty) = \frac{U_2}{R_2 + R_3} = \frac{50}{60+50} \text{ A} = 0.45 \text{ A}$$

$$u_C(\infty) = i(\infty)R_3 = 0.45 \times 50 \text{ V} = 22.7 \text{ V}$$

（3）求时间常数 τ

$$\tau = RC = \frac{R_2 R_3}{R_2 + R_3} \times C = 13.6 \times 10^{-6} \text{ s}$$

故得

$$i(t) = [0.45 + (-1.25 - 0.45)\mathrm{e}^{-0.735 \times 10^6 t}] \text{ A} = (0.45 - 1.7\mathrm{e}^{-0.735 \times 10^6 t}) \text{ A}$$

$$u_C(t) = [22.7 + (125 - 22.7)\mathrm{e}^{-0.735 \times 10^6 t}] \text{ V} = (22.7 + 102.3\mathrm{e}^{-0.735 \times 10^6 t}) \text{ V}$$

$i(t)$ 及 $u_C(t)$ 的变化曲线如图 4.3.3 所示。

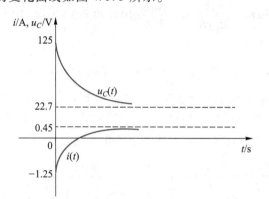

图 4.3.3　$i(t)$ 及 $u_C(t)$ 的变化曲线图

思考与练习

4.3.1　已知某 RC 串联电路中的初始储能为 2×10^{-2} J，$C = 100$ μF，$R = 10$ kΩ。当该电路与一个 $U_S = 10$ V 的理想电压源接通后，试求出 $t > 0$ 后 $u_C(t)$ 的变化规律。

4.3.2　已知 $u_C(t) = [20 + (5-20)\mathrm{e}^{-\frac{t}{10}}]$ V。试在同一图上分别画出稳态分量、瞬态分量、零输入响应、零状态响应及全响应的曲线。

4.4　微分电路与积分电路

4.4.1　微分电路

在图 4.4.1 所示电路中，激励源 u_I 为一矩形脉冲信号，其中 U_S 为脉冲幅度，t_p 为脉冲宽度，T 为脉冲周期。响应是从电阻两端取出的电压，即 $u_O = u_R$，电路时间常数小于脉冲信号的脉宽，通常取 $\tau = \dfrac{t_p}{10}$。

因为 $t < 0$ 时，$u_C(0_-) = 0$ V，而在 $t = 0$ 时，u_I 突变到 U_S，且在 $0 < t < t_1$ 期间有 $u_I = U_S$，相当于在 RC 串联电路上接了一个理想电压源，这实际上就是 RC 串联电路的零状态响应 $u_C(t) = u_C(\infty)(1 - \mathrm{e}^{-\frac{t}{\tau}})$。由于 $u_C(0_+) = 0$ V，则由图 4.4.2 电路可知 $u_I = u_C + u_O$。所以 $u_O(0_+) = U_S$，即输出电压产生了突变，从 0 V 突变到 U_S。

因为 $\tau = \dfrac{t_p}{10}$，所以电容充电极快。当 $t = 3\tau$ 时，有 $u_C(3\tau) = U_S$，则 $u_O(3\tau) = 0$ V。故在 $0 < t < t_1$ 期间内，电阻两端就输出一个正的尖脉冲信号，如图 4.4.3 所示。

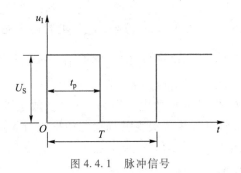

图 4.4.1 脉冲信号

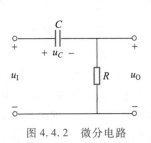

图 4.4.2 微分电路

在 $t=t_1$ 时刻,u_I 又突变到 0 V,且在 $t_1<t<t_2$ 期间有 $u_I=0$ V,相当于将 RC 串联电路短接,这实际上就是 RC 串联电路的零输入响应 $u_C(t)=u_C(0_+)\mathrm{e}^{-\frac{t}{\tau}}$。由于 $t=t_1$ 时,$u_C(t_1)=U_S$,故 $u_0(t_1)=-u_C(t_1)$。

因为 $\tau=\dfrac{t_p}{10}$,所以电容的放电过程极快。当 $t=3\tau$ 时,有 $u_C(3\tau)=0$ V,使 $u_0(3\tau)=$ 0 V,故在 $t_1<t<t_2$ 期间,电阻两端就输出一个负的尖脉冲信号,如图 4.4.3 所示。

由于 u_I 为一周期性的矩形脉冲信号,则 u_0 也就为同一周期的正负尖脉冲信号,如图 4.4.3 所示。

尖脉冲信号的用途十分广泛,在数字电路中常用作触发器的触发信号,在变流技术中常用作可控硅的触发信号。

这种输出的尖脉冲信号反映了输入矩形脉冲信号微分的结果,故称这种电路为微分电路。

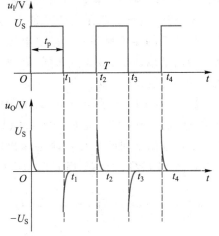

图 4.4.3 微分电路的 u_I 与 u_0 波形

微分电路应满足三个条件:① 激励必须为一周期性的矩形脉冲;② 响应必须是从电阻两端取出的电压;③ 电路时间常数远小于脉冲宽度,即 $\tau\ll t_p$。

4.4.2 积分电路

在图 4.4.4 所示电路中,激励源 u_I 为一矩形脉冲信号,响应是从电容两端取出的电压,即 $u_0=u_c$,且电路时间常数大于脉冲信号的脉宽,通常取 $\tau=10t_p$。

因为 $t=0_-$ 时,$u_c(0_-)=0$ V,在 $t=0$ 时刻 u_I 突然从 0 V 上升到 U_S 时,仍有 $u_c(0_+)=0$ V,故 $u_R(0_+)=U_S$。在 $0<t<t_1$ 期间内,$u_I=U_S$,此时为 RC 串联电路的零状态响应,即 $u_0(t)=u_c(\infty)(1-\mathrm{e}^{-\frac{t}{\tau}})$。

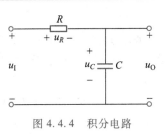

图 4.4.4 积分电路

95

由于 $\tau = 10t_\text{p}$，所以电容充电极慢。当 $t = t_1$ 时，$u_0(t_1) = \dfrac{1}{3}U_\text{s}$。电容尚未充电至稳态时，输入信号已经发生了突变，从 U_s 突然下降至 0 V。则在 $t_1 < t < t_2$ 期间内，$u_1 = 0$ V，此时为 RC 串联电路的零输入响应，即 $u_0(t) = u_C(0_+)\mathrm{e}^{-\frac{t}{\tau}}$。

由于 $u_C(t_1) = U_\text{s}/3$，所以电容从 $U_\text{s}/3$ 处开始放电。因为 $\tau = 10t_\text{p}$，放电进行得极慢，当电容电压还未衰减到 0 V 时，u_1 又发生了突变并周而复始地进行。这样，在输出端就得到一个锯齿波信号，如图 4.4.5 所示。

锯齿波信号在示波器、显示器等电子设备中作扫描电压。

由图 4.4.5 波形可知：若 τ 越大，充、放电进行得越缓慢，锯齿波信号的线性就越好。

从图 4.4.5 波形还可看出，u_0 是对 u_1 积分的结果，故称这种电路为积分电路。

RC 积分电路应满足三个条件：① u_1 为一周期性的矩形脉冲；② 输出电压是从电容两端取出的；③ 电路时间常数远大于脉冲宽度，即 $\tau \gg t_\text{p}$。

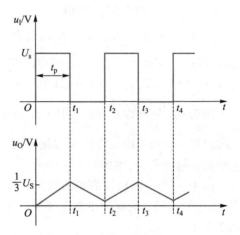

图 4.4.5　积分电路的 u_1 与 u_0 波形

【例 4.4.1】　在图 4.4.6(a)所示电路中，输入信号 u_1 的波形如图 4.4.6(b) 所示。试画出下列两种参数时的输出电压波形，并说明电路的作用。（1）当 $C = 300$ pF，$R = 10$ kΩ 时；（2）当 $C = 1$ μF，$R = 10$ kΩ 时。

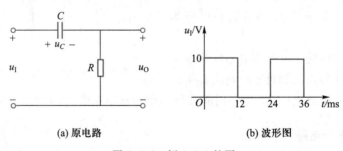

(a) 原电路　　　　　　　　　　(b) 波形图

图 4.4.6　例 4.4.1 的图

解：(1) 因为 $R = 10$ kΩ，$C = 300$ pF，所以 $\tau_1 = RC = 10 \times 10^3 \times 300 \times 10^{-12}$ s $= 3$ μs。而 $t_\text{p} = 12$ ms $= 4\,000\tau_1$，显然，此时电路是一个微分电路，其输出电压波形如图 4.4.7 中 u_{01} 所示。

(2) 因为 $R = 10$ kΩ，$C = 1$ μF，所以 $\tau_2 = 10 \times 10^3 \times 1 \times 10^{-6}$ s $= 10$ ms。而 $t_\text{p} = 12$ ms $> \tau_2$，但 τ_2 很接近于 t_p，所以电容充电较慢，即 $u_C(t) = 10(1 - \mathrm{e}^{-\frac{t}{\tau}})$ V。

故 $u_{02}(t) = 10\mathrm{e}^{-\frac{t}{\tau}}$ V，所以当 $t = 0_+$ 时，$u_{02}(0_+) = 10$ V，$u_C(0_+) = 0$ V；$t = t_1 = t_\text{p}$ 时，$u_{02}(t_1) = 3.012$ V，　$u_C(t_1) = 6.988$ V。

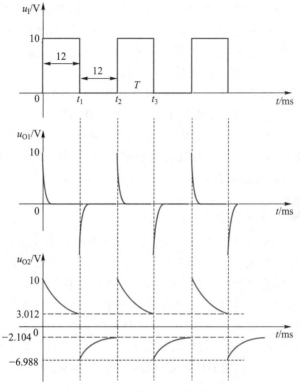

图 4.4.7　输出电压波形图

此时,u_1 已从 10 V 突跳到 0 V,则电容要经电阻放电,即 $u_C(t) = u_C(t_1) \mathrm{e}^{-\frac{t}{\tau}}$。所以 $u_{O2}(t) = -u_C(t) = -u_C(t_1) \mathrm{e}^{-\frac{t}{\tau}}$。则当 $t = t_1$ 时,$u_{O2}(t_1) = -u_C(t_1) = -6.988$ V;$t = t_2 = t_p$ 时,$u_{O2}(t_2) = -u_C(t_2) \mathrm{e}^{-1.2} = -2.104$ V。输出电压波形如图 4.4.7 中 u_{O2} 所示。

由图 4.4.7 可知:当 τ 越大时,u_O 波形就越接近于 u_1 波形。所以,此时的电路就称为耦合电路。

思考与练习

4.4.1　在 RC 串联电路中,当改变 R 值的大小时,将如何改变微分和积分电路的输出电压波形?

4.4.2　用 RL 串联电路如何构成微积分电路? 画出电路图。

4.5　瞬态过程的利用与预防

自然界的任何物质在一定的稳定状态下,都具有能量,当条件改变时,能量随之改变,但是能量的累积或衰减是需要一定时间的,这便是瞬态过程产生的原因。因为能量不能发生突变,因此,严格意义来说,电路中任何形式的能量改变必然导致电路进入瞬态过程。

电路的瞬态过程一般比较短暂,但它的作用和影响却十分重要。一方面,我们

97

要充分利用电路的瞬态过程来实现振荡信号的产生、信号波形的改善和变换、电子继电器的延时动作等(如 4.4 节微分电路和积分电路便是电路中瞬态过程的典型应用之一);另一方面,又要防止电路在瞬态过程中可能产生的比稳态时大得多的电压或电流(即所谓的过电压或过电流)现象。过电压可能会击穿电气设备的绝缘,从而影响到设备的安全运行;过电流可能会产生过大的机械力或引起电气设备和器件的局部过热,从而使其遭受机械损坏或热损坏,甚至产生人身安全事故。所以,进行瞬态分析就是要充分利用电路的瞬态特性来满足技术上对电气线路和电气装置的性能要求,同时又要尽量防止瞬态过程中的过电压或过电流现象对电气线路和电气设备所产生的危害。

4.6　应用实例

使用照相机时,常常要用到闪光灯,尤其是在比较暗的地方,闪光灯是加强曝光量、提高照明度的主要方式。图 4.6.1 所示是某简易闪光灯的驱动电路。图中 HL 是照相机中的闪光灯管,S_1 是电子开关,每秒允许通断上万次。当电子开关 S_1 闭合时,电流通过电感 L,在电感中储存磁场能量。当电子开关 S_1 断开时,电感中的能量不能突变,电感中的电流通过二极管 D 给电容 C 充电,使电容上的电压最终达到几百伏甚至更高。二极管的作用是阻止电流反向流通。当照相机的快门按下时,图中另一开关 S_2 闭合,电容向闪光灯放电,闪光灯闪亮。

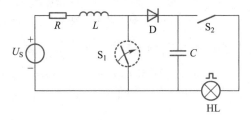

图 4.6.1　闪光灯驱动电路

习题

4.1　电路如图题 4.1 所示,换路前已处于稳态。在 $t=0$ 时发生换路,求各元件中电流及端电压的初始值;当电路达到新的稳态后,求各元件中电流及端电压的稳态值。

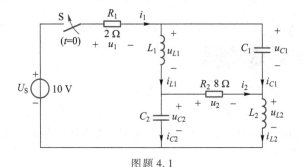

图题 4.1

4.2　电路如图题 4.2 所示,换路前已处于稳态。设 $u_C(0_-) = 0$ V,在 $t=0$ 时发生换路,求各元件中电流及端电压的初始值;当电路达到新的稳态后,求各元件中电流及端电压的稳态值。

4.3　如图题 4.3 所示电路,换路前处于稳态,$t=0$ 时开关 S 闭合。已知所有电阻都为 10 Ω,$U = 10$ V。求 $i_C(0_+)$、$i_L(0_+)$、$u_C(0_+)$、$u_L(0_+)$。

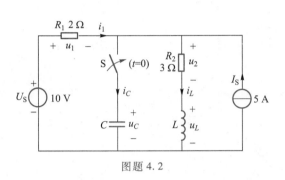
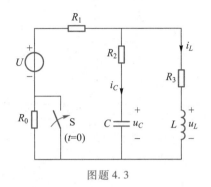

图题 4.2　　　　　　　　　　　　图题 4.3

4.4　电路如图题 4.4 所示,换路前已处于稳态。求换路后各电流及端电压的初始值、稳态值及时间常数。

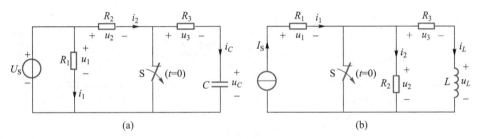

(a)　　　　　　　　　　　　　　(b)

图题 4.4

4.5　在图题 4.5 所示电路中,已知 $R = 50$ kΩ,$C_1 = 4$ μF,$C_2 = 6$ μF,换路前 C_1 和 C_2 上储存的总电荷量为 1.2×10^{-4} C。试求换路后的 $i_R(t)$、$i_{C1}(t)$、$i_{C2}(t)$ 的变化规律。

4.6　写出波形如图题 4.6 所示响应 $u_C(t)$ 和 $i_L(t)$ 的数学表达式。时间常数都是 $\tau = 0.2$ s。

4.7　图题 4.7 所示电路换路前已处于稳态,求 $t>0$ 后的 $u_{C1}(t)$,$u_{C2}(t)$ 及 $i(t)$,并画出它们随时间变化的曲线。

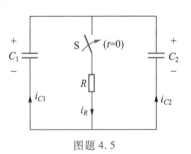

图题 4.5

4.8　图题 4.8 所示电路换路前已处于稳态,求 $t>0$ 后的 $u_L(t)$ 及 $u_2(t)$ 的变化规律。

4.9　图题 4.9 所示电路换路前已处于稳态,求 $t>0$ 后的 $u_C(t)$、$i_1(t)$ 及 $i_3(t)$。

4.10　图题 4.10 所示电路换路前已处于稳态。则在(1) $t=0$ 时闭合开关 S_1,求 $t>0$ 时的 $i_1(t)$ 及 $i_2(t)$;(2) 开关 S_1 闭合 0.1 s 后再闭合开关 S_2,求 $t>0.1$ s 后的 $i_1(t)$ 及 $i_2(t)$。

4.11　图题 4.11 所示电路换路前已处于稳态。在 $t=0$ 时将开关 S_1 闭合,在 $t=0.1$ s 时又将开关 S_2 闭合。求 $t>0.1$ s 后的 $u_R(t)$ 及 $u_C(t)$ 的变化规律。

4.12　图题 4.12 所示电路换路前已处于稳态,求 $t>0$ 后的 $i(t)$ 及 $i_L(t)$,并画出它们的曲线。

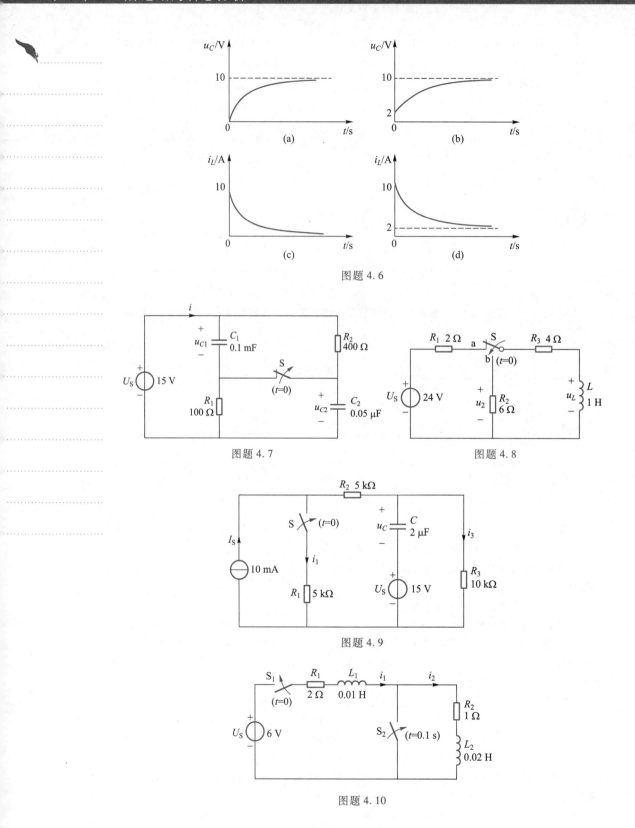

图题 4.6

图题 4.7

图题 4.8

图题 4.9

图题 4.10

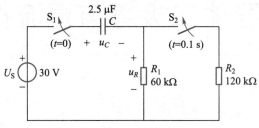

图题 4.11

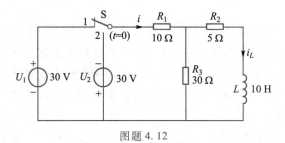

图题 4.12

第 4 章习题
答案

第5章 半导体二极管与直流稳压电路

本章概要：

目前电力系统供给的大多是交流电，但是在某些场合，例如电解、电镀、蓄电池的充电、直流电动机和大多数电子设备等，都需要直流电源供电。除利用干电池、蓄电池和直流发电机获得直流电外，目前广泛采用直流稳压电源。

本章简要介绍了半导体的基础知识，讨论了 PN 结的形成过程及 PN 结的单向导电性。在此基础上，分别介绍了二极管、稳压二极管的基本结构、伏安特性和主要参数，以及几种特殊用途的二极管。最后重点对含二极管的电路进行了分析，并较详细地介绍了直流稳压电源的组成及其各部分的工作原理。

学习目标：

（1）了解半导体的基础知识。
（2）理解 PN 结的形成过程，掌握 PN 结的单向导电性。
（3）理解二极管的伏安特性曲线及稳压二极管工作原理。
（4）掌握二极管电路的分析和应用。

5.1 半导体的基础知识

5.1 课程特点和学习方法

5.1.1 本征半导体

完全纯净的、具有完整晶体结构的半导体，称为**本征半导体**。

常用的半导体材料有硅（Si）和锗（Ge），它们都是四价元素，其最外层有四个价电子。每两个相邻原子之间都共有一对价电子，这种组合方式称为**共价键结构**，图 5.1.1 为单晶硅共价键结构的平面示意图。在获得一定的能量（光或热等）后，少数价电子可脱离共价键束缚而成为**自由电子**。同时在共价键中就留下相应的空位，称为**空穴**。在本征半导体中，电子与空穴总是成对出现的，它们被称为电子空穴对，如图 5.1.2 所示。

如果在本征半导体两端加上外电场，半导体中将出现两部分电流：一部分是自由电子将产生定向移动，形成**电子电流**；另一部分是带正电的空穴吸引相邻原子中的价电子来填补，而在该原子的共价键中产生另一个空穴。空穴被填补和相继产生的过程，可以理解为空穴在移动，形成**空穴电流**。因此，在半导体中同时存在着电子导电和空穴导电。自由电子和空穴都称为载流子。

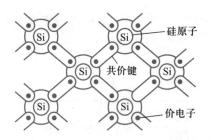

图 5.1.1　单晶硅共价键结构

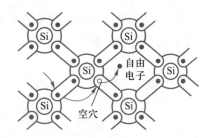

图 5.1.2　电子空穴对形成示意图

5.1.2　杂质半导体

本征半导体中虽然有自由电子和空穴两种载流子,但由于其数量极少,故导电能力很弱。如果掺入微量的杂质(某些特殊元素),将使掺杂后的半导体(杂质半导体)的导电能力大大增强。根据掺入杂质性质的不同,杂质半导体分为电子型半导体(N 型)和空穴型半导体(P 型)两大类。

1. N 型半导体

若在纯净的硅晶体中掺入微量的五价元素(如磷),当一个硅原子被掺入的磷原子取代时,整个晶体结构基本不变,而磷原子最外层的 5 个价电子只有 4 个用于组成共价键,多余的那个价电子很容易挣脱磷原子核的束缚而成为自由电子,如图5.1.3(a)所示。由于自由电子数量大大增多,电子导电成为这种杂质半导体的主要导电方式,故称其为电子型半导体,简称 N 型半导体。在 N 型半导体中,电子是多数载流子(简称多子),空穴是少数载流子(简称少子),

在 N 型半导体中,一个杂质原子提供一个自由电子,当杂质原子失去一个电子后,就变为固定在晶格中不能移动的正离子,但它不是载流子。因此,N 型半导体就可用正离子和与之数量相等的自由电子来表示,其中还有少量由热激发产生的电子空穴对,如图 5.1.3(b)所示。

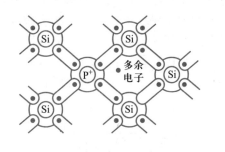

(a) 硅晶体中掺入五价元素

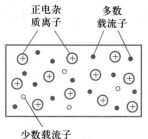

(b) N 型半导体示意图

图 5.1.3　N 型半导体

2. P 型半导体

在纯净的硅(或锗)晶体内掺入微量的三价元素(如硼),因硼原子的最外层有3 个价电子,当它与周围的硅原子组成共价键结构时,会因缺少一个电子而在晶体中产生一个空穴,如图 5.1.4(a)所示。每个硼原子都会提供一个空穴,于是空穴数量大大增加,空穴导电成为这种杂质半导体的主要导电方式,故称其为空穴型半导体,简称 P 型半导体。在 P 型半导体中,空穴为多子,电子为少子。

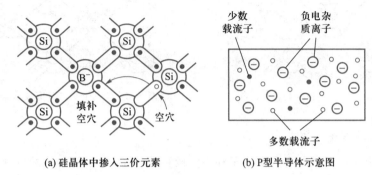

(a) 硅晶体中掺入三价元素　　　　　(b) P 型半导体示意图

图 5.1.4　P 型半导体

　　P 型半导体可以用带有负电荷而不能运动的杂质离子和与之数量相等的空穴来表示。其中还有少量由热激发产生的电子空穴对,如图 5.1.4(b)所示。

　　从以上分析可知,不论是 N 型半导体还是 P 型半导体,它们的导电能力都是由多子的浓度决定的。可以认为,多子的浓度约等于掺杂原子的浓度,它受温度的影响很小。

5.1.3　PN 结及其单向导电性

　　在一片半导体晶片上,通过掺杂工艺,使晶片的一部分形成 N 型半导体区,而另一部分形成 P 型半导体区。由于 N 区的自由电子浓度高,P 区的空穴浓度高,它们将越过交界面向对方区域扩散,如图 5.1.5(a)所示。这种多数载流子因浓度差而形成的运动称为扩散运动。多数载流子扩散到对方区域后被复合而消失,这样在交界面的两侧分别留下了不能移动的正负离子,从而形成一个空间电荷区。这个空间电荷区就是 PN 结,如图 5.1.5(b)所示。由于 PN 结内的载流子因扩散和复合被消耗殆尽,故又称耗尽层。同时正、负离子将产生一个方向为 N 区指向 P 区的电场,称为内电场。内电场反过来对多数载流子的扩散运动起阻碍作用,同时,那些做杂乱无章运动的少数载流子进入 PN 结内后,在内电场作用下,会越过交界面向对方区域运动。这种少数载流子在内电场作用下的运动称为漂移运动。在无外

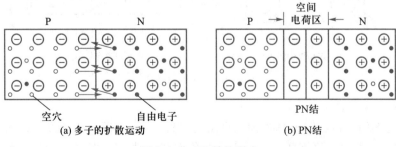

(a) 多子的扩散运动　　　　　　　(b) PN 结

图 5.1.5　PN 结的形成

加电压的情况下,最终扩散运动和漂移运动会达到一种动态平衡,那么 PN 结的宽度就维持稳定状态了。

PN 结外加正向电压即 PN 结正向偏置,是指 P 区接电源正极,N 区接电源负极,如图 5.1.6(a)所示。由于外加电压形成的外电场与内电场方向相反,原来的平衡被破坏,使得扩散运动强于漂移运动,外电场驱使 P 区的空穴向 N 区移动,N 区的电子向 P 区移动,结果使空间电荷区变窄,内电场减弱,有利于扩散运动的增强,从而形成较大的正向电流。由于外部电源不断地向半导体提供电荷,使该电流得以维持,因此这时 PN 结所处的状态称为正向导通,简称导通。正向导通时,通过 PN 结的电流(正向电流)大,而 PN 结呈现的电阻(正向电阻)小。

PN 结加反向电压即 PN 结反向偏值,是指 N 区接电源正极,P 区接电源负极,如图 5.1.6(b)所示。由于外电场与内电场方向相同,原来的平衡也被破坏,使得漂移运动强于扩散运动,结果空间电荷区变宽。由于少数载流子的数量很少,故反向电流一般很小。这时 PN 结所处的状态称为反向截止,简称截止。反向截止时通过 PN 结的电流(反向电流)小,而 PN 结呈现的电阻(反向电阻)大。

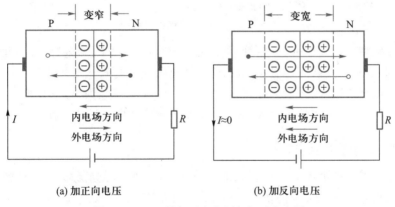

5.3 PN 结及其单向导电性

(a) 加正向电压   (b) 加反向电压

图 5.1.6 PN 结加正向电压与加反向电压

由此看来,PN 结正向电阻较小,反向电阻很大,具有单向导电性。但反向电流受温度的影响很大。

思考与练习

5.1.1 N 型半导体和 P 型半导体各有什么特点?

5.1.2 半导体导电的主要特征是什么? 它与金属导体的导电机理有何区别?

5.1.3 N 型半导体和 P 型半导体中的多数载流子和少数载流子是怎样产生的? 它们的数量各由什么因素控制?

5.1.4 既然空间电荷区是由带正、负电荷的离子形成的,为什么它的电阻率却很高?

5.1.5 PN 结的正向电流与反向电流是如何形成的? 为什么反向电流很小但受温度的影响却很大?

5.2　半导体二极管

5.4　二极管
的基本结构

5.2.1　二极管的基本结构

将 PN 结的两端加上电极引线并用外壳封装,就组成了一只半导体二极管。由 P 区引出的电极为正极(又称阳极),由 N 区引出的电极为负极(又称阴极)。二极管符号及结构如图 5.2.1 所示。通常二极管有点接触型和面接触型两类。

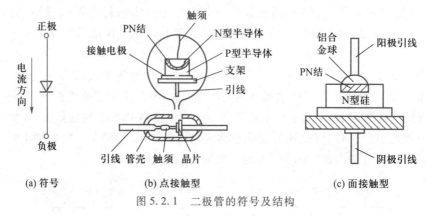

图 5.2.1　二极管的符号及结构

点接触型二极管(一般为锗管)的特点是:PN 结面积小,结电容小,因此只能通过较小的电流,但其高频性能好,常用于高频电路或小电流整流电路。

面接触型二极管(一般为硅管)的特点是:PN 结面积较大,结电容也大,能通过较大的电流,但其工作频率较低,常用于低频电路或大电流整流电路。

5.2.2　二极管的伏安特性

二极管两端的电压 U 与流过二极管的电流 I 之间的关系称为二极管的伏安特性。硅二极管和锗二极管的伏安特性曲线如图 5.2.2 所示,它们可分为正向特性和反向特性两部分。

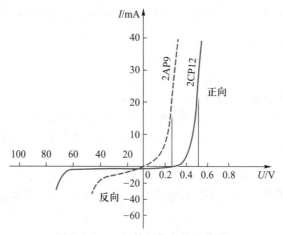

图 5.2.2　二极管的伏安特性曲线

1. 正向特性

当外加电压很小时,正向电流几乎为零。当正向电压超过某一数值后,正向电流迅速增大。这个数值的电压称为二极管的死区电压(或门槛电压)。通常,硅管的死区电压约为 0.5 V,锗管约为 0.2 V。

当正向电压大于死区电压后,正向电流迅速增大,这时二极管才真正导通。由于这一段正向特性曲线很陡,在正常工作范围内,二极管的正向压降几乎恒定,硅管为 0.6 ~ 0.7 V,锗管为 0.2 ~ 0.3 V。

2. 反向特性

从曲线可以看出,在一定的反向电压范围内,反向电流很小,这是因为反向电流是由少数载流子的漂移运动形成的。一定温度下,少子的数量基本不变,所以反向电流基本恒定,与反向电压的大小无关,故通常称其为反向饱和电流。当反向电压过高时,会使反向电流突然增大,这种现象称为反向击穿,产生反向击穿时的电压称为反向击穿电压。普通二极管被击穿后,将造成永久性损坏而失去单向导电性。

在工程应用中,常常将上述伏安特性在正常工作范围内近似化或理想化。当电源电压与二极管导通时的正向压降相差不大时,二极管导通时的正向压降不可忽略(锗管取 0.3 V,硅管取 0.7 V),当电源电压远大于二极管导通时的正向压降时,可将二极管看作理想二极管,即认为二极管导通时的正向压降为零。

5.5 二极管的伏安特性

5.2.3 二极管的主要参数

二极管的参数是正确选择和使用二极管的依据。主要参数有:

1. 最大整流电流 I_{OM}

I_{OM} 是指二极管长时间使用时,允许流过二极管的最大正向平均电流。当电流超过允许值时,二极管将因 PN 结过热而损坏。

2. 反向工作峰值电压 U_{RM}

U_{RM} 是为了防止二极管反向击穿而规定的最高反向工作电压,一般为反向击穿电压的一半或三分之二。

5.6 二极管的主要参数

3. 反向工作峰值电流 I_{RM}

I_{RM} 是指反向工作峰值电压下的反向电流。其值愈小,说明二极管的单向导电性愈好。反向电流受温度的影响较大,温度越高反向电流越大。常温下,硅管的 I_{RM} 一般在几微安以下,锗管的 I_{RM} 为几十到几百微安。

5.2.4 二极管的应用

利用二极管的单向导电性,二极管可用于整流、检波、限幅、开关、稳压、续流等。

分析含有二极管的电路,首先要断开二极管,分析其阳极和阴极电位。如果阳极和阴极的电位差高于二极管的死区电压,则二极管导通,否则截止。对于两个及以上的共阳极二极管,还需比较这些二极管的阴极电位,阴极电位最低的二极管优先导通;对于两个及以上的共阴极二极管,还需比较它们的阳极电位,阳极电位最高的二极管优先导通。

【例 5.2.1】　如图 5.2.3 所示电路,求 U_{AB}。

解:取 B 点为参考点,断开二极管,判断二极管阳极和阴极电位,有

$$U_{阳} = -6\ \text{V},\quad U_{阴} = -12\ \text{V}$$

因 $U_{阳} > U_{阴}$,故二极管正向导通。如果为理想二极管,导通时正向管压降为 0,则

$$U_{AB} = 6\ \text{V}$$

此处二极管 D 起钳位作用,把 AB 端的电压钳住在 -6 V。

【例 5.2.2】　如图 5.2.4 所示电路,二极管 D_1 和 D_2 均为硅管,正向导通时管压降为 0.7 V。求 A 点电位。

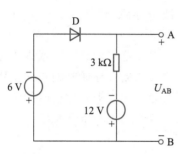

图 5.2.3　例 5.2.1 的图

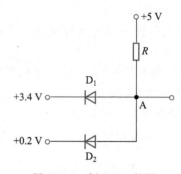

图 5.2.4　例 5.2.2 的图

解:二极管 D_1 和 D_2 为共阳极接法。断开 D_1 和 D_2 后,它们的阳极电位为 5 V,阴极电位分别为 3.4 V 和 0.2 V,所以 D_2 优先导通,D_2 导通后 A 点(即 D_1 的阳极)电位为 0.9 V,而 D_1 的阴极电位为 3.4 V,故 D_1 截止。该电路中,二极管 D_2 起钳位作用,将 A 点电位钳位在 0.9 V;二极管 D_1 起隔离作用,将 A 点与 3.4 V 的输入端隔离开来。

**　思考与练习**

5.2.1　为什么二极管的反向饱和电流与所加反向电压基本无关,而当环境温度升高时,又会明显增大?

5.2.2　怎样用万用表判断二极管的正极、负极以及二极管的好坏?

5.2.3　直接将一个二极管用正向接法接到一个 1.5 V 的干电池上,你认为会产生什么问题?

5.2.4　什么是死区电压?为什么会出现死区电压?硅管和锗管的死区电压一般为多少?

5.3　特殊二极管

5.3.1　稳压二极管

稳压二极管又称为稳压管,是一种特殊的面接触型二极管,它的电路符号和伏

安特性曲线如图 5.3.1 所示,稳压管的伏安特性曲线和普通二极管类似,只是反向特性曲线比较陡。

反向击穿是稳压管的正常工作状态,稳压管就工作在反向击穿区。从反向特性曲线可以看出,当所加反向电压小于击穿电压时,和普通二极管一样其反向电流很小。一旦所加反向电压达到击穿电压时,反向电流会突然急剧上升,稳压管被反向击穿。其击穿后的特性曲线很陡,这就说明流过稳压管的反向电流在很大范围内(从几毫安到几十甚至上百毫安)变化时,管子两端的电压基本不变。稳压管在电路中能起稳压作用,正是利用了这一特性。

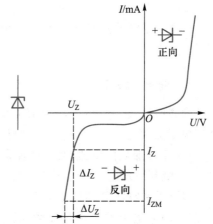

图 5.3.1 稳压管的电路符号和伏安特性曲线

稳压管的反向击穿是可逆的,这一点与普通二极管不一样。只要去掉反向电压,稳压管就会恢复正常。但是,如果反向击穿后的电流太大,超过其允许范围,就会使稳压管的 PN 结发生热击穿而损坏。

由于硅管的热稳定性比锗管好,所以稳压管一般都是硅管,故称硅稳压管。

稳压管的主要参数如下。

(1)稳定电压 U_Z 和稳定电流 I_Z

稳定电压就是稳压管在正常工作下管子两端的电压。同一型号的稳压管,由于制造方面的原因,其稳压值也有一定的分散性。如 2CW18,其稳定电压为 10 ~ 12 V。

稳定电流常作为稳压管的最小稳定电流 I_{Zmin} 来看待。一般小功率稳压管可取 I_Z 为 5 mA。如果反向工作电流太小,会使稳压管工作在反向特性曲线的弯曲部分而使稳压特性变坏。

(2)最大稳定电流 I_{Zmax} 和最大允许耗散功率 P_{ZM}

这两个参数都是为了保证稳压管安全工作而规定的。最大允许耗散功率 $P_{ZM} = U_Z I_{Zmax}$,如果稳压管的电流超过最大稳定电流 I_{Zmax},将会使稳压管的实际功率超过最大允许耗散功率,稳压管将会发生热击穿而损坏。

(3)电压温度系数 a_V

电压温度系数是表明稳定电压 U_Z 受温度变化影响的系数。例如 2CW18 稳压管的电压温度系数为 0.095%/℃,就是说温度每增加 1 ℃,其稳压值将升高 0.095%。一般稳压值低于 6 V 的稳压管具有负的温度系数,高于 6 V 的稳压管具有正的温度系数。稳压值为 6 V 左右的稳压管其稳压值基本上不受温度的影响,因此,选用 6 V 左右的稳压管,可以得到较好的温度稳定性。

(4)动态电阻 r_Z

动态电阻是指稳压管两端电压的变化量 ΔU_Z 与相应的电流变化量 ΔI_Z 的比值,如图 5.3.1 所示,即

5.7　稳压管

$$r_Z = \frac{\Delta U_z}{\Delta I_z}$$

稳压管的反向特性曲线越陡,动态电阻越小,稳压性能就越好。r_Z 的数值在几欧至几十欧之间。

5.3.2　光电二极管

光检测器件是将光信号转换成电信号的器件,光电二极管是其中一种。它的结构与光电池很接近,但是需要外加反向电压,当 PN 结受到外部光照射时,由于受到激发而产生电子空穴对,在电场的作用下这些电子和空穴分别进入 N 区和 P 区,产生光电流,产生的光电流的大小与照射光强成正比。光电二极管的外形和符号如图 5.3.2 所示。

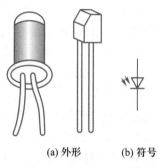

(a) 外形　　(b) 符号

图 5.3.2　光电二极管的外形和符号

为了能使光线顺利照射到 PN 结上,在光电二极管的外壳上开设一个光窗。无光照时光电二级管的电流很小,为几微安到上百微安,称为暗电流。

5.3.3　发光二极管

5.8　光电二极管与发光二极管

发光二极管,简称 LED,是一种将电能转换成光能的特殊二极管。发光二极管工作于正向偏置状态,当正向电流通过时,发光二极管会发光,发光颜色取决于所用材料,目前有红、绿、黄、橙等色,其外形可以制成长方形、圆形等形状。发光二极管的外形和符号如图 5.3.3 所示

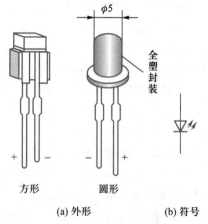

(a) 外形　　(b) 符号

图 5.3.3　发光二极管的外形和符号

发光二极管因驱动电压低、功耗小、寿命长、可靠性高等优点广泛用于显示电路中。它的另一种重要用途是将电信号变为光信号,通过光电缆传输,再用光电二极管接收,还原成电信号。

5.4　直流稳压电源

在电子电路及电子设备中,一般都需要电压稳定的直流稳压电源供电。直流稳压电源为单相小功率电源,它由电源变压器、整流电路、滤波电路和稳压电路等四部分组成,如图 5.4.1 所示。

电源变压器的作用是将 220 V 交流电压变换为整流所需要的交流电压;整流电路的作用是将交流电压变换为方向不变的脉动直流电压;滤波电路的作用是将脉动直流电压变换为较平滑的直流电压;稳压电路的作用是使输出电压不受电网电

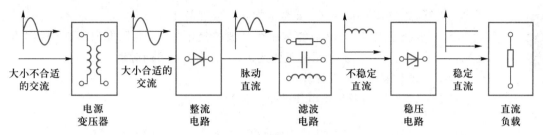

图 5.4.1 直流稳压电源

压的波动、负载和温度变化的影响,提高输出电压的稳定性。

5.4.1 单相整流电路

单相整流电路利用二极管的单向导电性,将单相交流电变换为直流电。在小功率电源电路中,有单相半波、单相全波、单相桥式和倍压整流等形式。单相桥式整流电路应用最为广泛,应重点掌握。

1. 单相半波整流电路

（1）工作原理

单相半波整流电路如图 5.4.2 所示。它是最简单的一种整流电路,通过电源变压器 Tr 将一次侧的单相 220 V 交流电压变换成所需要的二次电压 u,二极管 D 是整流元件,R_L 是负载电阻。

设变压器二次电压的有效值为 U,则其瞬时值为

$$u = \sqrt{2}\,U\sin \omega t$$

其波形如图 5.4.3 所示。

当 u 处于正半周时（a 端为正,b 端为负）,二极管 D 因正向偏置而导通。如果为理想二极管,导通时正向管压降 $u_D = 0$,此时负载电阻 R_L 上的电压 $u_O = u$,流过负载的电流 $i_O = \dfrac{u_O}{R_L}$。它们的波形如图 5.4.3 所示。

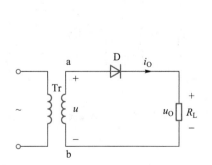

图 5.4.2 单相半波整流电路

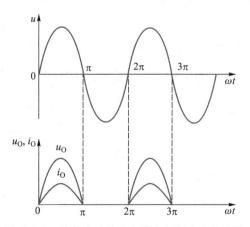

图 5.4.3 单相半波整流电路电压与电流的波形

当 u 处于负半周时（a 端为负,b 端为正）,二极管 D 因反向偏置而截止。对于

5.10　单相半波整流电路

理想二极管,此时 $u_0=0$, $i_0=0$。u 全部加在二极管 D 上。

因此,负载电阻 R_L 上得到的是一个半波整流电压,该电压方向不变(极性不变),但大小随变压器二次电压呈正弦变化,我们称之为单向脉动电压。

（2）负载电压和电流的计算

对于半波整流电路,输出电压的平均值为

$$U_0=\frac{1}{2\pi}\int_0^\pi \sqrt{2}\,U\sin\omega t\mathrm{d}(\omega t)=\frac{\sqrt{2}}{\pi}U=0.45U \tag{5.4.1}$$

上式说明,在单相半波整流电路中,输出电压的平均值（直流分量）U_0 等于变压器二次侧的正弦电压有效值的 0.45 倍。

负载电阻 R_L 的电流平均值则为

$$I_0=\frac{U_0}{R_L}=0.45\frac{U}{R_L} \tag{5.4.2}$$

（3）整流二极管的选择

二极管承受的最高反向电压就是变压器二次侧的正弦交流电压的幅值 U_m,即

$$U_{DRM}=U_m=\sqrt{2}\,U \tag{5.4.3}$$

【例 5.4.1】　单相半波整流电路如图 5.4.2 所示,其中变压器二次电压 $U=20\text{ V}$, $R_L=600\ \Omega$,试求 U_0、I_0 及 U_{DRM}。

解:
$$U_0=0.45U=0.45\times20\text{ V}=9\text{ V}$$

$$I_0=\frac{U_0}{R_L}=\frac{9}{600}\text{ A}=15\text{ mA}$$

$$U_{DRM}=\sqrt{2}\,U=\sqrt{2}\times20\text{ V}=28.2\text{ V}$$

2. 单相桥式整流电路

单相半波整流只利用了交流电压的半个周期,输出电压低,交流分量较大,所以转换效率低,一般较少采用。在实际电路中,多采用全波整流电路,最常用的是单相桥式整流电路。因 4 个二极管接成电桥形式,故称桥式整流电路。桥式整流电路的 3 种不同画法如图 5.4.4 所示。

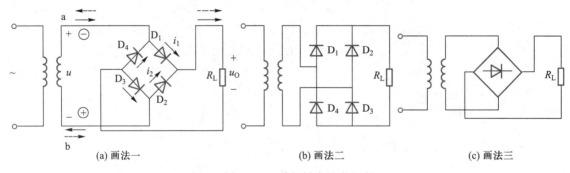

(a) 画法一　　　　　　　　(b) 画法二　　　　　　　　(c) 画法三

图 5.4.4　单相桥式整流电路

（1）工作原理

设变压器二次电压 $u=\sqrt{2}\,U\sin\omega t$,其波形如图 5.4.5 所示。

当 u 处于正半周时(a 端为正,b 端为负),二极管 D_1、D_3 导通,D_2、D_4 截止,电流 i_1 流经的路径是 $a \rightarrow D_1 \rightarrow R_L \rightarrow D_3 \rightarrow b$。此时负载电阻 R_L 得到一个半波电压,如图 5.4.4 中的 $0 \sim \pi$ 段所示。

当 u 处于负半周时(a 端为负,b 端为正),二极管 D_2、D_4 导通,D_1、D_3 截止,电流 i_2 流经的路径是 $b \rightarrow D_2 \rightarrow R_L \rightarrow D_4 \rightarrow a$。负载电阻 R_L 得到一个半波电压,如图 5.4.5 中的 $\pi \sim 2\pi$ 段所示。

显然,桥式整流电路中负载电阻 R_L 得到的是全波整流电压。

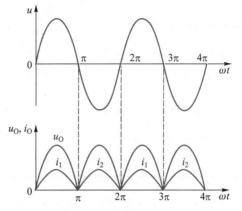

图 5.4.5　单相桥式整流电路
电压与电流的波形

（2）负载电压和电流的计算

在全波整流电路中,负载上的电压和电流应是半波整流时的两倍,即负载电压的平均值为

$$U_0 = 2 \times 0.45U = 0.9U \tag{5.4.4}$$

负载电流的平均值为

$$I_0 = \frac{U_0}{R_L} = 0.9 \frac{U}{R_L} \tag{5.4.5}$$

（3）整流二极管的选择

由于在 u 正半周时 D_1 和 D_3 导通,负半周 D_2 和 D_4 导通,所以流过每个二极管的平均电流为负载电流的一半,即

$$I_D = \frac{1}{2} I_0 = 0.45 \frac{U}{R_L} \tag{5.4.6}$$

在 u 正半周时 D_1 和 D_3 导通后,若忽略二极管的正向管压降,相当于 D_1 和 D_3 短路,此时 D_2 和 D_4 是反向并联在 u 的两端;同样,在 u 负半周时,D_1 和 D_3 反向并联在 u 的两端。由此可以看出,每个二极管所承受的最高反向电压为变压器二次电压 u 的最大值,即

$$U_{DRM} = U_m = \sqrt{2} U \tag{5.4.7}$$

单相桥式整流电路具有输出电压高、变压器利用率高、转换效率高、交流分量小(纹波小)、二极管反向电压低等诸多优点,因此应用相当广泛。

5.11　单相桥式整流电路

【例 5.4.2】　一桥式整流电路如图 5.4.4 所示,已知 $R_L = 50 \ \Omega$,要求输出电压的平均值为 24 V,试选择合适的二极管。

解:因 $U_0 = 24$ V,则

$$I_0 = \frac{U_0}{R_L} = \frac{24}{50} \text{ A} = 0.48 \text{ A}$$

流过二极管的平均电流为　$I_D = \frac{1}{2} I_0 = \frac{1}{2} \times 0.48 \text{ A} = 0.24 \text{ A} = 240 \text{ mA}$

变压器二次电压的有效值为　$U = \dfrac{U_O}{0.9} = \dfrac{24}{0.9}$ V = 26.7 V

二极管承受的最高反向电压为　$U_{DRM} = \sqrt{2}\,U = \sqrt{2} \times 26.7$ V = 37.6 V

查晶体管手册可知,可选用 2CP31A(250 mA,50 V)。

5.4.2　电容滤波电路

整流电路把交流电转换为直流电,其输出电压脉动程度较大,含有较高的谐波成分,不能满足大多数电子电路及电子设备的需要,一般情况下都要在整流电路后加接滤波器,以改善输出电压的脉动程度。滤波器有电容滤波器、电感滤波器、LC 滤波器、π 形滤波器等多种。这里只介绍最常用的电容滤波器。

(1) 工作原理

带有电容滤波器的单相半波整流电路如图 5.4.6 所示,实际上就是在整流电路输出端接入一个电容(电容与负载并联,且采用大容量、有极性的电解电容)。电容滤波器是利用电容的充放电使负载电压平滑。

当变压器二次电压 u 从零值开始增大至最大值时,二极管 D 导通,电容器 C 充电。在忽略二极管正向压降的情况下,电容电压 $u_C(u_C = u_O)$ 几乎与电压 u 同时达到最大值(如图 5.4.7 中实线所示的 a 点)。

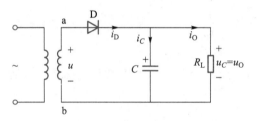

图 5.4.6　带有电容滤波器的单相半波整流电路　　图 5.4.7　经电容滤波后 u_O 的波形

当 u 按正弦规律下降时,若电容放电回路的时间常数较大,则 u_C 下降较慢。当 $u < u_C$ 时,二极管 D 截止,电容通过负载电阻 R_L 放电,其放电过程一直持续到 u 的下一个正半周中的 $u > u_C$(如图 5.4.7 中的 b 点所示)时为止。电容放电期间,u_C 按指数规律下降,下降的速度由时间常数 $\tau = R_L C$ 决定。在 u 的下一个正半周内,当 $u > u_C$ 时,二极管 D 再次导通,电容器如此周而复始地被充、放电,负载 R_L 上便得到如图 5.4.7 所示的电压波形。

由以上分析可知,整流电路加电容滤波器后负载上的直流电压脉动大大改善,且输出电压的平均值也提高了。

(2) 滤波电容 C 的选择与负载上电压平均值的估算

电容放电时 u_C 下降的速度取决于负载电阻 R_L,随着负载 R_L 值的变化,放电时间常数 $R_L C$ 也要变化,R_L 减小,放电加快,U_O 就会相应下降(空载 $R_L = \infty$ 时,电容因无放电回路,$U_O = \sqrt{2}\,U$)。所以,输出电压提高的程度与所带负载有关,一般情况下,按下式估算。

单相半波整流带电容滤波时

$$U_0 = U \qquad (5.4.8)$$

单相桥式整流（全波整流）带电容滤波时

$$U_0 = 1.2U \qquad (5.4.9)$$

5.12 电容滤
波电路

由于输出电压的脉动程度与电容的放电时间常数 R_LC 有关，C 越大，R_L 越大，脉动就越小。为了得到比较平滑的输出电压，一般要求

$$R_LC \geqslant (3 \sim 5)\frac{T}{2} \qquad (5.4.10)$$

式中，T 为正弦交流电源的周期。

【例 5.4.3】 图 5.4.8 所示为一单相桥式整流带电容滤波的电路，已知交流电源频率 $f = 50$ Hz，负载电阻 $R_L = 200$ Ω，要求输出电压平均值 $U_0 = 30$ V，请选择合适的整流二极管和滤波电容。

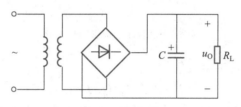

图 5.4.8 例 5.4.3 的图

解：流过负载的平均电流为

$$I_0 = \frac{U_0}{R_L} = \frac{30}{200} \text{ A} = 0.15 \text{ A}$$

流过二极管的电流为

$$I_D = \frac{1}{2}I_0 = \frac{1}{2} \times 0.15 \text{ A} = 0.075 \text{ A} = 75 \text{ mA}$$

变压器二次电压的有效值，按 $U_0 = 1.2U$ 计算

$$U = \frac{U_0}{1.2} = \frac{30}{1.2} \text{ V} = 25 \text{ V}$$

二极管承受的最高反向电压为

$$U_{DRM} = \sqrt{2}U = \sqrt{2} \times 25 \text{ V} = 35 \text{ V}$$

查晶体管手册可知，应选用 2CP11（100 mA，50 V）。根据式（5.4.10），取

$$R_LC = 5 \times \frac{T}{2}, \quad T = \frac{1}{f} = \frac{1}{50} \text{ s} = 0.02 \text{ s}$$

则

$$C = \frac{5T}{2R_L} = \frac{5 \times 0.02}{2 \times 200} \text{ F} = 250 \times 10^{-6} \text{ F} = 250 \text{ μF}$$

可选用 $C = 250$ μF，耐压为 50 V 的电解电容。

5.4.3 稳压电路

经整流和滤波后所得到的直流电压，会受电网电压波动和负载变化的影响。电压的不稳定有时会使得测量和计算产生误差，引起控制装置的工作状态不稳定。因此，对于一些精密电子测量仪器、自动控制和计算装置等，都要求由很稳定的直

流电源供电。最简单的直流稳压电源常采用稳压二极管来稳压。

1. 稳压二极管稳压电路

图 5.4.9 所示电路是由稳压二极管 D_Z 和限流电阻 R 组成的最简单的直流稳压电路。整流和滤波后得到的直流电压 U_I 加在电阻 R 与稳压管 D_Z 组成的稳压电路的输入端,这样,在负载上就可以得到比较稳定的直流电压。

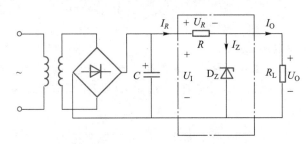

图 5.4.9　稳压二极管稳压电路

由图 5.4.9 电路可得如下关系

$$U_I = U_R + U_O, I_R = I_Z + I_O$$

电网电压的波动和负载的变化是引起负载电压不稳定的主要原因。下面针对这两种原因分析稳压电路的作用。

当负载保持不变,电网电压增加时,U_I 会随着增加,负载电压 U_O 也会升高,稳压管两端的电压 $U_Z = U_O$ 升高,从而使 I_Z 显著增加,流过 R 的电流 $I_R = I_Z + I_O$ 也会增加,致使 U_R 会增加,因 $U_O = U_I - U_R$,这样,U_R 的增量就可以抵消 U_I 的增量,从而使 U_O 保持不变。电网电压减小时的稳压过程与上述过程完全相反。

当电网电压保持不变,即 U_I 不变,负载 R_L 变小(即电流 I_O 变大)时,I_R 将变大,致使 U_R 增大,因 U_I 不变,则 $U_Z = U_O$ 减小,从而使 I_Z 显著减小,因 $I_R = I_Z + I_O$,若 I_Z 的减少量与 I_O 的增加量互相抵消,就会使 I_R 不变,U_R 也不会变,在 U_I 不变的情况下,U_O 就会基本维持不变。负载电流变小时的稳压过程与上述过程完全相反。

综上所述,由稳压管和限流电阻组成的稳压电路,是利用了稳压管电流调节作用以及限流电阻上的电压变化进行补偿来达到稳压目的的。

2. 限流电阻的选择

稳压管电路中的限流电阻 R 是一个很重要的元件。限流电阻 R 的阻值必须选取合适,才能保证稳压电路在电网波动和负载电阻变化时很好地实现稳压作用。

图 5.4.9 所示电路中,要使稳压管正常工作,流过稳压管的电流必须限制在 $I_{Zmin} \sim I_{Zmax}$ 之间。当电网波动使得滤波输出电压 U_I 在 $U_{Imin} \sim U_{Imax}$ 之间变化,负载 R_L 的变化使得输出电流在 $I_{Omin} \sim I_{Omax}$ 内变化时,要使稳压管能正常工作,必须满足如下条件:当电网电压最高和负载电流最小时,此时稳压管上的电流 I_Z 最大,最大电流不应超出稳压管所允许的最大电流 I_{Zmax},即

$$\frac{U_{Imax} - U_Z}{R} - I_{Omin} \leq I_{Zmax} \tag{5.4.11}$$

当电网电压最低和负载电流最大时,稳压管上的电流 I_Z 最小,最小电流不应小于稳压管所允许的最小电流 I_{Zmin},即

$$\frac{U_{Imin}-U_Z}{R}-I_{Omax} \geq I_{Zmin} \tag{5.4.12}$$

由式(5.4.11)和式(5.4.12)可得限流电阻 R 的取值范围为

$$\frac{U_{Imin}-U_Z}{I_{Zmax}+I_{Omin}} \leq R \leq \frac{U_{Imin}-U_Z}{I_{Zmin}+I_{Omax}} \tag{5.4.13}$$

若此范围不存在,则说明给定条件已超出稳压管的工作范围,需要限制输入电压 U_I 或输出电流 I_O 的变化范围,或选用更大稳压值的稳压管,或采用其他类型的稳压电路。

在稳压管稳压电路中,电路的参数一般取

$$U_Z=U_O, U_I=(2\sim3)U_O, I_{Zmax}=(1.5\sim3)I_{Omax} \tag{5.4.14}$$

5.13 稳压电路

【**例 5.4.4**】 在图 5.4.9 所示的稳压电路中,已知负载要求的直流电压 $U_O=12$ V,负载电阻 R_L 在 ∞(开路)~2 kΩ 之间变化,输入电压 U_I 有 32 V、24 V、15 V 等可供选择。试选择合适的稳压管和输入电压值。

解:根据式(5.4.14),应选择稳压值为 12 V 的稳压管。

当 $R_L=2$ kΩ 时

$$I_{Omax}=\frac{U_O}{R_{Lmin}}=\frac{12}{2}\ mA=6\ mA$$

当 $R_L=\infty$ 时

$$I_{Omin}=0$$

根据式(5.4.14),取

$$I_{Zmax}=3I_{Omax}=3\times6\ mA=18\ mA$$

查晶体管手册可知,应选用 2CW19,其参数为

$$U_Z=11.5\sim14\ V, I_{Zmax}=18\ mA$$

根据式(5.4.14)取

$$U_I=2.5U_O=2.5\times12\ V=30\ V$$

因此,可选择输入电压

$$U_I=32\ V$$

3. 三端集成稳压器电路

从外形看集成串联型稳压电路有三个引脚,即输入端、输出端和公共端,故而称为三端集成稳压器。按功能可分为固定式稳压电路和可调式稳压电路。是目前应用相当广泛的一种单片集成稳压电源。它具有体积小、可靠性高、使用灵活、价格低廉等优点。

W7800 系列(输出正电压)和 W7900 系列(输出负电压)三端集成稳压器为固定式稳压电路,图 5.4.10(a)是 W7800 系列稳压器的外形图,图 5.4.10(b)是其接线图。

图 5.4.10(b)中 U_I 为整流滤波后的输出直流电压。电容 C_i 是为了抵消因输入端引线较长而产生的电感效应,C_i 取值一般在 0.1~1 μF 之间,如 0.33 μF,若接

线不长可不接 C_i；电容 C_o（即并联在负载两端的电容）是为了消除输出电压的高频噪声，C_o 取值可小于 1 μF。

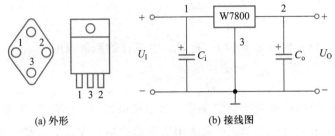

(a) 外形　　　　　　　　　　(b) 接线图

图 5.4.10　W7800 系列稳压器的外形与接线图

W7800 系列稳压器输出固定的正电压，有 5 V、6 V、9 V、12 V、15 V、18 V、24 V 等 7 种，例如 W7815 的输出电压为 15 V，最高输入电压为 35 V，最小输入与输出电压之差为 2 ~ 3 V，最大输出电流为 2.2 A，输出电阻为 0.03 ~ 0.15 Ω，电压变化率为 0.1% ~ 0.2%。W7900 系列稳压器输出固定的负电压，其参数与 W7800 基本相同。

图 5.4.11 为用 W7815 和 W7915 设计的能同时输出 ±15 V 直流电压的电路，通过分析电路原理可以对三端集成稳压器的正确连接和由稳压器构成的直流稳压电源的全貌有所了解。

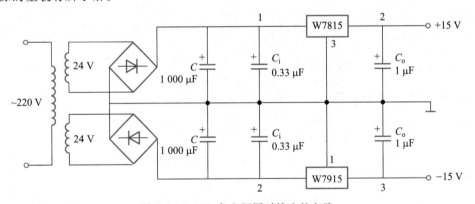

图 5.4.11　正、负电压同时输出的电路

思考与练习

5.4.1　在图 5.4.9 所示的简单直流稳压电源的电路中，电阻 R 起什么作用？ 如果 $R=0$，电路是否还有稳压作用？

5.4.2　在如图 5.4.4 所示的单相桥式整流电路中，如果 D_1 的极性接反，会出现什么现象？ 如果 D_1 被击穿短路，又会出现什么现象？

5.5　应用实例

5.5.1　限幅电路

在电子电路中，常用稳压二极管限幅电路对各种信号进行处理。它被用来让信号在预置的电平范围内有选择地传输一部分信号。限幅电路按功能分为上限限幅电路、下限限幅电路和双向限幅电路三种。

图 5.5.1 所示为基于两个稳压二极管的双向限幅电路。限幅电路用于削去输入信号的波峰和波谷。当输入正弦信号正半周幅度大于稳压管 D_{ZB} 的稳定电压时，稳压管 D_{ZB} 被反向击穿，u_O 等于稳压管 D_{ZB} 的稳定电压 U_{ZB}。同理，当输入信号的负半周低于稳压管 D_{ZA} 的稳定电压时，稳压管 D_{ZA} 被反向击穿，u_O 等于稳压管 D_{ZA} 的稳定电压 U_{ZA}。

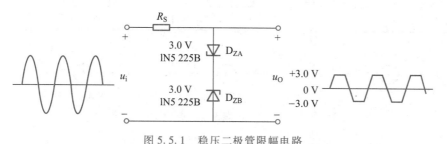

图 5.5.1   稳压二极管限幅电路

基于稳压二极管的限幅电路主要用于电压保护电路，可以放置在直流电源的输出端，以防止不必要的电压瞬变到达负载。这种情况下的击穿电压必须大于电源电压，但要小于最大允许瞬态电压。

5.5.2   光电耦合器

光电耦合器，通常简称为光耦。其基本原理是以光作为媒介，来传输电信号。在一些特殊的应用场合，会要求输入/输出端实现电气隔离，这样就不能使用传统的电子器件来传输电信号，光耦正是为了适应这样的场合而诞生的。

光电耦合器由组装在同一密闭壳体内的半导体发光源和光接收器两部分组成，其结构如图 5.5.2 所示。发光源多为发光二极管，光接收器可以是光敏晶体管，也可以是光敏场效应管、光敏晶闸管和光敏集成电路等。发光源和光接收器彼此相对并用透明绝缘材料隔离，发光源引出的管脚为输入端，光接收器引出的管脚为输出端。当按照图 5.5.2 所示，在输入端加上电信号时，发光二极管发

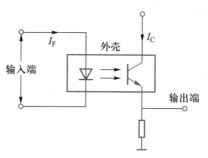

图 5.5.2   光电耦合器电路

光，与之相对应的光接收器由于光敏效应而产生光电流，并由输出端输出，从而实现了以"光"为媒介的电信号单向传输，而器件的输入和输出两端在电气上是完全保持绝缘的。

光电耦合器的优点是单向传输信号、输入端与输出端在电气上完全隔离、输出信号对输入端无影响、抗干扰能力强、工作稳定、无触点、体积小、使用寿命长、传输效率高等，因而在隔离电路、开关电路、数模转换、逻辑电路、过流保护、长线传输、

高压控制及电平匹配等中得到了越来越广泛的应用。目前,光电耦合器已发展成为种类最多、用途最广的光电器件之一。

习题

5.1　把一个硅材料制成的 PN 结接成如图题 5.1 所示电路,这三个电路中电流表 A 的读数有什么不同? 为什么?

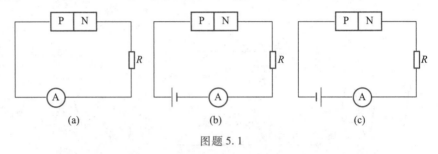

图题 5.1

5.2　在如图题 5.2 所示电路中,二极管的正向压降可忽略不计,反向饱和电流为 10 μA,反向击穿电压为 20 V,已知 $R=1$ kΩ,当 U 分别为 10 V、30 V 时,求电路中的电流 I。

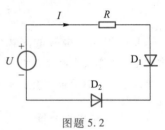

图题 5.2

5.3　在图题 5.3 所示的四种电路中,当输入电压 $u_i =20\sin\omega t$ V 时,试画出输出电压 u_O 的波形(假定二极管的正向压降可忽略不计)。

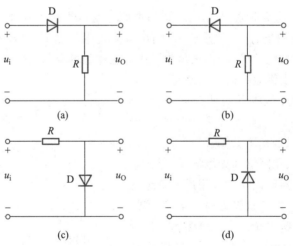

图题 5.3

5.4　如图题 5.4 所示电路中,已知 $i_S =10\sin(\omega t+60°)$ mA,$R_1 =3$ kΩ,$R_2 =1$ kΩ,$E=5$ V,求(1) $\omega t=30°$时的 u_D;(2) u_D 的最小值。

5.5　如图题 5.5 所示电路,D_1 和 D_2 是理想二极管,分析它们的工作状态,并求 I。

5.6　在图题 5.6(a)中,u_I 是输入电压的波形。试画出对应于 u_I 的输出电压 u_O、电阻 R 上的电压 u_R 和二极管 D 上电压 u_D 的波形。二极管的正向压降可忽略不计。

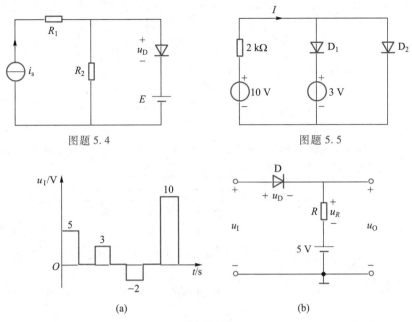

图题 5.4 图题 5.5

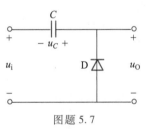

(a) (b)

图题 5.6

5.7　图题 5.7 所示的电路中 $u_I = U_m \sin \omega t$, 试画出 u_O 的波形并说明电路的功能。

5.8　有两个稳压管 D_{Z1} 和 D_{Z2}, 其稳定电压分别为 5.5 V 和 8.5 V, 正向压降都是 0.5 V。如果要得到 0.5 V、6 V 和 14 V 几种稳定电压, 这两个稳压管(还有限流电阻 R)应如何连接? 画出各个电路。

图题 5.7

5.9　在单相桥式整流电路中, 已知二次电压 $U_2 = 100$ V, $R_L = 100\ \Omega$。(1) 求输出电压和输出电流的平均值 U_0 和 I_0;(2) 若电源电压波动 ±10%, 求二极管承受的最高反向电压。

5.10　稳压二极管 D_{Z1} 和 D_{Z2} 的稳定电压分别是 4.5 V 和 8.5 V, 正向压降都是 0.5 V。求图题 5.10 中各电路的输出电压。

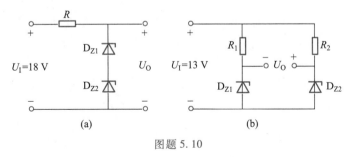

(a) (b)

图题 5.10

5.11　在如图题 5.11 所示的单相桥式整流、电容滤波电路中, 交流电源频率 $f = 50$ Hz, $U_2 = 15$ V, $R_L = 300\ \Omega$。(1) 求负载的直流电压和直流电流;(2) 选择整流元件和滤波电容;(3) 求电容失效(断路)和 R_L 断路时的 U_0。

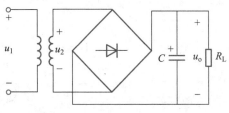

图题 5.11

5.12　三端集成稳压器 W7805 组成如图题 5.12 所示的电路。(1)图中三端集成稳压器在使用时应注意哪些问题?(2)分析电路中电容 $C_1 \sim C_4$ 的作用。

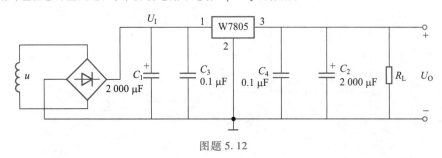

图题 5.12

第6章 晶体管与交流放大电路

本章概要：

在生产、科研及日常生活中,几乎所有的电子仪器设备中都要用放大电路。放大电路可以把一个微弱的电信号放大到所需要的数值,足以推动负载(如喇叭、显像管、仪表、继电器等)工作,而晶体管是构成放大电路的基本器件。

本章首先介绍了晶体管及其电流放大作用,然后阐述了共发射极放大电路的组成和基本分析方法。在此基础上,讨论了工作点稳定的典型放大电路、射极输出器、多级放大电路以及差分放大电路等。最后对功率放大电路和场效管放大电路作简单介绍。

学习目标：

(1)了解晶体管的结构、工作原理、输入和输出特性,理解其主要参数和意义。

(2)理解共射极放大电路、射极输出器的组成和实现放大作用的工作原理。

(3)理解放大电路的静态和动态之间的关系,掌握直流通路和交流通路的画法。

6.1 放大的概念

(4)掌握静态工作点的近似估算法。

(5)掌握放大电路的微变等效电路分析法。

(6)掌握共射极放大电路和射极输出器的分析和计算。

(7)了解多级放大电路、互补对称功率放大器以及差分放大电路的工作原理。

6.1 双极型晶体管

由两种极性的载流子(自由电子和空穴)在其内部做扩散、复合和漂移运动的半导体晶体管称为双极型晶体管,简称晶体管。它是组成放大电路的核心元件。

6.1.1 基本结构

晶体管有 NPN 型和 PNP 型两种,它们的结构和图形符号分别如图 6.1.1(a)和(b)所示。不论是 NPN 型还是 PNP 型,在结构上都有 3 个区——发射区、基区和集电区。其中基区很薄(微米数量级),掺杂浓度很低;发射区和集电区是同类型的杂质半导体,但前者比后者掺杂浓度高很多,而集电区的面积比发射区面积大。发射区和基区之间的 PN 结称为发射结,集电区和基区之间的 PN 结称为集电结。从 3个区引出的 3 个电极分别称为发射极 E、基极 B 和集电极 C。

6.2　晶体管的
基本结构

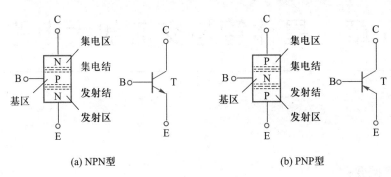

(a) NPN型　　　　　　　　　　　(b) PNP型

图 6.1.1　晶体管的结构和图形符号

NPN 型和 PNP 型两种双极型晶体管,按其所选用的材料不同,又可分为硅管和锗管两类。国产双极型晶体管的命名方法举例如下。

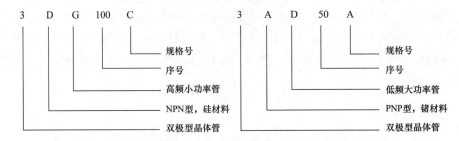

6.1.2　电流分配和放大原理

下面以 NPN 型晶体管为例来分析晶体管的电流分配和放大原理。为了使晶体管具有电流放大作用,在电路的连接(即外部条件)上必须使发射结加正向电压(正向偏置),集电结加反向电压(反向偏置)。

将一个 NPN 型晶体管接成如图 6.1.2 所示电路。将 R_B 和 U_B 接在基极与发射极之间,构成晶体管的输入回路,U_B 的正极接基极,负极接发射极,使发射结正向偏置。将 U_C 接在集电极与发射极之间构成输出回路,U_C 的正极接集电极,负极接发射极,且 $U_C > U_B$,所以集电结反向偏置。输入回路与输出回路的公共端是发射极,所以此种连接方式称共发射极接法。

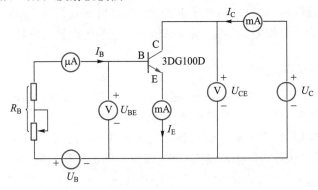

图 6.1.2　晶体管电流分配和放大的实验电路

改变可变电阻 R_B，则基极电流 I_B、集电极电流 I_C 和发射极电流 I_E 都发生变化。测量数据如表 6.1.1 所示。

表 6.1.1 晶体管的电流关系表

I_B/mA	0	0.02	0.04	0.06	0.08	0.10
I_C/mA	<0.001	0.70	1.50	2.30	3.10	3.95
I_E/mA	<0.001	0.72	1.54	2.36	3.18	4.05

由以上数据可得出如下结论。

① 当 $I_B=0$ 时，$I_C=I_E$ 并且很小，约等于零。

② 每组数据均满足

$$I_E = I_C + I_B \tag{6.1.1}$$

③ 每组数据的 I_C 均远大于 I_B，I_C 与 I_B 的比值称为晶体管共发射极接法时的静态(直流)电流放大系数，用 $\overline{\beta}$ 表示，即

$$\overline{\beta} = \frac{I_C}{I_B} = \frac{2.30}{0.06} = 38.3$$

④ 基极电流 I_B 的微小变化 ΔI_B，会引起集电极电流 I_C 的很大变化 ΔI_C，ΔI_C 与 ΔI_B 的比值称为晶体管共发射极接法时的动态(交流)电流放大系数，用 β 表示。即

$$\beta = \frac{\Delta I_C}{\Delta I_B} = \frac{2.30-1.50}{0.06-0.04} = \frac{0.80}{0.02} = 40$$

必须注意，晶体管的电流放大作用实质上是电流控制作用，是用一个较小的基极电流去控制一个较大的集电极电流，这个较大的集电极电流是由直流电源 U_C 提供的，并不是晶体管本身把一个小的电流放大成了一个大的电流，这一点须用能量守恒的观点去分析。所以晶体管是一种电流控制元件。

6.3 晶体管
电流放大原理

晶体管有四种类型：PNP 型锗管(3A 系列)，NPN 型锗管(3B 系列)，PNP 型硅管(3C 系列)，NPN 型硅管(3D 系列)。可从电极电位的正负和高低、电极电流的实际方向、基-射极电压 U_{BE} 的正负和大小来判别它们。

今有两个晶体管分别接在放大电路中，测得它们三个管脚对地的电位，并由此判断：① 管子的三个电极(B，E，C)；② 是 NPN 型还是 PNP 型；③ 是硅管还是锗管。判别结果见表 6.1.2 和表 6.1.3。

表 6.1.2 晶体管 I

管脚	1	2	3
电位/V	4	3.4	9
电极	B	E	C
类型	NPN 型		
材料	硅管		

表 6.1.3 晶体管 II

管脚	1	2	3
电位/V	−6	−2.3	−2
电极	C	B	E
类型	PNP 型		
材料	锗管		

由表 6.1.2 和表 6.1.3 还可以看出：

NPN 型,集电极电位最高,发射极电位最低;

PNP 型,发射极电位最高,集电极电位最低;

NPN 型硅管,基极电位比发射极电位高 0.6 ~ 0.7 V;

PNP 型锗管,基极电位比发射极电位低 0.2 ~ 0.3 V。

试问 NPN 型锗管和 PNP 型硅管的各极电位的高低又如何?

6.1.3　特性曲线

晶体管的特性曲线能直观地反映出晶体管的性能,通常将晶体管各电极上的电压和电流之间的关系画成曲线,称为晶体管的特性曲线。

1. 输入特性曲线

输入特性曲线是在保持集电极与发射极之间的电压 U_{CE} 为某一常数时,输入回路中的基极电流 I_B 与基-射极间电压 U_{BE} 的关系曲线。它反映了晶体管输入回路中电压与电流的关系,其函数表达式为

$$I_B = f(U_{BE}) \mid_{U_{CE}=常数} \tag{6.1.2}$$

对硅管而言,当 $U_{CE} \geq 1$ V 时,集电结已反向偏置。从发射区发射到基的电子绝大部分会被集电区收集而形成集电极电流。这样,在 U_{BE} 一定的情况下,从发射区发射到基区的电子数目是一定的。如果此时再增大 U_{CE},I_B 也不会有明显的减小。因此,$U_{CE} > 1$ V 后的输入特性曲线与 $U_{CE} = 1$ V 的基本重合,所以,通常只画出 $U_{CE} \geq 1$ V 的一条输入特性曲线,如图 6.1.3 所示。

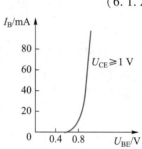

图 6.1.3　晶体管的输入特性曲线

2. 输出特性曲线

输出特性曲线是在 I_B 为某一常数时,输出回路中集电极电流 I_C 与集-射极间电压 U_{CE} 的关系曲线,它反映了晶体管输出回路中电压与电流的关系。其函数表达式为

$$I_C = f(U_{CE}) \mid_{I_B=常数} \tag{6.1.3}$$

在不同的 I_B 下,可得出不同的曲线,所以晶体管的输出特性曲线是一组曲线,如图 6.1.4 所示。

通常把晶体管的输出特性曲线组分为三个工作区,分别对应晶体管的三种工作状态。现结合图 6.1.5 所示电路来进行分析。

（1）放大区

输出特性曲线的近于水平部分是**放大区**。晶体管工作在放大区的主要特征是:发射结正向偏置,集电结反向偏置,I_C 与 I_B 间具有线性关系,即 $I_C \approx \bar{\beta} I_B$。放大电路中的晶体管必须工作在放大区。

（2）截止区

$I_B = 0$ 曲线以下的区域称为**截止区**。晶体管工作在截止区的主要特征是:$I_B = 0$,$I_C = I_{CEO} \approx 0$（I_{CEO} 称为集电极到发射极间的穿透电流,一般很小,可以忽略不计）,

相当于晶体管的三个极之间都处于断开状态。为了使晶体管可靠截止,往往使发射结反向偏置,集电结也处于反向偏置。

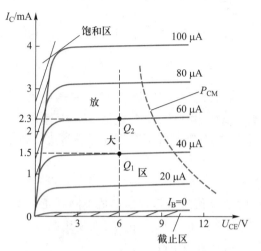

图 6.1.4 晶体管的输出特性曲线

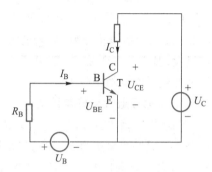

图 6.1.5 共发射极电路

（3）饱和区

在输出特性曲线的左侧,I_C 趋于直线上升的部分,可看作是饱和区。晶体管工作在饱和区的主要特征是:$U_{CE} < U_{BE}$,即集电结为正向偏置,发射结也是正向偏置;I_B 的变化对 I_C 影响不大,两者不成正比,不符合 $\overline{\beta} = \dfrac{I_C}{I_B}$。因不同 I_B 的各条曲线都几乎重合在一起,此时 I_B 对 I_C 已失去控制作用。

表 6.1.4 是晶体管三种状态结电压的典型数据。

表 6.1.4 晶体管三种工作状态结电压的典型数据

管型	工作状态				
	饱和		放大	截止	
	U_{BE}/V	U_{CE}/V	U_{BE}/V	U_{BE}/V	
				开始截止	可靠截止
硅管（NPN）	0.7	0.3	0.6 ~ 0.7	0.5	≤0
锗管（PNP）	-0.3	-0.1	-0.2 ~ -0.3	-0.1	0.1

6.1.4 主要参数

晶体管的特性还可用一些参数来表示,这些参数是正确选择与使用晶体管的依据。主要参数有以下几个。

1. 电流放大系数 $\overline{\beta}$ 和 β

晶体管共发射极接法时的静态(直流)电流放大系数

$$\overline{\beta} = \frac{I_C}{I_B}$$

晶体管共发射极接法时的动态(交流)电流放大系数

$$\beta = \frac{\Delta I_C}{\Delta I_B}$$

$\bar{\beta}$ 与 β 的含义是不同的,但两者的数值较为接近,今后在估算时,可认为 $\bar{\beta} = \beta$。常用晶体管的 β 值在几十到几百之间。

2. 集–射极反向截止电流 I_{CEO}

I_{CEO} 是指基极开路($I_B = 0$)时,集电极到发射极间的电流,也称为穿透电流。通常要求 I_{CEO} 的值越小越好,硅管的 I_{CEO} 为几微安,锗管为几十微安。I_{CEO} 受温度的影响很大,温度升高会使 I_{CEO} 明显增大。并且管子的 β 值越高,I_{CEO} 也会越大,所以 β 值大的管子温度稳定性差。

3. 集电极最大允许电流 I_{CM}

集电极电流 I_C 超过一定值时,晶体管的 β 值将下降。当 β 值下降到正常值的三分之二时的集电极电流,称为集电极最大允许电流 I_{CM}。因此,在使用晶体管时,若 I_C 超过 I_{CM},晶体管不一定被损坏,但 β 值却显著下降。

4. 集–射极反向击穿电压 $U_{(BR)CEO}$

基极开路时,加在集电极与发射极之间的最大允许电压,称为集–射极反向击穿电压 $U_{(BR)CEO}$。使用时,加在集–射极间的实际电压应小于此反向击穿电压,以免晶体管被击穿。

5. 集电极最大允许耗散功率 P_{CM}

因 I_C 在流经集电结时会产生热量,使结温升高,从而会引起晶体管参数的变化,严重时导致晶体管烧毁。因此必须限制晶体管的耗散功率,在规定结温不超过允许值(锗管为 $70 \sim 90$ ℃,硅管为 150 ℃)时,集电极所消耗的最大功率,称为集电极最大允许耗散功率 P_{CM}。

$$P_{CM} = I_C U_{CE}$$

可在晶体管输出特性曲线上作出 P_{CM} 曲线,称为功耗线,如图 6.1.4 所示。

以上参数中,β 和 I_{CEO} 是表明晶体管优劣的主要指标;I_{CM}、$U_{(BR)CEO}$、P_{CM} 都是极限参数,用来说明晶体管的使用限制。

思考与练习

6.1.1　晶体管的发射极和集电极是否可以调换使用? 为什么?

6.1.2　为什么晶体管的基区要做得薄且掺杂浓度要小?

6.1.3　为了使 PNP 型的晶体管具有电流放大作用,试参照图 6.1.2 的形式,画出其放大电路,并说明内部载流子的运动过程及各极电流的实际方向。

6.2　共发射极放大电路的组成

图 6.2.1 所示是共发射极接法的基本交流放大电路。输入端接需要进行放大的交流信号源(通常用 u_s 与电阻 R_s 串联的电压源表示),输入电压为 u_i;输出端接负载电阻 R_L,输出电压为 u_o。

晶体管 T 是电路中的放大元件,利用它的电流放大作用,将较小的基极电流放大为较大的集电极电流。

电阻 R_C 称为集电极负载电阻,简称集电极电阻。它的作用是将集电极电流的变化转变为电压的变化,实现电压放大。R_C 的阻值一般为几千欧到几十千欧。

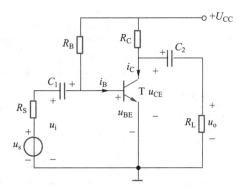

图 6.2.1　基本交流放大电路

集电极电源电压 U_{CC} 除为输出信号提供能量外,还使集电结处于反向偏置状态,以保证晶体管工作在放大状态。U_{CC} 一般为几伏到几十伏。

R_B 称为基极偏流电阻,其作用一方面是使发射结处于正向偏置状态,另一方面可以通过调节 R_B,使晶体管的基极电流大小合适。R_B 的阻值一般为几十千欧到几百千欧。

电容 C_1 和 C_2 称为耦合电容,其主要作用是"隔直传交"。隔直,是用 C_1 和 C_2 分别将信号源与放大器之间、负载与放大器之间的直流通道隔断,也就是使信号源、放大器和负载三者之间无直流联系,互不影响。传交,就是 C_1 和 C_2 使所放大的交流信号畅通无阻,即对交流信号而言,C_1 和 C_2 的容抗很小,可以忽略不计,可作为短路处理。因此,C_1 和 C_2 的电容值一般较大,为几微法到几十微法,一般采用有极性的电解电容。

思考与练习

6.2.1　集电极负载电阻 R_C 的作用是什么?若不接此电阻能否实现电压放大?

6.2.2　试参照图 6.2.1 的电路,画出由 PNP 型晶体管组成的基本交流放大电路,并标出电源的极性。

6.5　基本放大电路组成

6.3　共发射极放大电路的分析

对放大电路可分为静态和动态两种情况来分析。

放大电路的静态是指输入信号为零时的工作状态。在静态情况下,电路中各处的电压和电流均为直流称为静态值,分别用 I_B、I_C、I_E、U_{BE} 和 U_{CE} 等表示。静态分析是要确定放大电路的静态值。

放大电路的动态是指输入信号不为零时的工作状态。这时,电路中的各个电流与电压是在静态(直流)的基础上,叠加上一个动态(交流)量。交流分量和直流分量叠加后的总电流和总电压,分别用 i_B、i_C、i_E、u_{BE}、u_{CE} 等表示。动态分析是要确定放大电路的电压放大倍数 A_u、输入电阻 r_i 和输出电阻 r_o。

由交流信号产生的交流分量,其瞬时值用 i_b、i_c、i_e、u_{be}、u_{ce}、u_i、u_o 等表示。其有效值用 I_b、I_c、I_e、U_{be}、U_{ce}、U_i、U_o 等表示。放大电路中电压和电流的符号如表 6.3.1 所示。

6.6　放大电路的分析

表 6.3.1　放大电路中电压和电流的符号

名称	静态值	正弦交流分量		总电流或电压	直流电源
		瞬时值	有效值	瞬时值	对地电压
基极电流	I_B	i_b	I_b	i_B	
集电极电流	I_C	i_c	I_c	i_C	
发射极电流	I_E	i_e	I_e	i_E	
集–射极电压	U_{CE}	u_{ce}	U_{ce}	u_{CE}	
基–射极电压	U_{BE}	u_{be}	U_{be}	u_{BE}	
集电极电源					U_{CC}
基极电源					U_{BB}
发射极电源					U_{EE}

6.3.1　静态分析

6.7　放大电路的静态分析

1. 用估算法求放大电路的静态值

由于 C_1 和 C_2 具有隔断直流的作用,所以图 6.2.1 所示基本交流放大电路的直流通路如图 6.3.1 所示,利用此直流通路,就可求出放大电路的各静态值。由图 6.3.1 可得

$$U_{CC} = I_B R_B + U_{BE} \qquad (6.3.1)$$

U_{BE} 为晶体管发射结的静态压降,由于 U_{BE}(硅管约为 0.7 V,锗管约为 0.3 V)比 U_{CC} 小得多,故可忽略不计。

由式(6.3.1)得

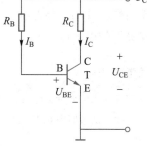

图 6.3.1　放大电路的直流通路

$$I_B = \frac{U_{CC} - U_{BE}}{R_B} \approx \frac{U_{CC}}{R_B} \qquad (6.3.2)$$

$$I_C \approx \beta I_B \qquad (6.3.3)$$

$$U_{CE} = U_{CC} - I_C R_c \qquad (6.3.4)$$

【例 6.3.1】　在图 6.3.1 中,已知 $U_{CC} = 12$ V, $R_B = 300$ kΩ, $R_C = 4$ kΩ, $\beta = 37.5$,试求放大电路的静态值。

解:由式(6.3.2)、式(6.3.3)和式(6.3.4)可得

$$I_B = \frac{U_{CC} - U_{BE}}{R_B} \approx \frac{U_{CC}}{R_B} = \frac{12}{300} \text{ mA} = 0.04 \text{ mA} = 40 \text{ μA}$$

$$I_C \approx \beta I_B = 37.5 \times 0.04 \text{ mA} = 1.5 \text{ mA}$$

$$U_{CE} = U_{CC} - I_C R_C = (12 - 1.5 \times 4) \text{ V} = 6 \text{ V}$$

2. 用图解法确定静态工作点

图解法是非线性电路的一种分析方法。

式(6.3.4)是一个直线方程,其斜率为 $\tan\alpha = -\dfrac{1}{R_C}$,在横轴上的截距为 U_{CC},在纵轴上的截距为 $\dfrac{U_{CC}}{R_C}$。在图 6.3.2 所示的晶体管输出特性曲线上作出这一直线,称为直流负载线。该负载线与晶体管的某条(由 I_B 确定)输出特性曲线的交点 Q,称为放大电路的静态工作点。

6.8 静态分析的图解法

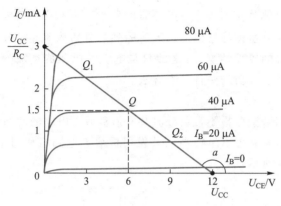

图 6.3.2 用图解法确定放大电路的静态工作点

由图 6.3.2 可知,基极电流 I_B 的大小不同,静态工作点在负载线上的位置就不同,如果 I_B 较大,工作点会在直流负载线的左上方(如 Q_1 点),此时 I_C 较大,U_{CE} 较小;若 I_B 较小,工作点会在直流负载线的右下方(如 Q_2 点),此时 I_C 较小,U_{CE} 较大。为了得到合适的静态工作点,可通过调节偏流电阻 R_B 的值来改变 I_B 的大小。

【例 6.3.2】 如图 6.3.1 所示电路,所用元件参数均与例 6.3.1 相同,晶体管的输出特性曲线如图 6.3.2 所示。试作出直流负载线并求静态工作点。

解:由图 6.3.1 可列出输出回路的电压方程为

$$U_{CC} = I_C R_C + U_{CE}$$

此式即为直流负载线方程,只要找出这条直线上的两个特殊点(分别为横轴和纵轴上的截距),就可作出该直线。

当 $I_C = 0$ 时

$$U_{CE} = U_{CC} = 12 \text{ V}$$

当 $U_{CE} = 0$ 时

$$I_C = \frac{U_{CC}}{R_C} = \frac{12}{4} \text{ mA} = 3 \text{ mA}$$

在图 6.3.2 中作出该直流负载线。

由图 6.3.1 可知

$$I_B = \frac{U_{CC} - U_{BE}}{R_B} \approx \frac{U_{CC}}{R_B} = \frac{12}{300} \text{ mA} = 40 \text{ μA}$$

则直流负载线与 $I_B = 40$ μA 输出特性曲线的交点 Q 即为该交流放大电路的静态工作点,对应的静态值为

$$I_B = 40 \ \mu A$$
$$I_C = 1.5 \ mA$$
$$U_{CE} = 6 \ V$$

以上结果与例 6.3.1 采用估算法所得结果一致。

6.3.2 动态分析

当放大电路有输入信号 u_i 时,晶体管的各个电流和电压都是直流分量和交流分量的叠加。直流分量即静态值可由上述的静态分析来确定。动态分析是在静态值确定后分析信号的传输情况,考虑的只是电流和电压的交流分量。图解法和微变等效电路法是动态分析的两种基本方法。

1. 图解法

下面我们用图解法分析不带负载时共发射极放大电路的动态情况。

图 6.3.3 所示电路为不带负载的共发射极放大电路有信号输入的情况,其图解分析如图 6.3.4 所示。

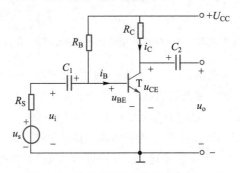

图 6.3.3   不带负载的共发射极放大电路

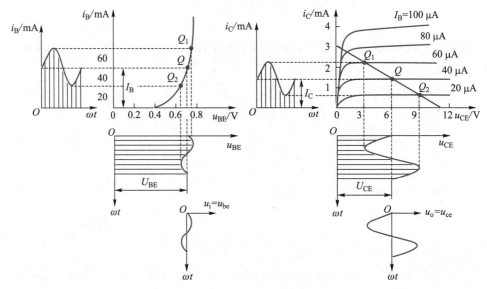

图 6.3.4   共发射极放大电路的动态图解分析

由以上图解分析可得出如下结论。

① 交流信号的传输情况为 $u_i \rightarrow i_b \rightarrow i_c \rightarrow u_o (u_o = u_{ce})$。

② 当放大电路有交流信号输入时,晶体管各极的电流和电压都是在原静态(直流)的基础上叠加了一个由交流输入信号产生的交流分量,即

$$u_{BE} = U_{BE} + u_i = U_{BE} + u_{be} \quad (u_{be} = u_i)$$

$$i_B = I_B + i_b$$

$$i_C = I_C + i_c$$

$$u_{CE} = U_{CE} + u_o = U_{CE} + u_{ce} \quad (u_o = u_{ce})$$

由于电容 C_2 的隔直作用,在放大电路的输出端可以得到一个不含直流成分的交流输出电压 u_o,很显然,输出的交流电压 u_o 就等于晶体管集–射极间电压的交流分量 u_{ce}。

③ 在共发射极接法的交流放大电路中,输出电压与输入电压相位相反。这是因为在输入信号的正半周时,基极电流 i_B 在原来静态值的基础上增大,i_C 也随之增大,由

$$u_{CE} = U_{CC} - i_C R_C$$

可知,u_{CE} 会在原来静态的基础上减小。因此,u_i 为正半周(正值)时,$u_o = u_{ce}$ 为负半周(负值);当 u_i 为负半周时,$u_o = u_{ce}$ 为正半周。这种现象称为放大电路的倒相作用。

此外,放大电路进行有效放大的前提条件是不失真,即输入信号是一个正弦波时,输出信号也应是一个放大了的正弦波,否则就是出现了失真。造成失真的主要原因是静态工作点不合适或输入信号太大,使放大电路的工作范围超出了晶体管特性曲线上的线性范围。这种失真通常称为非线性失真。如果静态基极电流 I_B 过大,即工作点设置得过高(如 Q_1 点),靠近饱和区,则加入信号后,晶体管将在输入信号正半周进入饱和区,产生饱和失真(表现为输出波形底部失真),如图 6.3.5 所示;如果静态基极电流太小,即工作点设置得过低(如 Q_2 点),靠近截止区,则加入信号后,晶体管将在输入信号负半周进入截止区,产生截止失真(表现为输出波形

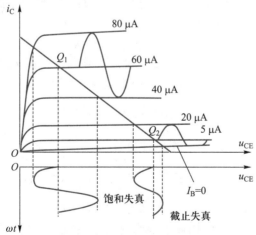

图 6.3.5　工作点不合适而引起的波形失真

133

顶部失真),如图 6.3.5 所示。因此,为了确保输出波形不失真,要求放大电路中晶体管始终工作在放大区,应尽可能地将静态工作点设置在中间位置。

应当指出,图 6.3.5 所示的截止失真和饱和失真是比较极端的两种非线性失真情况。实际上,在输入信号的整个周期内,即使晶体管始终工作在放大区,也会因为其输入特性和输出特性的非线性,使输出波形产生失真,只不过当输入信号很小时,这种失真也很小,可以忽略而已。工程上小信号一般指晶体管的净输入电压 $\Delta u_{BE} < 5$ mV。

2. 微变等效电路法

微变等效电路法的实质是在小信号(微变量)的情况下,将非线性元件晶体管线性化,即把晶体管等效为一个线性电路。这样,就可以采用线性电路的计算方法来计算放大电路的输入电阻、输出电阻及电压放大倍数等。

(1)晶体管的微变等效电路

图 6.3.6(a)所示是晶体管的输入特性曲线,当输入信号很小时,静态工作点 Q 附近的工作段可认为是直线。因此,在这一小段直线范围内,ΔU_{BE} 与 ΔI_B 之比为常数,称为晶体管的输入电阻,用 r_{be} 表示。对交流分量则可写成 u_{be} 和 i_b 之比,即

$$r_{be} = \frac{\Delta U_{BE}}{\Delta I_B} = \frac{u_{be}}{i_b} \tag{6.3.5}$$

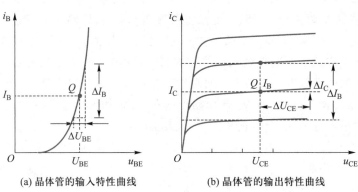

(a) 晶体管的输入特性曲线　　　　(b) 晶体管的输出特性曲线

图 6.3.6　从晶体管的特性曲线求 r_{be} 和 β

因此,在小信号的情况下,晶体管的输入电路可用电阻 r_{be} 来代替,如图 6.3.7(b)所示。低频小功率晶体管的输入电阻常用下式估算。

$$r_{be} = 200 \ \Omega + (\beta+1)\frac{26 \ \text{mV}}{I_E(\text{mA})} \tag{6.3.6}$$

r_{be} 一般为几百欧到几千欧。必须注意,r_{be} 是晶体管输入电路对交流(动态)信号所呈现的一个动态电阻,它不等于静态值 U_{BE} 与 I_B 之比值,即 $r_{be} \neq \dfrac{U_{BE}}{I_B}$。

图 6.3.6(b)是晶体管的输出特性曲线,当晶体管工作在放大区时,输出特性为一组近似与横轴平行的直线,因此 u_{ce} 对 i_c 的影响不大,i_c 只由 i_b 决定,即

$$i_c = \beta i_b$$

所以,晶体管的集电极与发射极之间可用一个电流源 $i_c=\beta i_b$ 等效,如图 6.3.7 (b)所示。必须注意,这个电流源 i_c 是受基极电流 i_b 控制的,故称其为电流控制电流源,简称受控电流源,并用菱形符号表示,以便与独立电源的圆形符号相区分。

由以上分析可知,在小信号的情况下,晶体管的微变等效电路如图 6.3.7(b)所示,这样晶体管就等效成了一个线性元件。

6.9 晶体管的微变等效电路

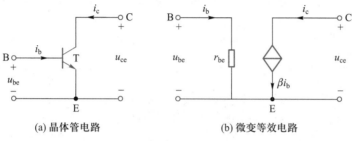

(a) 晶体管电路   (b) 微变等效电路

图 6.3.7 晶体管及其微变等效电路

(2)放大电路的微变等效电路

由晶体管的微变等效电路和放大电路的交流通路可得出放大电路的微变等效电路。如上所述,对放大电路进行分析计算时,静态分析与动态分析是分开进行的。静态分析是利用直流通路采用估算法或图解法求静态值(静态工作点);动态分析是利用交流通路来分析计算。图 6.3.8(a)是图 6.2.1 所示基本交流放大电路的交流通路。对于交流信号而言,电容 C_1 和 C_2 可视作短路;因一般直流电源的内阻很小,交流信号在电源内阻上的压降可以忽略不计,所以对交流而言,直流电源也可认为是短路的。据此就可画出放大电路的交流通路。然后,再将交流通路中的晶体管用它的微变等效电路代替,这样就得到了放大电路的微变等效电路,如图 6.3.8(b)所示。必须注意,交流通路或微变等效电路只能用来分析计算放大电路的交流量,图中所示的各电量均为交流分量,标出的是参考方向。

6.10 放大电路的微变等效电路

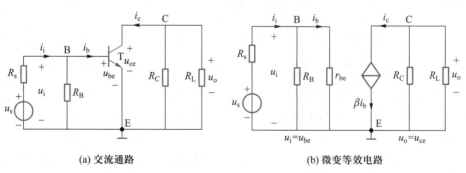

(a) 交流通路   (b) 微变等效电路

图 6.3.8 放大电路的交流通路和微变等效电路

(3)电压放大倍数、输入电阻和输出电阻的计算

设输入信号是正弦信号,则微变等效电路中的电压和电流均可用相量表示,如图 6.3.9 所示。

由图可得

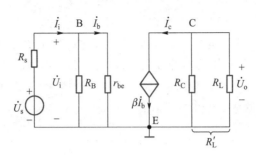

图 6.3.9　微变等效电路

$$\dot{U}_i = \dot{U}_{be} = \dot{I}_b r_{be}$$

$$\dot{U}_o = -\dot{I}_C R_L' = -\beta \dot{I}_b R_L'$$

式中 $R_L' = R_C /\!/ R_L$，故放大电路的电压放大倍数为

$$A_u = \frac{\dot{U}_o}{\dot{U}_i} = -\frac{\beta \dot{I}_b R_L'}{\dot{I}_b r_{be}} = -\beta \frac{R_L'}{r_{be}} \qquad (6.3.7)$$

式中的负号表示输出电压与输入电压相位相反。

当放大电路不接负载（输出端开路）时

$$A_u = -\beta \frac{R_C}{r_{be}} \qquad (6.3.8)$$

比接 R_L 时高，可见 R_L 越小，则电压放大倍数越低。

放大电路的输入电阻是从放大电路的输入端看进去的等效电阻，其表达式为

$$r_i = \frac{\dot{U}_i}{\dot{I}_i} \qquad (6.3.9)$$

放大电路的输入电阻就是信号源的负载电阻，如图 6.3.10 所示。由图可知，如果放大电路的输入电阻较小，将对电路有以下几种影响。

① 信号源输出的电流 $\dot{I}_i = \dfrac{\dot{U}_s}{R_s + r_i}$ 将较大，这就相应增加了信号源的负担；

② 实际加在放大器输入端的电压 $\dot{U}_i = \dot{U}_s - \dot{I}_i R_s$ 将较小，在放大器放大倍数不变的情况下，其输出电压 $\dot{U}_o$ 将变小；

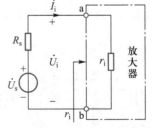

图 6.3.10　放大电路的
输入电阻

③ 在多级放大电路中，后一级的输入电阻就是前一级的负载电阻，这样会降低前一级的电压放大倍数。

因此，总是希望放大电路的输入电阻大一些好。

图 6.3.9 所示放大电路的输入电阻为

$$r_i = R_B /\!/ r_{be} \approx r_{be} \qquad (6.3.10)$$

实际电路中，R_B 的阻值一般为数十千欧，比 r_{be}（一般为几百欧到几千欧）大得

多,因此放大电路的输入电阻近似等于晶体管的输入电阻。

放大电路的输出电阻是从放大电路的输出端看进去的一个电阻,可在信号源短路($\dot{U}_i = 0$)和输出端开路的条件下求得。从图 6.3.9 所示的微变等效电路看,当 $\dot{U}_i = 0, \dot{I}_b = 0$ 时,$\dot{I}_c = \beta \dot{I}_b = 0$,电流源相当于开路,故电路的输出电阻为

6.11 电压放大倍数、输入电阻和输出电阻的计算

$$r_o \approx R_C \qquad (6.3.11)$$

这表明共发射极放大电路的输出电阻就等于集电极负载电阻 R_C,一般为几千欧到十几千欧,比较大。放大电路的输出电阻相当于信号源的内阻,当负载变化时,内阻越大,输出电压的变化越大,也就是带负载能力越差。因此,通常希望放大电路的输出电阻小一点,这样可提高放大电路带负载的能力。

【例 6.3.3】 在图 6.2.1 所示的放大电路中,已知 $U_{CC} = 12$ V,$R_C = 4$ kΩ,$R_B = 300$ kΩ,$R_L = 4$ kΩ,$\beta = 37.5$,试求不带负载与带负载两种情况下的电压放大倍数及放大电路的输入电阻和输出电阻。

解:在例 6.3.1 中已求出

$$I_C = 1.5 \text{ mA} \approx I_E$$

则晶体管的输入电阻为

$$r_{be} = 200 \ \Omega + (1+\beta)\frac{26 \text{ mV}}{I_E(\text{mA})} = \left[200 + (1+37.5) \times \frac{26}{1.5}\right] \ \Omega = 0.867 \text{ k}\Omega$$

不带负载时的电压放大倍数为

$$A_u = -\beta \frac{R_C}{r_{be}} = -37.5 \times \frac{4}{0.867} = -173$$

带负载时,等效负载电阻为

$$R_L' = R_C \ // \ R_L = \frac{4 \times 4}{4+4} \text{ k}\Omega = 2 \text{ k}\Omega$$

电压放大倍数为

$$A_u = -\beta \frac{R_L'}{r_{be}} = -37.5 \times \frac{2}{0.867} = -86.5$$

可见放大器带负载后电压放大倍数降低了。

放大电路的输入电阻为

$$r_i = R_B \ // \ r_{be} \approx r_{be} = 0.867 \text{ k}\Omega$$

输出电阻为

$$r_o \approx R_C = 4 \text{ k}\Omega$$

 思考与练习

6.3.1 什么叫静态? 什么是静态工作点? 在图 6.3.2 中,如果静态工作点偏高(如 Q_1 点),要想把工作点降低一些,应采取什么措施?

6.3.2 如果保持 R_B、R_C 和 U_{CC} 三个量中的任意两个不变,只改变其中一个量的大小,试分析对静态工作点有何影响。

6.3.3 图 6.2.1 所示的放大电路在工作时,发现输出波形严重失真,当用直流电压表测量时:

（1）若测得 $U_{CE} \approx U_{CC}$,晶体管工作在什么状态？怎样调节 R_B 才能消除失真？

（2）若测得 $U_{CE} < U_{BE}$,晶体管工作在什么状态？怎样调节 R_B 才能消除失真？

6.3.4　在图 6.2.1 所示的放大电路中,电容 C_1 和 C_2 两端的直流电压和交流电压各应等于多少？并说明其上直流电压的极性。

6.3.5　r_{be}、r_i 和 r_o 是交流电阻还是直流电阻？它们各表示什么电阻？在 r_o 中应不应包括负载电阻 R_L?

6.3.6　如果输出波形出现失真,是否就一定是静态工作点不合适？

6.4　静态工作点的稳定

根据前面的分析可知,要使放大电路正常工作,必须有合适的静态工作点。但当外界条件发生变化时,电路的静态工作点也会发生变化。影响工作点变动的因素很多,如温度的变化,晶体管、电阻和电容元件的老化,电源电压的波动等。其中以温度的变化影响最大。

在上节所讲的放大电路中,偏置电流

$$I_B = \frac{U_{CC} - U_{BE}}{R_B} \approx \frac{U_{CC}}{R_B}$$

当 U_{CC} 和 R_B 一经选定后,I_B 也就固定不变了,所以这种电路又称为固定偏置放大电路。当温度升高时,晶体管的穿透电流 I_{CEO} 会增大,在 I_B 不变的情况下,所对应的 I_C 会增大,严重时会使静态工作点进入饱和区而引起失真。为此,必须对这种固定偏置电路进行改进。由于温度升高会导致 I_C 增大,那么,改进后的偏置电路就应具有这样的功能:只要 I_C 增大,基极偏流 I_B 就自动减小,用 I_B 的减小去抑制 I_C 的增大,以保持工作点基本稳定。

图 6.4.1(a)所示的分压式偏置放大电路能自动稳定工作点,其中 R_{B1} 和 R_{B2} 构成偏置电路。该电路是通过如下两个环节来自动稳定静态工作点的。

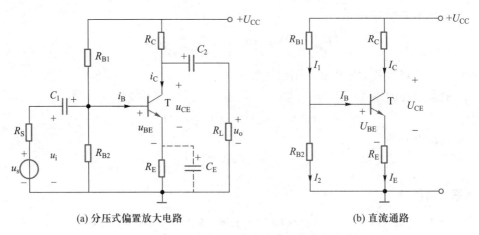

(a) 分压式偏置放大电路　　　　　　　(b) 直流通路

图 6.4.1　分压式偏置放大电路及其直流通路

（1）由电阻 R_{B1} 和 R_{B2} 分压为晶体管提供一个固定的基极对地电压 U_B

由图 6.4.1(b)直流通路可得

$$I_1 = I_2 + I_B$$

若使 $I_2 \gg I_B$，则

$$I_1 \approx I_2 \approx \frac{U_{CC}}{R_{B1} + R_{B2}}$$

基极对地电压

$$U_B = I_2 R_{B2} \approx \frac{R_{B2}}{R_{B1} + R_{B2}} U_{CC} \qquad (6.4.1)$$

可见 U_B 与晶体管的参数无关，不受温度的影响，仅由 R_{B1} 和 R_{B2} 的分压电路决定。

为了使 U_B 恒定不变，基本上不受 I_B 变化的影响，应使 I_2 远远大于 I_B，这就要使 R_{B1} 和 R_{B2} 值取得较小。但若 R_{B1} 和 R_{B2} 值过小，会有两个后果，其一是这两个电阻消耗的直流功率会较大，其二是会减小放大电路的输入电阻，因此要统筹兼顾，通常按下式来确定 I_2，即

$$I_2 = (5 \sim 10) I_B$$

（2）发射极电阻 R_E 的采样作用

因流过发射极电阻 R_E 的电流为 $I_E = I_B + I_C \approx I_C$，如果温度升高导致 I_C 增大，那么晶体管发射极的对地电压 $U_E = I_E R_E \approx I_C R_E$ 就会相应升高。在基极对地电压 U_B 固定不变的情况下，$U_{BE} = U_B - U_E$ 将会减小，从而使 I_B 减小，这就抑制了 I_C 的增大。这个自动调节过程可表示如下。

温度升高$\rightarrow I_C \uparrow \rightarrow U_E \uparrow \rightarrow U_{BE} \downarrow$

$I_C \downarrow \leftarrow\!\!\!\!\!\!\leftarrow I_B \downarrow$

为了提高这种自动调节的灵敏度，采样电阻 R_E 越大越好，这样，只要 I_C 发生一点微小的变化，就会使 U_E 发生明显的变化。但 R_E 太大会使其上的静态压降增大，在电源电压一定的情况下，晶体管的静态压降 U_{CE} 就会相应减小，从而减小了放大电路输出电压的变化范围。因此 R_E 不能取得过大，要统筹兼顾，通常按下式来选择 U_E，即

$$U_E \geqslant (5 \sim 10) U_{BE} \qquad (6.4.2)$$

发射极电阻 R_E 的接入，一方面通过 R_E 采样 I_C，起到自动稳定静态工作点的作用；另一方面，在放大交流信号时，发射极电流的交流分量 i_e 会流过 R_E 产生交流压降，会使放大电路的电压放大倍数降低。为了既能稳定静态工作点，又不降低放大倍数，可在 R_E 两端并联一个容量足够大的电容 C_E，如图 6.4.1（a）中的虚线所示，因为 C_E 一般为几十微法到几百微法，对交流信号而言可视作短路，交流分量就不会在 R_E 上产生压降了，而直流分量必须流过 R_E。故 C_E 称为射极旁路电容。

关于分压式偏置电路静态与动态分析计算的方法与公式，将通过下例给出。

【例 6.4.1】 在图 6.4.1（a）所示的放大电路中，已知 $U_{CC} = 12$ V，$R_{B1} = 20$ kΩ，$R_{B2} = 10$ kΩ，$R_C = 2$ kΩ，$R_E = 2$ kΩ，$R_L = 3$ kΩ，$\beta = 40$，C_1、C_2 和 C_E 对交流信号而言均可视作短路。

（1）用估算法求静态值；

6.12 静态工作点的稳定

（2）求有旁路电容和无旁路电容两种情况下的电压放大倍数 A_u 及输入电阻 r_i 和输出电阻 r_o；

（3）当信号源 $u_s = 0.02\sin\omega t$ V，内阻 $R_s = 0.5$ kΩ 时，求有旁路电容时输出电压 U_o。

解：（1）利用图 6.4.1（b）所示的直流通路估算静态值。

$$U_B \approx \frac{R_{B2}}{R_{B1}+R_{B2}} U_{CC} = \frac{10}{20+10}\times 12 \text{ V} = 4 \text{ V}$$

$$I_C \approx I_E = \frac{U_B - U_{BE}}{R_E} = \frac{4-0.7}{2\times10^3} \text{ A} = 1.65 \text{ mA}$$

$$I_C \approx I_E = 1.65 \text{ mA}$$

$$I_B = \frac{I_C}{\beta} = \frac{1.65}{40} \text{ mA} = 0.04 \text{ mA} = 40 \text{ μA}$$

$$U_{CE} = U_{CC} - I_C(R_C + R_E) = \left[12 - 1.65\times10^{-3}\times(2+2)\times10^3\right] \text{ V} = 5.4 \text{ V}$$

（2）有旁路电容 C_E 时，该放大电路的微变等效电路如图 6.4.2（a）所示。

$$r_{be} = 200 \text{ Ω} + (1+\beta)\frac{26 \text{ mV}}{I_E(\text{mA})} = \left[200 + (1+40)\times\frac{26}{1.65}\right] \text{ Ω} = 0.846 \text{ kΩ}$$

$$R_L' = R_C /\!/ R_L = \frac{2\times3}{2+3} \text{ kΩ} = 1.2 \text{ kΩ}$$

$$A_u = -\beta\frac{R_L'}{r_{be}} = -40\times\frac{1.2}{0.846} = -56.7$$

$$r_i = R_{B1} /\!/ R_{B2} /\!/ r_{be} \approx r_{be} = 0.846 \text{ kΩ}$$

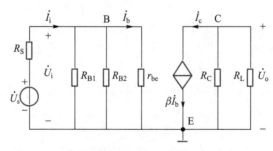

(a) 有旁路电容 C_E 的微变等效电路

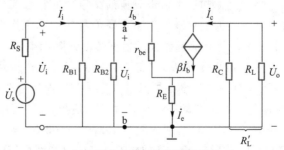

(b) 无旁路电容 C_E 的微变等效电路

图 6.4.2　放大电路的微变等效电路

$$r_o \approx R_C = 2\ \text{k}\Omega$$

无旁路电容 C_E 时，该放大电路的微变等效电路如图 6.4.2(b)所示。

$$\dot{U}_i = \dot{I}_b r_{be} + \dot{I}_e R_E = \dot{I}_b[r_{be} + (1+\beta)R_E]$$

$$\dot{U}_o = -\dot{I}_c R_L' = -\beta \dot{I}_b R_L'$$

$$A_u = \frac{\dot{U}_o}{\dot{U}_i} = -\frac{\beta \dot{I}_b R_L'}{\dot{I}_b[r_{be}+(1+\beta)R_E]} = -\beta\frac{R_L'}{r_{be}+(1+\beta)R_E} = -40\times\frac{1.2}{0.846+41\times2} = -0.58$$

首先求从图 6.4.2(b)中 ab 两端往右看进去的等效电阻 r_i'，很显然

$$r_i' = \frac{\dot{U}_i}{\dot{I}_b} = \frac{\dot{I}_b r_{be} + \dot{I}_e R_E}{\dot{I}_b} = \frac{\dot{I}_b[r_{be}+(1+\beta)R_E]}{\dot{I}_b} = r_{be}+(1+\beta)R_E$$

则输入电阻为

$$r_i = R_{B1}//R_{B2}//r_i' = R_{B1}//R_{B2}//[r_{be}+(1+\beta)R_E] = 6.17\ \text{k}\Omega$$

输出电阻为

$$r_o \approx R_C = 2\ \text{k}\Omega$$

（3）当 $u_s = 0.02\sin\omega t$ V，$R_S = 0.5$ kΩ 时，从图 6.4.2(a)可知

$$\dot{I}_i = \frac{\dot{U}_S}{R_S+r_i}$$

则

$$\dot{U}_i = \dot{I}_i r_i = \frac{r_i}{R_S+r_i}\dot{U}_S$$

所以

$$U_i = \frac{0.846}{0.5+0.846}\times\frac{0.02}{\sqrt{2}}\ \text{V} = 0.008\ 89\ \text{V}$$

因有旁路电容时的电压放大倍数 $A_u = -56.7$

所以 $U_o = 0.008\ 89\times56.7\ \text{V} = 0.504\ \text{V}$

思考与练习

6.4.1 分压式偏置电路是如何稳定静态工作点的？试简述其自动调节过程。

6.4.2 将例 6.4.1 中在有发射极旁路电容和无发射极旁路电容的两种情况下，电压放大倍数 A_u、输入电阻 r_i 和输出电阻 r_o 的计算公式进行系统整理并进行比较，这些公式是计算放大电路时经常用到的，应牢记。

6.4.3 发射极旁路电容的作用是什么？接不接发射极旁路电容对静态工作点有无影响？

6.5 射极输出器

射极输出器的电路如图 6.5.1(a)所示。和前面所讲的放大电路相比，射极输出器在电路结构上有两点不同，一是放大电路是从晶体管的集电极和"地"之间取输出电压，而射极输出器是从发射极和"地"之间取输出电压，故称其为射极输出器；二是放大电路为共发射极接法，而从图 6.5.1(c)所示的射极输出器的微变等效电路中可以看出，集电极 C 对于交流信号而言是接"地"的，这样，集电极就成了输

6.13　射极输出器电路

入电路与输出电路的公共端。所以射极输出器为共集电极电路。

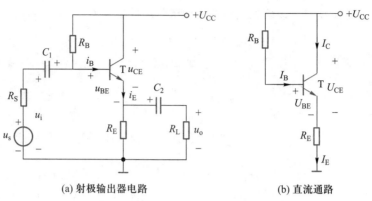

(a) 射极输出器电路　　　　　　　　(b) 直流通路

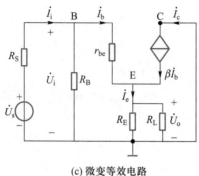

(c) 微变等效电路

图 6.5.1　射极输出器电路、直流通路及其微变等效电路

6.5.1　静态分析

由图 6.5.1(b) 所示的射极输出器的直流通路可求出各静态值。

$$U_{CC} = I_B R_B + U_{BE} + I_E R_E = I_B R_B + U_{BE} + (1+\beta) I_B R_E$$

所以

$$I_B = \frac{U_{CC} - U_{BE}}{R_B + (1+\beta) R_E}$$

$$I_E = I_B + I_C = (1+\beta) I_B$$

$$U_{CE} = U_{CC} - I_E R_E$$

6.5.2　动态分析

1. 电压放大倍数

由图 6.5.1(c) 所示的微变等效电路可得

$$\dot{U}_o = \dot{I}_e R_L' = (1+\beta) \dot{I}_b R_L' \tag{6.5.1}$$

式中

$$R_L' = R_E /\!/ R_L$$

$$\dot{U}_i = \dot{I}_b r_{be} + \dot{I}_e R_L' = \dot{I}_b r_{be} + (1+\beta) \dot{I}_b R_L'$$

$$A_u = \frac{\dot{U}_o}{\dot{U}_i} = \frac{(1+\beta)\dot{I}_b R'_L}{\dot{I}_b r_{be} + (1+\beta)\dot{I}_b R'_L} = \frac{(1+\beta)R'_L}{r_{be} + (1+\beta)R'_L} \tag{6.5.2}$$

因 $r_{be} \ll (1+\beta)R'_L$，故 $\dot{U}_o \approx \dot{U}_i$，两者同相，大小基本相等，但 U_o 略小于 U_i，即 $|A_u|$ 接近于 1，但恒小于 1。

6.14 射极输出器的动态分析

2. 输入电阻

从图 6.5.1(c) 所示的微变等效电路的输入端看进去，射极输出器的输入电阻为

$$r_i = R_B /\!/ [r_{be} + (1+\beta)R'_L] \tag{6.5.3}$$

其阻值很高，一般可达几十千欧到几百千欧。

3. 输出电阻

从图 6.5.1(c) 所示的微变等效电路的输出端看进去，射极输出器的输出电阻为

$$r_o \approx \frac{r_{be} + R'_S}{\beta} \tag{6.5.4}$$

式中

$$R'_S = R_S /\!/ R_B$$

例如 $\beta = 40$，$r_{be} = 0.8\ \text{k}\Omega$，$R_S = 50\ \Omega$，$R_B = 120\ \text{k}\Omega$，则

$$R'_S = R_S /\!/ R_B \approx R_S = 50\ \Omega$$

$$r_o \approx \frac{r_{be} + R'_S}{\beta} = \frac{800 + 50}{40}\ \Omega = 21.25\ \Omega$$

其输出电阻很小，一般只有几十欧，说明了射极输出器带负载能力强，具有恒压输出的特点。

综上所述，射极输出器的主要特点为：电压放大倍数接近于 1，输入电阻高，输出电阻低。因此，常用作多级放大电路的输入级或输出级。

【例 6.5.1】 在图 6.5.1(a) 所示的射极输出器中，已知 $U_{CC} = 12\ \text{V}$，$\beta = 50$，$R_B = 200\ \text{k}\Omega$，$R_E = 2\ \text{k}\Omega$，$R_L = 2\ \text{k}\Omega$，信号源内阻 $R_S = 0.5\ \text{k}\Omega$。试求：(1) 静态值；(2) A_u、r_i 和 r_o。

解：(1) $I_B = \dfrac{U_{CC} - U_{BE}}{R_B + (1+\beta)R_E} = \dfrac{12 - 0.7}{200 \times 10^3 + (1+50) \times 2 \times 10^3}\ \text{A} = \dfrac{11.3}{302 \times 10^3}\ \text{A} = 0.037\ \text{mA}$

$$I_E \approx I_C = \beta I_B = 50 \times 0.037\ \text{mA} = 1.85\ \text{mA}$$

$$U_{CE} = U_{CC} - I_E R_E = (12 - 1.85 \times 2)\ \text{V} = 8.3\ \text{V}$$

(2) $r_{be} = 200\ \Omega + (1+\beta)\dfrac{26\ \text{mV}}{I_E(\text{mA})} = \left[200 + (1+50) \times \dfrac{26}{1.85}\right]\ \Omega = 917\ \Omega$

$$R'_L = R_E /\!/ R_L = \frac{2 \times 2}{2 + 2}\ \text{k}\Omega = 1\ \text{k}\Omega$$

则

$$A_u = \frac{(1+\beta)R'_L}{r_{be} + (1+\beta)R'_L} = \frac{(1+50) \times 1 \times 10^3}{917 + (1+50) \times 1 \times 10^3} = 0.98$$

$$r_i = R_B /\!/ [r_{be} + (1+\beta)R'_L] = \frac{200 \times 10^3 \times 51\,917}{200 \times 10^3 + 51\,917}\ \Omega = 41.2\ \text{k}\Omega$$

$$R'_S = R_S \mathbin{/\mkern-5mu/} R_B = \frac{0.5 \times 10^3 \times 200 \times 10^3}{0.5 \times 10^3 + 200 \times 10^3}\ \Omega = 0.499\ \mathrm{k\Omega}$$

$$r_o \approx \frac{r_{be} + R_S}{\beta} = \frac{0.917 + 0.499}{50}\ \mathrm{k\Omega} = 28\ \Omega$$

思考与练习

6.5.1　射极输出器有哪些主要特点？

6.5.2　一个放大器的输入电阻相当于信号源的负载电阻,在信号源内阻 R_S 一定的情况下,放大器的输入电阻大有何好处？

6.5.3　一个放大器的输出部分对于负载 R_L 而言,相当于一个信号源,放大器的输出电阻就是该信号源的内阻,在负载电阻一定的情况下,放大器的输出电阻小有何好处？

6.6　多级放大电路

从前面的分析可知,单级放大电路的电压放大倍数通常不能做到很高,无法满足实际应用中需要很大放大倍数的要求,例如要把一个传感器检测到的数微伏弱信号放大到几伏,单级放大电路通常无法实现。为解决这个问题,可把若干个单级放大电路级联起来,组成多级放大电路,来提高放大倍数。

在多级放大电路中,每两个单级放大电路之间的连接称为级间耦合,实现耦合的电路称为耦合电路,其任务是将前级信号有效传递到后级。常用的耦合方式有阻容耦合、变压器耦合、直接耦合和光电耦合等。前两种只能传递交流信号,后两种既能传递交流信号,又能传递直流信号。

阻容耦合电路结构简单,前后级静态互不影响,但低频特性差,要求电容容量大,适用于中高频放大。变压器耦合具有阻抗变换作用,但电路体积大,高、低频特性差,只适用于中频放大,目前已较少使用。直接耦合电路结构简单,低频特性好,特别适用于集成电路,但存在前后级静态相互影响和零点漂移问题。光电耦合抗干扰能力强,前后级之间电气隔离,但高频特性较差。

两级阻容耦合放大电路如图 6.6.1 所示,两级之间通过电容 C_2 和下一级的输入电阻连接,故称为阻容耦合。由于电容 C_2 有隔直作用,故前、后级放大电路的静

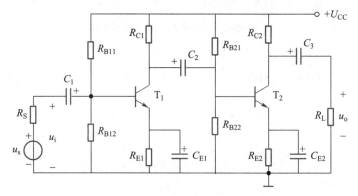

图 6.6.1　两级阻容耦合放大电路

态工作点互不影响,可分别设置和调试。由于电容具有传递交流的作用,只要电容 C_2 的容量足够大(一般为几微法到几十微法),对交流信号所呈现的容抗可忽略不计。这样,前级的输出信号就无损耗地传送到后级继续放大。

下面通过例6.6.1对两级阻容耦合放大电路的静态和动态进行分析。

【例6.6.1】 在图6.6.1所示的两级阻容耦合放大电路中,已知 $U_{CC} = 12$ V,$R_{B11} = 30$ kΩ,$R_{B12} = 15$ kΩ,$R_{C1} = 3$ kΩ,$R_{E1} = 3$ kΩ,$R_{B21} = 20$ kΩ,$R_{B22} = 10$ kΩ,$R_{C2} = 2.5$ kΩ,$R_{E2} = 2$ kΩ,$R_L = 5$ kΩ,$\beta_1 = \beta_2 = 40$,$C_1 = C_2 = C_3 = 50$ μF,$C_{E1} = C_{E2} = 100$ μF。试求:(1)各级的静态值;(2)总电压放大倍数、输入电阻和输出电阻。

解:(1)用估算法分别计算各级的静态值。

第一级
$$U_{B1} = \frac{R_{B12}}{R_{B11} + R_{B12}} U_{CC} = \frac{15 \times 10^3}{30 \times 10^3 + 15 \times 10^3} \times 12 \text{ V} = 4 \text{ V}$$

$$I_{C1} \approx I_{E1} = \frac{U_{B1} - U_{BE1}}{R_{E1}} = \frac{4 - 0.7}{3 \times 10^3} \text{ A} = 1.1 \text{ mA}$$

$$I_{B1} = \frac{I_{C1}}{\beta} = \frac{1.1}{40} \text{ mA} = 0.0275 \text{ mA}$$

$$U_{CE1} \approx U_{CC} - I_{C1}(R_{C1} + R_{E1}) = [12 - 1.1 \times 10^{-3} \times (3+3) \times 10^3] \text{ V} = 5.4 \text{ V}$$

第二级
$$U_{B2} = \frac{R_{B22}}{R_{B21} + R_{B22}} U_{CC} = \frac{10 \times 10^3}{20 \times 10^3 + 10 \times 10^3} \times 12 \text{ V} = 4 \text{ V}$$

$$I_{C2} \approx I_{E2} = \frac{U_{B2} - U_{BE2}}{R_{E2}} = \frac{4 - 0.7}{2 \times 10^3} \text{ A} = 1.65 \text{ mA}$$

$$I_{B2} = \frac{I_{C2}}{\beta_2} = \frac{1.65}{40} \text{ mA} = 0.0413 \text{ mA}$$

$$U_{CE2} \approx U_{CC} - I_{C2}(R_{C2} + R_{E2}) = [12 - 1.65 \times 10^{-3}(2.5 + 2) \times 10^3] \text{ V} = 4.6 \text{ V}$$

(2)画出图6.6.1的微变等效电路,如图6.6.2所示。

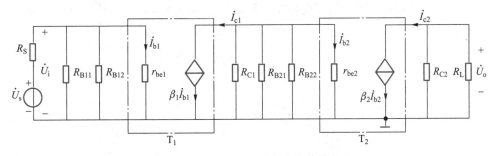

图6.6.2 图6.6.1电路的微变等效电路

晶体管 T_1 和 T_2 的输入电阻分别为

$$r_{be1} = 200 \text{ Ω} + (1 + \beta_1) \frac{26 \text{ mV}}{I_{E1}} = \left[200 + (1 + 40) \times \frac{26}{1.1}\right] \text{ Ω} = 1.17 \text{ kΩ}$$

$$r_{be2} = 200 \text{ Ω} + (1 + \beta_2) \frac{26 \text{ mV}}{I_{E2}} = \left[200 + (1 + 40) \times \frac{26}{1.65}\right] \text{ Ω} = 0.85 \text{ kΩ}$$

第二级的输入电阻为

$$r_{i2} = R_{B21} /\!/ R_{B22} /\!/ r_{be2} = \frac{1}{\frac{1}{20} + \frac{1}{10} + \frac{1}{0.85}} \text{ k}\Omega = 0.75 \text{ k}\Omega$$

第一级的等效负载为

$$R'_{L1} = R_{C1} /\!/ r_{i2} = \frac{3 \times 0.75}{3 + 0.75} \text{ k}\Omega = 0.6 \text{ k}\Omega$$

第一级的电压放大倍数为

$$A_{u1} = -\beta_1 \frac{R'_{L1}}{r_{be1}} = -40 \times \frac{0.6}{1.17} = -20.5$$

第二级的等效负载为

$$R'_{L2} = R_{C2} /\!/ R_L = \frac{2.5 \times 5}{2.5 + 5} \text{ k}\Omega = 1.7 \text{ k}\Omega$$

第二级的电压放大倍数为

$$A_{u2} = -\beta_2 \frac{R'_{L2}}{r_{be2}} = -40 \times \frac{1.7}{0.85} = -80$$

总电压放大倍数为

$$A_u = A_{u1} \cdot A_{u2} = (-20.5) \times (-80) = 1\,640$$

多级放大器的输入电阻就是第一级的输入电阻,即

$$r_i = r_{i1} = R_{B11} /\!/ R_{B12} /\!/ r_{be1} = \frac{1}{\frac{1}{30} + \frac{1}{15} + \frac{1}{1.17}} \text{ k}\Omega = 1.05 \text{ k}\Omega$$

多级放大器的输出电阻就是最后一级的输出电阻,即

$$r_o = r_{o2} = R_{C2} = 2.5 \text{ k}\Omega$$

阻容耦合放大电路虽然结构简单,但是不便于集成化,因为在集成电路中要制造大容量的电容很困难。集成电路中一般都采用直接耦合方式,如图 6.6.3 所示。

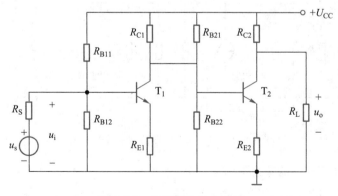

图 6.6.3　直接耦合放大电路

在直接耦合放大电路中,当输入端无输入信号($u_i = 0$)时,输出端的电压 u_o 会偏离初始值而作上下飘动,这种现象称为零点漂移。零点漂移是由温度的变化、电

源电压的不稳定等引起的,这与 6.4 节讨论的静态工作点不稳定的原因是相同的。例如,在图 6.6.3 所示的直接耦合放大电路中,当温度升高时,I_{C1} 增加,U_{CE1} 下降,前级电压的这一变化直接传递到后级而被放大,使得输出电压远远偏离了初始值而出现了严重的零点漂移现象。如图 6.6.4 所示。

6.15 零点漂移

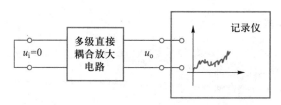

图 6.6.4　直接耦合放大电路的零点漂移现象

当 $u_i \neq 0$ 时,这种漂移电压和被放大的有用信号交叠在一起,从而影响有用信号的提取和识别,若漂移现象严重,放大电路将无法区分漂移电压和有用信号电压而失去作用。因此,必须采取适当的措施来抑制零点漂移,使得输出漂移电压远小于有用信号电压。下一节所介绍的差分放大电路是解决这一问题普遍采用的有效措施。

6.7　差分放大电路

图 6.7.1 所示的差分放大电路由两个晶体管组成。输入电压由两管的基极输入,输出电压从两管的集电极之间提取(也称双端输出),由于电路的对称性,在理想情况下,两管的特性及其对应电阻元件的参数都相同,因而它们的静态工作点必然相同。

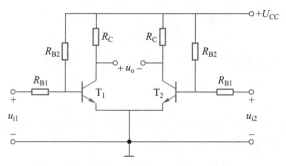

图 6.7.1　差分放大电路

6.7.1　静态分析

在静态时,$u_{i1} = u_{i2} = 0$。由于电路对称,有 $I_{C1} = I_{C2}$,$U_{C1} = U_{C2}$,故

$$u_o = U_{C1} - U_{C2} = 0$$

当温度升高引起晶体管集电极电流增加时,由于电路对称,有

$$\Delta I_{C1} = \Delta I_{C2}, \Delta U_{C1} = \Delta U_{C2}$$

故输出电压仍为零,即

147

$$u_o = \Delta U_{C1} - \Delta U_{C2} = 0$$

差分放大电路的优点是具有抑制零点漂移的能力。

由于差分放大电路的对称性,输出电压采用从两管集电极间提取的双端输出方式,对于无论什么原因引起的零点漂移,均能有效地抑制。

6.7.2　动态分析

差分放大电路的信号输入有共模输入、差模输入、比较输入三种类型,输出方式有单端输出、双端输出两种。

(1) 共模输入

两个输入信号电压的大小相等,极性相同,即 $u_{i1} = u_{i2}$,这种输入方式称为共模输入。

很显然,由于电路的对称性,在共模输入信号的作用下,两晶体管集电极电位的大小、变化方向相同,因而输出电压为零(双端输出)。这说明差分放大电路对共模信号无放大作用,即共模信号的电压放大倍数为零。

(2) 差模输入

两个输入信号电压的大小相等,极性相反,即 $u_{i1} = -u_{i2}$,这种输入方式称为差模输入。

在如图 6.7.1 所示电路中,设 $u_{i1} > 0$,$u_{i2} < 0$,则 u_{i1} 使 T_1 管的集电极电流增大 ΔI_{C1},导致集电极电位下降 ΔU_{C1}(为负值);而 u_{i2} 使 T_2 管的集电极电流减小 ΔI_{C2},导致集电极电位升高 ΔU_{C2}(为正值),由于 $\Delta I_{C1} = \Delta I_{C2}$,很显然,$\Delta U_{C1}$ 和 ΔU_{C2} 大小相等、一正一负,输出电压为

$$u_o = \Delta U_{C1} - \Delta U_{C2}$$

若 $\Delta U_{C1} = -2 \text{ V}$,$\Delta U_{C2} = 2 \text{ V}$,则

$$u_o = (-2-2) \text{ V} = -4 \text{ V}$$

可见,差分放大电路对差模信号具有较好的放大作用,这也是其电路名称的由来。

(3) 比较输入

两个输入信号电压的大小和相对极性是任意的,既非差模,又非共模。在自动控制系统中,经常运用这种比较输入的方式。

例如,我们要将某一炉温控制在 1 000 ℃,利用温度传感器将炉温转变成电压信号作为 u_{i2} 加在 T_2 的输入端。而 u_{i1} 是一个基准电压,其大小等于 1 000 ℃ 时温度传感器的输出电压。如果炉温高于或低于 1 000 ℃,u_{i2} 会随之发生变化,使 u_{i2} 与基准电压 u_{i1} 之间出现差值。差分放大电路将其差值进行放大,其输出电压为

$$u_o = A_u(u_{i1} - u_{i2})$$

$u_{i1} - u_{i2}$ 的差值为正,说明炉温低于 1 000 ℃,此时 u_o 为负值;反之,u_o 为正值。我们就可利用输出电压的正负去控制给炉子降温或升温。

差分放大电路依靠电路的对称性和采用双端输出方式,用双倍的元件换取有效抑制零漂的能力。

实际上差分放大电路很难做到完全对称。因此,零点漂移不能完全被克服,但将受到很大的抑制。在实际应用中,为了衡量差分放大电路抑制共模信号的能力(抑制零漂的能力),制定了一项技术指标,称为共模抑制比(K_{CMR})。

共模抑制比定义为差模电压放大倍数 A_{ud} 与共模电压放大倍数 A_{uc} 之比的绝对值,即

$$K_{\text{CMR}} = \left| \frac{A_{ud}}{A_{uc}} \right| \quad \text{或} \quad K_{\text{CMR}} = 20\lg \left| \frac{A_{ud}}{A_{uc}} \right| (\text{dB})$$

差模电压放大倍数越大,共模电压放大倍数越小,共模抑制能力越强,放大电路的性能越优良,因此 K_{CMR} 值越大越好。共模抑制比常用分贝数表示。在集成化的差分放大电路中,K_{CMR} 是一个很大的数值,可达到 $100 \sim 130$ dB,相当对共模信号的抑制能力达到十万倍到几百万倍。

6.8 功率放大电路

一个多级放大电路通常由输入级、中间级和输出级组成,如图 6.8.1 所示。输入级主要实现与信号源的匹配及抑制零漂;中间级又称为电压放大级,负责将微弱的输入信号电压放大到足够的幅度;输出级的任务是向负载提供足够大的输出功率,驱动负载工作,如使扬声器发声、仪表指针偏转、继电器动作、电动机旋转等,所以输出级又称为功率放大级。由于功率放大电路通常都工作在高电压、大电流的情况下,因此它的电路形式、工作状态及元件的选择和普通电压放大电路不一样。

图 6.8.1 多级放大电路

6.8.1 对功率放大电路的基本要求

对功率放大电路的基本要求有如下两个。

(1) 在不失真的前提下,输出功率尽可能大。为了获得较大的功率,晶体管一般都工作在极限状态,但不得超过晶体管的极限参数 P_{CM}、I_{CM} 和 $U_{(\text{BR})\text{CE}}$。

(2) 效率要高。功率放大器的效率 η 等于其输出的交流功率 P_o 与直流电源提供的直流功率 P_E 的比值,即

$$\eta = \frac{P_o}{P_E} \times 100\% \tag{6.8.1}$$

由上式可知,要想提高效率,需从两方面着手:一是尽量使放大电路的动态工作范围加大,以此来增大输出功率;二是减小电源供给的直流功率。而后者要在 U_{CC} 一定的情况下使静态电流 I_C 减小,即将静态工作点 Q 沿负载线下移,如图 6.8.2(c) 所示,这种称为甲乙类工作状态。若将静态工作点下移到 $I_C \approx 0$ 处,则管

6.17 功率放大电路

耗更小,这种称为乙类工作状态,如图 6.8.2(b)所示。在前面所讲的电压放大电路中,静态工作点一般都设在负载线的中点,如图 6.8.2(a)所示,这种称为甲类工作状态。

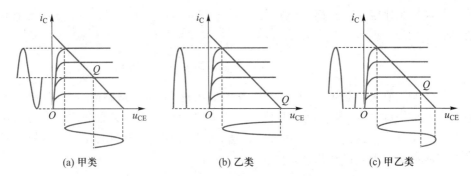

图 6.8.2 放大电路的工作状态

由图 6.8.2 可知,乙类和甲乙类两种工作状态虽然提高了效率,但出现了严重的失真。为此,下面将介绍工作于甲乙类状态的互补对称功率放大电路,它可以有效兼顾提高效率和防止失真。

6.8.2 互补对称功率放大电路

1. 无输出变压器(output transformer less,OTL)互补对称功率放大电路

图 6.8.3 所示是 OTL 互补对称功率放大电路,晶体管 T_1 是 NPN 型,T_2 是 PNP 型,T_1 和 T_2 的性能基本一致。

静态时,调节 R_3,使 $U_A = U_{CC}/2$,耦合电容 C_L 上的电压即为 A 点和"地"之间的电位差,也等于 $U_{CC}/2$;且 B_1 和 B_2 两点间的电压能使 T_1 和 T_2 两管工作于甲乙类状态。

动态时,在信号的正半周,T_1 导通,T_2 截止,电流 i_{C1} 的通路如图中实线所示;在信号的负半周,T_1 截止,T_2 导通,电容 C_L 放电,电流 i_{C2} 的通路如图 6.8.3 中虚线所示。

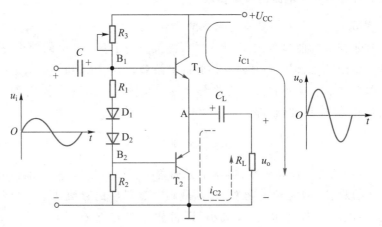

图 6.8.3 OTL 互补对称功率放大电路

由此可见,信号的一个周期内,T_1 和 T_2 轮流导通,i_{C1} 和 i_{C2} 以正反方向交替流经 R_L,因此在 R_L 上合成一个完整的交流输出电压 u_o,因此称为互补对称功率放大电路。

6.18　OTL 互补对称功率放大电路

为了使输出波形对称,在 C_L 放电过程中,其上电压不能下降过多,因此 C_L 的容量必须足够大,一般在 $1\,000\;\mu F$ 以上。

2. 无输出电容(output capacitor less,OCL)互补对称功率放大电路

OTL 互补对称功率放大电路中,因需采用大容量的极性电容器 C_L 与负载 R_L 耦合,从而会影响电路的低频特性和难以实现集成化。为此,可将电容 C_L 除去而采用 OCL 互补对称功率放大电路,如图 6.8.4 所示。

6.19　OCL 互补对称功率放大电路

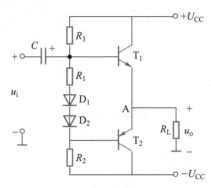

图 6.8.4　OCL 互补对称功率放大电路

OCL 互补对称功率放大电路需用正负两路电源。静态时,$U_A = 0$。动态时,T_1 和 T_2 轮流导通,其工作情况与 OTL 互补对称功率放大电路基本相同。

思考与练习

6.8.1　功率放大电路的任务是什么?它与电压放大电路有何区别?对功率放大电路有何要求?

6.8.2　在 OTL 互补对称功率放大电路中,为什么 C_L 的容量必须足够大?

6.9　场效晶体管及其放大电路

场效晶体管(field effect transistor,FET)是一种新型的半导体晶体管,简称场效管。它与双极型晶体管的主要区别是场效晶体管只靠一种极性的载流子(电子或者空穴)导电,所以有时又称为单极型晶体管。在场效晶体管中,导电的途径称为沟道。场效晶体管的基本工作原理是通过外加电场对沟道的厚度和形状进行控制,以改变沟道的电阻,从而改变电流的大小,场效晶体管也因此而得名。

场效管具有制造工艺简单、便于集成、受温度和辐射的影响小等优点,广泛应用于放大电路和数字电路中。

场效管按其结构不同,可分为结型和绝缘栅型两大类,在本节中只简单介绍后者。

6.9.1　绝缘栅场效晶体管

绝缘栅场效晶体管按其结构不同,分为 N 沟道和 P 沟道两种,每种又有增强型和耗尽型两类。本书只讨论增强型的工作原理。

图 6.9.1 所示是 N 沟道增强型绝缘栅场效晶体管的结构示意图。在一块掺杂浓度较低的 P 型硅衬底上,用光刻、扩散工艺制作两个高掺杂浓度的 N^+ 区,并在硅片表面覆盖一层很薄的二氧化硅(SiO_2)绝缘层。在两个 N^+ 区之间的二氧化硅表面和两个 N^+ 区的表面引出三个电极,栅极 G、源极 S 和漏极 D,如图 6.9.1(a)所示。由于栅极与其他电极及硅片之间是绝缘的,所以称为绝缘栅场效晶体管,其输入电阻可高达 10^{15} Ω。图 6.9.1(b)所示是它的符号,其箭头方向表示由 P(衬底)指向 N(沟道)。

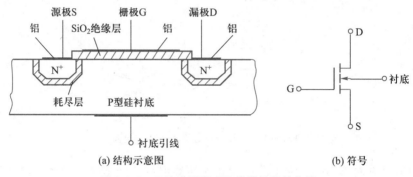

(a) 结构示意图　　　　　　　　　　　　(b) 符号

图 6.9.1　N 沟道增强型绝缘栅场效晶体管

场效晶体管的源极和衬底通常是接在一起的(大多数场效晶体管在出厂前已连接好)。从图 6.9.2(a)可以看出,漏极 D 和源极 S 之间被 P 型衬底隔开,则漏极 D 和源极 S 之间是两个背靠背的 PN 结。当栅-源极电压 $U_{GS} = 0$ 时,即使加上漏-源极电压 U_{DS},而且不论 U_{DS} 的极性如何,总有一个 PN 结处于反偏状态,漏-源极间没有导电沟道,所以这时漏极电流 $I_D \approx 0$。

若在栅-源极间加上正向电压,即 $U_{GS} > 0$,则栅极和衬底之间的 SiO_2 绝缘层中便产生一个垂直于半导体表面的由栅极指向衬底的电场,这个电场能排斥空穴而吸引电子,因而使栅极附近的 P 型衬底中的空穴被排斥,剩下不能移动的受主离子(负离子),形成耗尽层,同时 P 衬底中的电子(少子)被吸引到衬底表面。当 U_{GS} 数值较小,吸引电子的能力不强时,漏-源极之间仍无导电沟道出现,如图 6.9.2(b)所示。U_{GS} 增加时,吸引到 P 衬底表面的电子增多,当 U_{GS} 达到某一数值时,这些电子在栅极附近的 P 衬底表面便形成一个 N 型薄层,且与两个 N^+ 区相连通,在漏-源极间形成 N 型导电沟道,其导电类型与 P 衬底相反,故又称为反型层,如图 6.9.2(c)所示。U_{GS} 越大,作用于半导体表面的电场就越强,吸引到 P 衬底表面的电子就越多,导电沟道越厚,沟道电阻越小。我们把开始形成沟道时的栅-源极电压称为开启电压,用 U_T 表示。

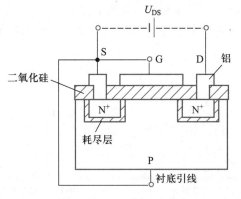
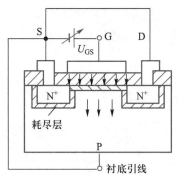

(a) N沟道增强型场效管源极和衬底的连接   (b) N沟道增强型场效管的电场

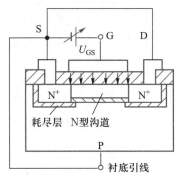

(c) N沟道增强型场效管导电沟道的导通

图 6.9.2   N 沟道增强型场效管的沟道形成图

由上述分析可知,N 沟道增强型场效管在 $U_{GS} < U_T$ 时,不能形成导电沟道,场效管处于截止状态。只有当 $U_{GS} \geq U_T$ 时,才有沟道形成,此时在漏-源极间加上正向电压 U_{DS},才有漏极电流 I_D 产生。而且 U_{GS} 增大时,沟道变厚,沟道电阻减小,I_D 增大。这是 N 沟道增强型场效管的栅极电压控制的作用,因此,场效管通常也称为压控晶体管。

N 沟道增强型场效管的转移特性曲线和输出转移特性曲线如图 6.9.3 和图 6.9.4 所示。

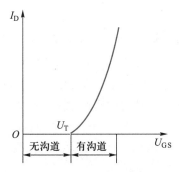
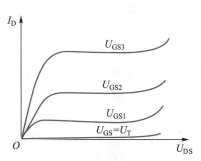

图 6.9.3   N 沟道增强型场效管的
转移特性曲线

图 6.9.4   N 沟道增强型场效管的
输出特性曲线

N 沟道耗尽型场效管符号如图 6.9.5 所示,在此不做详细介绍。

以上介绍了 N 沟道增强型和耗尽型绝缘栅场效管,实际上 P 沟道也有增强型和耗尽型,其符号如图 6.9.6 所示。

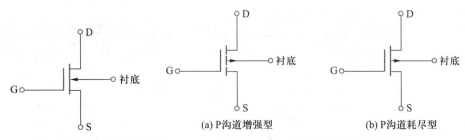

图 6.9.5　N 沟道耗尽型场效管的符号　　　　图 6.9.6　P 沟道绝缘栅场效晶体管

(a) P沟道增强型　　　　(b) P沟道耗尽型

绝缘栅场效管还有一个表示放大能力的参数,即跨导,用符号 g_m 表示。跨导 g_m 是当漏-源极电压 U_{DS} 为常数时,漏极电流的增量 ΔI_D 与引起这一变化的栅-源极电压 ΔU_{GS} 的比值,即

$$g_m = \frac{\Delta I_D}{\Delta U_{GS}} \bigg|_{U_{DS}} = 常数 \tag{6.9.1}$$

跨导是衡量场效晶体管栅-源极电压对漏极电流控制能力的一个重要参数,它的单位是西[门子](S)。

6.9.2　场效管放大电路

由于场效管具有高输入电阻的特点,它适用于作为多级放大电路的输入级,尤其对高内阻信号源,采用场效管才能有效地放大。

和双极型晶体管比较,场效管的源极、漏极、栅极对应于它的发射极、集电极、基极,两者的放大电路也类似。在双极型晶体管放大电路中必须设置合适的静态工作点,否则将造成输出信号的失真。同理,场效管放大电路也必须设置合适的工作点。

场效管的共源极放大电路和普通晶体管的共发射极放大电路在电路结构上类似。场效管中常用的直流偏置电路有两种形式,即自偏压偏置电路和分压式偏置电路。

1. 自偏压偏置电路

图 6.9.7 所示电路是一个自偏压偏置电路,源极电流 I_S(等于 I_D)流经源极电阻 R_S,在 R_S 上产生电压降 $R_S I_S$,显然 $U_{GS} = -R_S I_S = -R_S I_D$,它是自给偏压。$R_S$ 为源极电阻,静态工作点受它控制,其阻值为几千欧;C_S 为源极电阻上的交流旁路电容,其容量为几十微法;R_G 为栅极电阻,用以构成栅、源极间的直流通路,R_G 的值不能太小,否则影响放大电路的输入电阻,其阻值为 $200 \text{ k}\Omega \sim 10 \text{ M}\Omega$;$R_D$ 为漏极电阻,它使放大电路具有电压放大功能,其阻值为几十千欧;C_1、C_2 分别为输入电路和输出电路的耦合电容,其容量为 $0.01 \sim 0.047 \text{ μF}$。

应该指出,由 N 沟道增强型绝缘栅场效晶体管组成的放大电路,工作时 U_{GS} 为正,所以无法采用自偏压偏置电路。

2. 分压式偏置电路

图 6.9.8 为分压式偏置电路,R_{G1} 和 R_{G2} 为分压电阻。

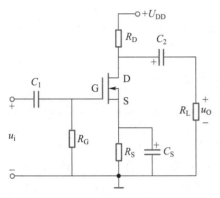

图 6.9.7　自偏压偏置电路

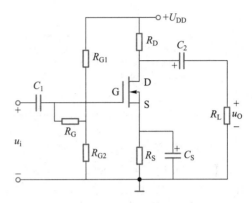

图 6.9.8　分压式偏置电路

栅-源极电压为(电阻 R_G 中并无电流通过)

$$U_{GS} = \frac{R_{G2}}{R_{G1}+R_{G2}}U_{DD} - R_S I_D = U_G - R_S I_D \qquad (6.9.2)$$

式中,U_G 为栅极电位。对 N 沟道耗尽型场效管,U_{GS} 为负值,所以 $R_S I_D > U_G$;对 N 沟道增强型场效管,U_{GS} 为正值,所以 $R_S I_D < U_G$。

当有信号输入时,我们对放大电路进行动态分析,主要是分析它的电压放大倍数及输入电阻与输出电阻。图 6.9.9 是图 6.9.8 所示分压式偏置放大电路的交流通路,设输入信号为正弦量。

在图 6.9.9 的分压式偏置电路中,假如 $R_G = 0$,则放大电路的输入电阻为

$$r_i = R_{G1} // R_{G2} // r_{GS} \approx R_{G1} // R_{G2}$$

因为场效晶体管的输入电阻 r_{GS} 很大,比 R_{G1} 或 R_{G2} 都大得多,三者并联后可将 r_{GS} 略去。显然,R_{G1} 和 R_{G2} 的接入使放大电路的输入电阻降低了。因此,通常在分压点和栅极之间接入一个阻值较高的电阻 R_G,这样就大大提高了放大电路的输入电阻。

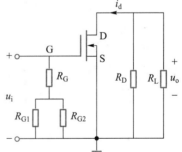

图 6.9.9　分压式偏置放大
电路的交流通路

$$r_i = R_G + (R_{G1} // R_{G2}) \qquad (6.9.3)$$

R_G 的接入对电压放大倍数并无影响;在静态时 R_G 中无电流通过,因此也不影响静态工作点。

由于场效晶体管的输出特性具有恒流特性(从输出特性曲线可见)

$$r_{DS} = \frac{\Delta U_{DS}}{\Delta I_D}\bigg|_{U_{GS}=常数}$$

故其输出电阻很大。在共源极放大电路中,漏极电阻 R_D 和场效管的输出电阻 r_{DS}

是并联的,所以当 $r_{DS} \gg R_D$ 时,放大电路的输出电阻

$$r_o \approx R_D \tag{6.9.4}$$

这点和晶体管共发射极放大电路是类似的。

输出电压为

$$\dot{U}_o = -R'_L \dot{I}_d = -g_m R'_L \dot{U}_{GS} \tag{6.9.5}$$

式中 $\dot{I}_d = g_m \dot{U}_{GS}$,$R'_L = R_D /\!/ R_L$。

电压放大倍数为

$$A_u = \frac{\dot{U}_o}{\dot{U}_i} = \frac{\dot{U}_o}{\dot{U}_{GS}} = -g_m R'_L \tag{6.9.6}$$

式中的负号表示输出电压和输入电压反相。

【例 6.9.1】　在图 6.9.9 所示的放大电路中,已知 $U_{DD} = 20 \text{ V}$,$R_D = 10 \text{ k}\Omega$,$R_S = 10 \text{ k}\Omega$,$R_{G1} = 100 \text{ k}\Omega$,$R_{G2} = 51 \text{ k}\Omega$,$R_G = 1 \text{ M}\Omega$,输出电阻为 $R_L = 10 \text{ k}\Omega$。场效管的参数为 $I_{DSS} = 0.9 \text{ mA}$,$U_T = -4 \text{ V}$,$g_m = 1.5 \text{ mA}$。试求:(1)静态值;(2)电压放大倍数。

解:(1)由电路图可知

$$U_G = \frac{R_{G2}}{R_{G1}+R_{G2}} U_{DD} = \frac{51 \times 10^3}{(200+51) \times 10^3} \times 20 \text{ V} = 4 \text{ V}$$

并可列出

$$U_{GS} = U_G - R_S I_D = 4 - 10 \times 10^3 I_D$$

在 $U_T \leqslant U_{GS} \leqslant 0$ 范围内,耗尽型场效晶体管的转移特性可近似用下式表示

$$I_D = I_{DSS} \left(1 - \frac{U_{GS}}{U_T} \right)^2$$

联立上列两式

$$\begin{cases} U_{GS} = 4 - 10 \times 10^3 I_D \\ I_D = 0.9 \times 10^{-3} \times \left(1 - \dfrac{U_{GS}}{-4} \right)^2 \end{cases}$$

解之得　　　$I_D = 0.5 \text{ mA}$,　$U_{GS} = -1 \text{ V}$

并由此得　$U_{DS} = U_{DD} - (R_D + R_S) I_D = [20 - (10+10) \times 10^3 \times 0.5 \times 10^{-3}] \text{ V} = 10 \text{ V}$

(2)电压放大倍数为

$$A_u = -g_m R'_L = -1.5 \times \frac{10 \times 10}{10 + 10} = -7.5$$

式中,$R'_L = R_D /\!/ R_L$。

思考与练习

6.9.1　用增强型场效晶体管组成的共源极放大电路能否采用自偏压偏置电路?

6.9.2　一场效晶体管在漏-源极电压保持不变的情况下,栅极电压变化 3 V,相应的漏极电流变化了 2 mA。该管的跨导是多少?

6.9.3　场效晶体管和双极型晶体管比较有何特点?

6.10 应用实例

6.10.1 前置放大电路

在音响电路中,话筒或磁头输出的音频信号幅度通常只有 mV 级甚至更小,为了使功率放大电路能够正常工作,一般要求在功率放大电路前级加一级前置放大电路,先将这类幅度很小的音频信号放大到一定幅度再送至功率放大电路放大。图 6.10.1 就是采用晶体管构成的前置放大电路,幅度较小的音频信号经晶体管 T_1 和 T_2 构成的直接耦合放大电路放大后即可变为幅度较大的音频信号。

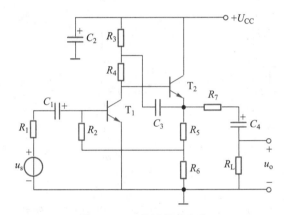

图 6.10.1 前置放大电路

6.10.2 蜂鸣器驱动电路

一般单片机的 I/O 口的驱动电流较小,无法直接驱动蜂鸣器、白炽灯、直流电机这类电流较大的负载。当需要驱动这类负载时,可以采用晶体管来对 I/O 口的电流进行放大。图 6.10.2 是晶体管驱动蜂鸣器的电路,由于单片机 I/O 口的驱动能力较弱,不能直接驱动蜂鸣器,所以通过 I/O 口接一个晶体管来对电流进行放大,这样即可驱动蜂鸣器工作。

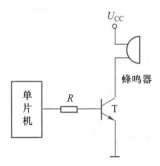

图 6.10.2 蜂鸣器驱动电路

157

习题

6.1　在晶体管放大电路中,测得几个晶体管的各电极电位如下,判断它们的类型(硅管/锗管,NPN/PNP),并确定 E、B、C 极。

(1) $U_1 = 2$ V,$U_2 = 2.7$ V,$U_3 = 6$ V

(2) $U_1 = 2.8$ V,$U_2 = 3$ V,$U_3 = 6$ V

(3) $U_1 = 2$ V,$U_2 = 5.8$ V,$U_3 = 6$ V

(4) $U_1 = 2$ V,$U_2 = 5.3$ V,$U_3 = 6$ V

6.2　在如图题6.2所示的各电路中,判断各晶体管的工作状态。

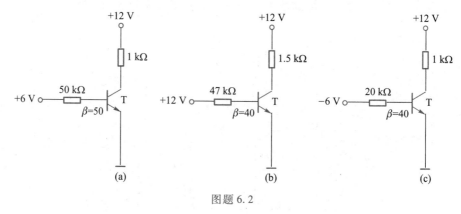

图题 6.2

6.3　电路如图题6.3所示,设晶体管的 $\beta = 80$,试分析当开关 S 分别接通 A、B、C 三位置时,晶体管分别工作在输出特性曲线的哪个区域,并求出相应的集电极电流 I_C。

6.4　电路如图题6.4所示,已知晶体管的 $\beta = 60$,$r_{be} = 1$ kΩ,$U_{BE} = 0.7$ V,试求:(1) 静态工作点 I_B、I_C、U_{CE};(2) 电压放大倍数;(3) 若输入电压 $u_i = 10\sqrt{2}\sin \omega t$ mV,则输出电压 u_o 的有效值为多少?

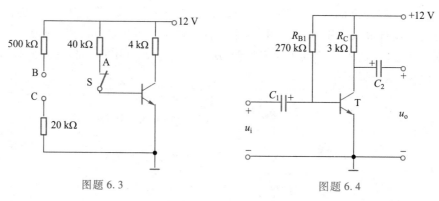

图题 6.3　　　　　　　　　　　　　图题 6.4

6.5　有一放大电路,接至 $U_S = 12$ mV,$R_S = 1$ kΩ 的信号源上时,输入电压 $U_i = 10$ mV,空载输出电压为 1.5 V,带上 5.1 kΩ 的负载时,输出电压下降至 1 V。求该放大电路空载和有载时的电压放大倍数、输入电阻和输出电阻。

6.6　图题6.6给出的是某固定偏置放大电路中晶体管的输出特性及交、直流负载线,试求:(1) 电源电压 U_{CC},静态电流 I_B、I_C 和管压降 U_{CE} 的值;(2) 电阻 R_B、R_C 的值;(3) 输出电压的最大不失真幅度;(4)要使该电路能不失真地放大,基极正弦电流的最大幅值。

6.7 固定偏置放大电路如图题6.7所示,已知$U_{CC}=20\text{ V}$,$U_{BE}=0.7\text{ V}$,晶体管的电流放大系数$\beta=100$,欲满足$I_C=2\text{ mA}$,$U_{CE}=4\text{ V}$的要求,试求R_B、R_C。

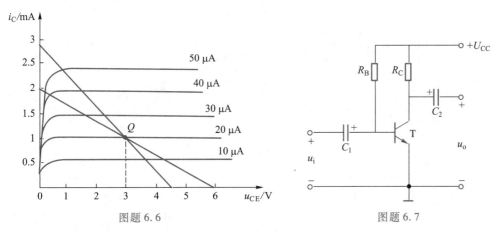

图题6.6　　　　　　　　　　　　　　图题6.7

6.8 如图题6.8所示电路中,$\beta=100$,发射结导通电压$U_{BE(ON)}=0.7\text{ V}$。(1)估算I_C、U_{CE}的值,并说明晶体管的工作状态;(2)若R开路,再计算I_C、U_{CE}的值,并说明晶体管的工作状态。

6.9 电路如图题6.9所示,已知晶体管的$\beta=60$。(1)求电路的Q点、A_u、r_i和r_o;(2)设$U_S=10\text{ mV}$(有效值),试求U_i、U_o。若C_3开路,则U_i、U_o又为多少?

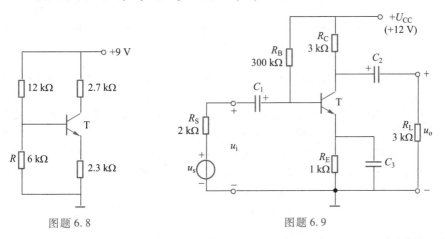

图题6.8　　　　　　　　　　　　　　图题6.9

6.10 电路如图题6.10(a)所示,已知晶体管的$\beta=100$,$U_{BE}=-0.7\text{ V}$。(1)试计算该电路的Q点;(2)画出微变等效电路;(3)求该电路的电压增益A_u、输入电阻r_i、输出电阻r_o;(4)若u_o中的交流成分出现如图题6.10(b)所示的失真现象,请问,它是截止失真还是饱和失真? 为消除此失真,应调节电路中的哪个元件,如何调整?

6.11 放大电路如图题6.11所示,已知晶体管的$\beta=100$,$R_C=2.4\text{ k}\Omega$,$R_E=1.5\text{ k}\Omega$,$U_{CC}=12\text{ V}$,忽略U_{BE}。若要使U_{CE}的静态值达到4.2 V,在满足R_{B2}的电流$I_2=10I_B$的条件下,估算R_{B1}、R_{B2}的阻值。

6.12 放大电路如图题6.12所示。要求:(1)画出电路的直流通路、交流通路以及微变等效电路图;(2)电容C_1、C_2、C_E在电路中各起什么作用? (3)电阻R_{E1}与R_{E2}在电路中的作用有何异同点?

159

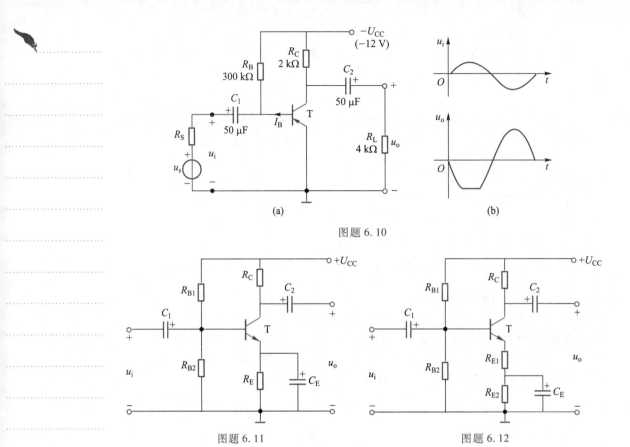

图题 6.10

图题 6.11   图题 6.12

6.13 在图题 6.13 所示的分压式偏置放大电路中,已知 $U_{CC} = 12$ V,$R_C = 3.3$ kΩ,$R_{B1} = 33$ kΩ,$R_{B2} = 10$ kΩ,$R_{E1} = 200$ Ω,$R_{E2} = 1.3$ kΩ,$R_L = 5.1$ kΩ,$R_S = 600$ Ω,晶体管为 PNP 型锗管。试计算:(1) 当 $\beta = 50$ 时的静态值、电压放大倍数、输入电阻和输出电阻,并画出微变等效电路;(2) 换用 $\beta = 100$ 的晶体管后的静态值和电压放大倍数。

6.14 在如图题 6.14 所示电路中,设晶体管的 $\beta = 100$,$r_{be} = 1$ kΩ,静态时 $U_{CE} = 5.5$ V。(1) 试求输入电阻 r_i;(2) 若 $R_S = 3$ kΩ,求 A_{us},r_o;(3) 若 $R_S = 30$ kΩ,求 A_{us},r_o;(4) 将上述(1)(2)(3)的结果对比,说明射极输出器有什么特点。

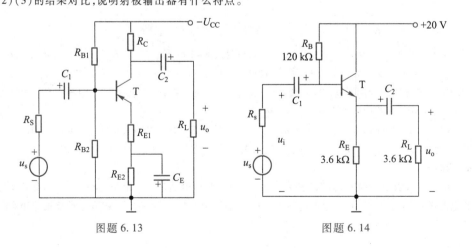

图题 6.13   图题 6.14

160

6.15　两级阻容耦合放大电路如图题 6.15 所示,晶体管的 β 均为 50,$U_{BE} = 0.6$ V,要求:
(1)用估算法计算第二级的静态工作点;(2)画出该两级放大电路的微变等效电路;(3)写出整个电路的电压放大倍数 A_u、输入电阻 r_i 和输出电阻 r_o 的表达式。

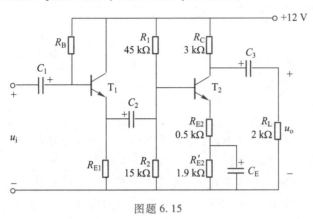

图题 6.15

6.16　电路如图题 6.16 所示,已知晶体管 $\beta = 50$,
$U_{BE(ON)} = 0.7$ V,$R_B = 510$ kΩ,$R_E = 10$ kΩ,$R_L = 3$ kΩ,
$U_{CC} = 12$ V。试求 I_{CO}、U_{CEO}、A_u、r_i 和 r_o 的值。

6.17　如图题 6.17 所示是利用差分放大电路组
成的晶体管电压表的原理电路。设电压表的满标偏转
电流为 100 μA,电压表支路的总电阻为 2 kΩ。差分放
大电路的差模电压放大倍数 $|A_d| = 25.24$。试问要使
电压表的指针满偏,需加多大的输入电压?

6.18　分析如图题 6.18 所示的 OCL 互补对称功
率放大电路,试回答:(1)静态时,负载 R_L 中的电流是
多少? (2)若输出电压波形出现交越失真,应调哪个电阻? 如何调整?

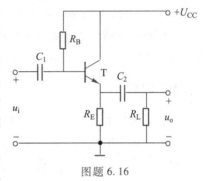

图题 6.16

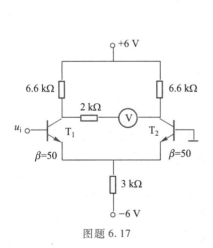

图题 6.17

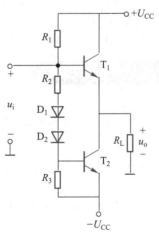

图题 6.18

第 6 章习题答案

第 7 章　集成运算放大器

本章概要:

前两章所介绍的是分立电路,是由各种单个元器件连接起来的电子电路。集成电路是相对于分立电路而言的,它是把整个电路的各个元器件以及相互之间的连接同时制造在一块半导体芯片上,组成一个不可分割的整体。集成电路的问世是电子技术的一个新的飞跃,它打破了分立电路的设计方法,实现了材料、元器件和电路的统一。集成电路具有体积小、重量轻、功耗低、可靠性强和价格便宜等优点,因而在电子技术领域得到了广泛的应用。运算放大器就是一种模拟集成电路。

本章简单介绍集成运算放大器的基本组成和主要参数,以及反馈方式,然后着重介绍集成运算放大器在信号运算方面、信号处理方面及波形发生方面的应用。

学习目标:

(1)了解集成运算放大器的基本概念、电压传输特性和主要参数。

(2)理解理想集成运算放大器的概念和"虚短""虚断"两条重要规则,掌握理想集成运算放大器的基本分析方法。

(3)了解负反馈的基本概念和类型。

(4)掌握由集成运算放大器组成的比例、加减、微分和积分等基本运算电路的电路结构和工作原理。

(5)了解电压比较器的工作原理和应用

7.1　集成运算放大器概述

7.1.1　集成运算放大器的组成

集成运算放大器是一个直接耦合的多级放大电路,常可分为输入级、中间级、输出级和偏置电路 4 个基本组成部分,其方框图如图 7.1.1 所示。

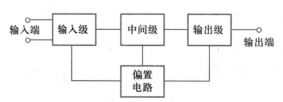

图 7.1.1　集成运算放大器的方框图

7.1 集成运算放大器概述

输入级又称前置级,它是提高集成运算放大器质量的关键部分,要求其输入电阻高、抑制共模信号能力强、差模放大倍数大。一般采用差分放大电路,它有同相和反相两个输入端。

中间级主要进行电压放大,要求其电压放大倍数高,一般由共发射极放大电路组成。

输出级与负载相接,要求其输出电阻小,带负载能力强,输出功率大。一般由互补对称放大电路或射极输出器构成。

偏置电路用于设置集成运算放大器各级电路的静态工作点,一般由各种理想电流源电路构成。

在应用集成运算放大器时,需要知道它几个引脚的用途和主要参数,至于其内部电路结构可不予重点关注。图 7.1.2 所示的是 F007(CF741)集成运算放大器的引脚图和外部接线图。它有双列直插式[图 7.2.1(a)]和圆壳式[图 7.1.2(b)]两种封装。这种集成运算放大器通过 7 个引脚与外电路相连[如图 7.1.2(c)所示],各引脚的功能如下。

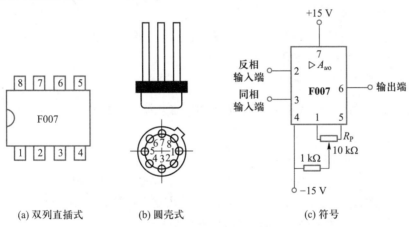

图 7.1.2 F007 集成运算放大器的引脚图和外部接线图

1、5 为外接调零定位器(通常为 10 kΩ)的两个端子。

2 是反相输入端。当信号由此端与地之间输入时,输出信号和输入信号相位相反(或两者极性相反)。

3 是同相输入端。当信号由此端与地之间输入时,输出信号和输入信号相位相同(或两者极性相同)。

4 是负电源端。接−15 V 稳压电源。

6 是输出端。

7 是正电源端。接+15 V 的稳压电源。

8 为空脚。

7.1.2 主要参数

集成运算放大器的性能可用一些参数来表示。为了合理地选用和正确地使用运算放大器,必须了解其主要参数的意义。

(1) 最大输出电压 U_{OPP}

U_{OPP} 是指能使输出电压和输入电压保持不失真情况下的最大输出电压,一般略低于电源电压。F007 集成运算放大器的最大输出电压约为±13 V。

(2) 开环电压放大倍数 A_{uo}

A_{uo} 是指在运算放大器的输出端与输入端之间无外接电路时所测出的差模电压放大倍数。A_{uo} 越高,所构成的运算电路越稳定,运算精度也越高。A_{uo} 一般为 $10^4 \sim 10^7$,即 $80 \sim 140$ dB。

(3) 输入失调电压 U_{io}

理想的集成运算放大器在输入电压 $u_+ = u_- = 0$(即将两输入端同地短接)时,输出电压 $u_0 = 0$。但对于实际运算放大器,由于制造中元件参数的不对称性等原因,当输入信号 $u_+ = u_- = 0$ 时,输出电压 $u_0 \neq 0$。反过来,如果要使 $u_0 = 0$,就必须在输入端加一个很小的补偿电压,它就是输入失调电压。U_{io} 越小越好,一般为几毫伏。

(4) 输入失调电流 I_{io}

I_{io} 是指输入信号为零时,两个输入端的静态基极电流之差,即 $I_{\text{io}} = |I_{\text{B1}} - I_{\text{B2}}|$。$I_{\text{io}}$ 越小越好,一般为零点零几微安。

(5) 输入偏置电流 I_{iB}

I_{iB} 是指在输入信号为零时,两个输入端静态基极电流的平均值,即 $I_{\text{iB}} = \dfrac{I_{\text{B1}} + I_{\text{B2}}}{2}$。$I_{\text{iB}}$ 越小越好,一般为零点几微安。

(6) 最大共模输入电压 U_{ICM}

集成运算放大器对共模信号具有抑制作用,但这种作用要在规定的共模电压范围内才有效,U_{ICM} 就是这个规定的范围,如超出这个范围,集成运算放大器抑制共模信号的能力会大大下降,严重时会造成器件损坏。

总之,集成运算放大器具有开环电压放大倍数高、输入电阻大(几兆欧)、输出电阻小(几百欧)、带负载能力强、零点漂移小、可靠性高等优点,因此被广泛应用于各个技术领域,已成为一种通用型器件。

7.1.3　理想运算放大器及其分析依据

在分析运算放大器时,一般可将它视为一个理想运算放大器。理想化的条件主要是:

开环电压放大倍数 $A_{uo} \to \infty$;

差模输入电阻 $r_{\text{id}} \to \infty$;

开环输出电阻 $r_{\text{o}} \to 0$;

共模抑制比 $K_{\text{CMRR}} \to \infty$。

由于实际运算放大器的技术指标接近理想化的条件,因此在分析时用理想运算放大器代替实际运算放大器所引起的误差并不严重,在工程上是允许的,这样使得分析过程大大简化。后面对运算放大器的分析都是根据它的理想化条件来进行的。

图 7.1.3 所示是理想运算放大器的符号,它有两个输入端和一个输出端。反相输入端标上"−"号,同相输入端标上"+"号,它们对"地"的电压(即各端对地电位)分别用 u_-、u_+ 表示,输出端电压用 u_O 表示。"▷"表示放大器,其方向表示信号从输入到输出单向传输;"∞"表示开环电压放大倍数的理想化条件。

表示输出电压与输入电压之间关系的特性曲线称为传输特性,从运算放大器的传输特性(图 7.1.4)看,其可分为线性区和饱和区。运算放大器可工作在线性区,也可工作在饱和区,但分析方法不一样。

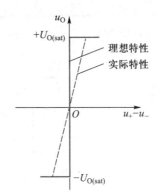

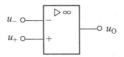

图 7.1.3 理想运算放大器的符号图　　图 7.1.4 运算放大器的传输特性

1. 工作在线性区

当运算放大器工作在线性区时,输出电压 u_O 和输入差值电压 $u_+ - u_-$ 是线性关系,即

$$u_O = A_{uo}(u_+ - u_-) \tag{7.1.1}$$

此时运算放大器是一个线性放大元件。由于运算放大器的开环电压放大倍数 A_{uo} 很高,即使输入毫伏级以下的信号,也足以使输出电压饱和,其饱和值 $+U_{O(sat)}$ 或 $-U_{O(sat)}$ 接近正电源电压或负电源电压值。另外,由于干扰,使放大工作难以稳定。所以,要使运算放大器工作在线性区,通常要引入深度负反馈(见 7.2 节)。

理想运算放大器工作在线性区时,分析依据有两条。

(1) 由于理想运算放大器的差模输入电阻 $r_{id} \to \infty$,故可认为两个输入端的输入电流近似为零。即

$$I_+ = I_- \approx 0 \tag{7.1.2}$$

亦称之为"虚断"。

(2) 由于理想运算放大器的开环电压放大倍数 $A_{uo} \to \infty$,而输出电压是一个有限值,故从式(7.1.1)可知

$$u_+ - u_- = \frac{u_O}{A_{uo}} \approx 0$$

即

$$u_+ \approx u_- \tag{7.1.3}$$

亦称之为"虚短"。

7.3 运算放大器的工作特性分析

2. 工作在饱和区

当集成运算放大器工作在饱和区时,输出电压与输入电压之间不再满足式 (7.1.1),这时输出电压只有两种可能,等于 $+U_{O(sat)}$ 或等于 $-U_{O(sat)}$:

当 $u_+ > u_-$ 时,$u_O = +U_{O(sat)}$;

当 $u_+ < u_-$ 时,$u_O = -U_{O(sat)}$。

此外,运算放大器工作在饱和区时,两个输入端的输入电流仍为零。

思考与练习

7.1.1 如何理解理想运算放大器工作在线性区时的"虚短"与"虚断"?

7.1.2 根据理想运算放大器工作在线性区的两条分析依据判断图 7.1.5 所示电路的接法是否正确,正确的写出输出表达式,错误的说明原因。

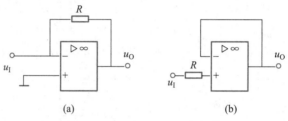

(a)　　　　　　　　　　(b)

图 7.1.5　思考与练习 7.1.2 的图

7.2 放大电路中的负反馈

运算放大器工作在线性区时必须引入负反馈。因此,在介绍运算放大器的应用之前,先介绍一下反馈的概念和应用。

7.2.1 反馈的概念

凡是将放大电路的输出信号(电压或电流)的一部分或全部通过某种电路(反馈电路)引回到输入端,就称为反馈。图 7.2.1 所示分别为无反馈和有反馈的放大电路的方框图。任何带有反馈的放大电路都包含两个部分:一个是基本放大电路 A,另一个是反馈电路 F。

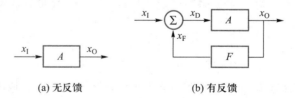

(a) 无反馈　　　　　　　　(b) 有反馈

图 7.2.1　放大电路方框图

图中 x 表示信号,它既可以表示电压,也可以表示电流。信号的传递方向如图中箭头所示,x_I、x_O 和 x_F 分别为输入、输出和反馈信号。x_F 和 x_I 在输入端进行比较("$\sum$"是比较环节的符号),产生净输入信号 x_D。这几个信号可以是直流量,也可以是正弦量,后者可以用相量或正弦波表示。

若引回的反馈信号使净输入信号减小,则为负反馈;若使净输入信号增大,则为正反馈。

7.2.2 正反馈和负反馈的判别

7.4 反馈的概念

判断电路中引入的是正反馈还是负反馈,常采用瞬时极性法。所谓瞬时极性是指电路中某点的电位在特定瞬间增大("⊕"瞬时极性)或减小("⊖"瞬时极性),也就是说,瞬时极性是指电路中某点电位的变化趋势。判别的具体做法为:从输入端加入某一瞬时极性的信号,按照放大电路的工作特性,沿反馈标出各点信号的瞬时极性,直至反馈电路在输入端的连接点,比较输入信号极性和反馈信号极性推导净输入信号是增强还是削弱,来确定是引入正反馈还是负反馈。

在图 7.2.2(a)所示电路中,R_F 为反馈电阻,跨接在输出端与反相输入端之间。设输入电压 u_I 的瞬时极性为"⊕",则同相输入端电位的瞬时极性为"⊕",输出端电位的瞬时极性也为"⊕"。输出电压 u_O 经 R_F 和 R_1 分压后,在 R_1 上得到的反馈电压 u_F 瞬时极性为"⊕",它减小了净输入电压 $u_D(u_D = u_I - u_F)$,故为负反馈。或者说,输出端电位的瞬时极性为正,通过反馈提高了反相输入端的电位,从而减小了净输入电压。

7.5 正反馈和负反馈的判别

再次强调,对于理想运算放大器,由于 $A_{uo} \to \infty$,即使在两个输入端之间加一微小电压(如几十微伏),输出电压就能达到正或负的饱和值。因此必须引入负反馈,使 $u_+ - u_- \approx 0$,才能使运算放大器工作在线性区。

在图 7.2.2(b)所示电路中,设输入电压 u_I 的瞬时极性为"⊕",反相输入端电位的瞬时极性为"⊕",输出端电位的瞬时极性为"⊖",u_O 经 R_F 和 R_2 分压后,在 R_2 上得到反馈电压 u_F 的瞬时极性为"⊕"。显然 u_F 使净输入电压 u_D 增大了,故为正反馈。或者说,输出端电位的瞬时极性为负,通过反馈降低了同相输入端的电位,从而增加了净输入电压。

对单级运算放大电路而言,凡是反馈电路从输出端引回到反相输入端的为负反馈,如果反馈电路引回到同相输入端的则为正反馈。

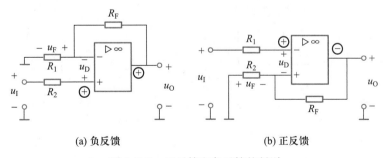

(a) 负反馈   (b) 正反馈

图 7.2.2 正反馈和负反馈的判别

7.2.3 负反馈的类型

根据反馈电路和基本放大电路在输入端和输出端连接方式的不同,负反馈可

7.6　反馈电路的类型

分为下列四种类型。

1. 串联电压负反馈

图 7.2.3(a)所示即为图 7.2.2(a),已判别为一负反馈电路。

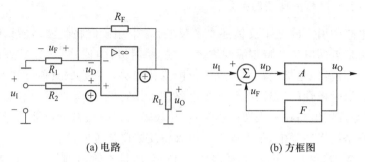

(a)电路　　　　　　　　　(b)方框图

图 7.2.3　串联电压负反馈

反馈电压

$$u_F = \frac{R_1}{R_F + R_1} u_0$$

取自输出电压 u_0,并与之成正比,故为电压反馈。

反馈信号与输入信号在输入端以电压的形式作比较,两者串联,故为串联反馈。

因此,图 7.2.3(a)是引入串联电压负反馈的电路,其方框图如图 7.2.3(b)所示。

7.7　串联电压负反馈

2. 并联电压负反馈

在图 7.2.4(a)所示电路中,设输入电压 u_I 的瞬时极性为"⊕",则反相输入端电位的瞬时极性为"⊕",输出端电位的瞬时极性为"⊖"。此时反相输入端的电位高于输出端的电位,输入电流 i_I 和反馈电流 i_F 的实际方向如图中所示。净输入电流 $i_D = i_I - i_F$,即 i_F 削弱了净输入电流,故为负反馈。

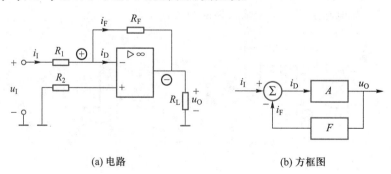

(a)电路　　　　　　　　　(b)方框图

图 7.2.4　并联电压负反馈

反馈电流

$$i_F = \frac{u_- - u_0}{R_F} = -\frac{u_0}{R_F}$$

168

取自输出电压 u_O，并与之成正比，故为电压反馈。

反馈信号与输入信号在输入端以电流的形式作比较，i_F 和 i_D "并联"，故为并联反馈。

因此，图 7.2.4(a) 是引入并联电压负反馈的电路，其方框图如图 7.2.4(b) 所示。

7.8　并联电压负反馈

3. 串联电流负反馈

在图 7.2.5(a) 所示电路中，反馈电压 $u_F = Ri_O$（流入反相输入端的电流很小，可忽略不计），取自输出电流 i_O，并与之成正比，故为电流反馈；$u_D = u_I - u_F$，故为负反馈；反馈信号与输入信号在输入端以电压的形式做比较，两者串联，故为串联反馈。

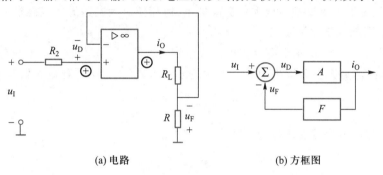

(a) 电路　　　　　　　(b) 方框图

图 7.2.5　串联电流负反馈

7.9　串联电流负反馈

因此，图 7.2.5(a) 是引入串联电流负反馈的电路，其方框图如图 7.2.5(b) 所示。

4. 并联电流负反馈

在图 7.2.6(a) 所示电路中

$$i_D = i_I - i_F$$

$$i_F = -\left(\frac{R}{R_F + R}\right) i_O$$

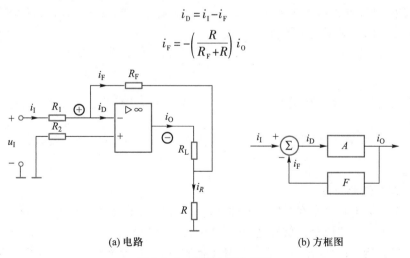

(a) 电路　　　　　　　(b) 方框图

图 7.2.6　并联电流负反馈

因此，图 7.2.6(a) 是引入并联电流负反馈的电路，其方框图如图 7.2.6(b) 所示。

7.10　并联电流负反馈

总之,从上述四个运算放大器电路可以看出:

① 反馈电路直接从运算放大器输出端引出的,是电压反馈;从负载电阻 R_L 的靠近"地"端引出的,是电流反馈;

② 输入信号和反馈信号分别加在两个输入端(同相和反相)上的,是串联反馈;加在同一个输入端(同相和反相)上的,是并联反馈;

③ 反馈信号使净输入信号减小的,是负反馈。

7.2.4　负反馈对放大电路性能的影响

放大电路中引入负反馈后削弱了净输入信号,故输出信号比未引入负反馈时要小,也就是引入负反馈后放大倍数降低了,但却使放大电路的性能得到了改善。

1. 提高放大电路的稳定性

由图 7.2.1(b)所示带有反馈的放大电路方框图可知(设 x 表示电压信号),基本放大电路的放大倍数即未引入反馈时的放大倍数(也称为开环放大倍数)为

$$A = \frac{u_o}{u_D}$$

反馈信号与输出信号之比称为反馈系数,即

$$F = \frac{u_F}{u_o}$$

若引入的是负反馈,则净输入信号为

$$u_D = u_I - u_F$$

由上述三式可得出引入负反馈时的放大倍数(也称为闭环放大倍数)为

$$A_f = \frac{u_o}{u_I} = \frac{A}{1 + AF}$$

在上式中,开环放大倍数 A 为正实数,一般反馈电路是电阻性的,故反馈系数 F 也是正实数。因而对上式求导,得

$$\frac{dA_f}{A_f} = \frac{1}{1 + AF} \cdot \frac{dA}{A}$$

上式中,$\frac{dA}{A}$ 是开环放大倍数的相对变化,$\frac{dA_f}{A_f}$ 是闭环放大倍数的相对变化,它只是前者的 $\frac{1}{1+AF}$。可见引入负反馈后,放大倍数降低了,$|A_f| < |A|$,而放大倍数的稳定性却提高了。

2. 改善波形失真

由于放大电路中存在非线性元件,因此会造成输出信号的非线性失真,尤其是工作点设置不合适或输入信号过大,会使波形失真较严重,如图 7.2.7(a)所示。当引入负反馈后,可将输出端的失真信号引回到输入端,使净输入信号发生某种程度的失真,经过放大之后,即可使输出信号的失真得到一定程度的补偿。从本质上来讲,负反馈是利用失真了的波形来改善波形的失真,因此只能减小失真,不能完全消除失真,如图 7.2.7(b)所示。

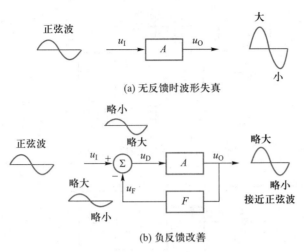

(a) 无反馈时波形失真

(b) 负反馈改善

图 7.2.7 负反馈改善波形失真

3. 对放大电路输入电阻和输出电阻的影响

负反馈对放大电路输入电阻 r_i 和输出电阻 r_o 的影响与反馈类型有关。

在串联负反馈放大电路(图 7.2.3 和图 7.2.5)中,由于 u_I 被 u_F 抵消一部分,使得信号源供给的输入电流减小,意味着增加了输入电阻。

在并联负反馈放大电路(图 7.2.4 和图 7.2.6)中,信号源除供给 i_D 外,还要增加一个分量 i_F,使得输入电流增大,意味着降低了输入电阻。

电压负反馈放大电路具有稳定输出电压 u_O 的作用,例如在图 7.2.3 的电路中,当 u_O 由于 R_L 的减小而减小时,通过下列过程,u_O 可回升接近原来值

$$u_O \downarrow \rightarrow u_F \downarrow \rightarrow u_D \uparrow \rightarrow u_O \uparrow$$

此即具有恒压输出特性,这种放大电路的输出电阻 r_o 很低。

电流负反馈放大电路具有稳定输出电流 i_O 的作用,例如在图 7.2.5 的电路中,当 i_O 由于温度升高而增大时,通过下列过程,i_O 可回落接近原来值

$$i_O \uparrow \rightarrow u_F \uparrow \rightarrow u_D \downarrow \rightarrow i_O \downarrow$$

此即具有恒流输出特性,这种放大电路的输出电阻 r_o 较高。

上述四种负反馈类型对输入电阻 r_i 和输出电阻 r_o 的影响见表 7.2.1。

表 7.2.1 四种负反馈类型对 r_i 和 r_o 的影响

负反馈类型	串联电压	串联电流	并联电压	并联电流
r_i	增高	增高	降低	降低
r_o	降低	增高	降低	增高

思考与练习

7.2.1 试判断如图 7.2.8 所示电路中级间反馈元件 R_F 是正反馈还是负反馈。

7.2.2 如图 7.2.9 所示电路中级间反馈元件 R_F 是何种类型的负反馈?简述其分析过程。

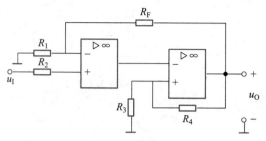

图 7.2.8　思考与练习 7.2.1 的图

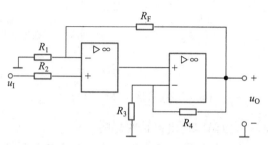

图 7.2.9　思考与练习 7.2.2 的图

7.3　运算放大器在信号运算方面的应用

运算放大器能完成模拟量的多种数学运算,如比例运算、加减运算、微分与积分运算等。

7.3.1　比例运算

（1）反相输入

输入信号从反相输入端引入的运算便是反相运算。

反相比例运算电路如图 7.3.1 所示。输入电压 u_I 通过电阻 R_1 作用于反相输入端,同相输入端经电阻 R_2 接"地",反馈电阻 R_F 跨接在输出端和反相输入端之间。

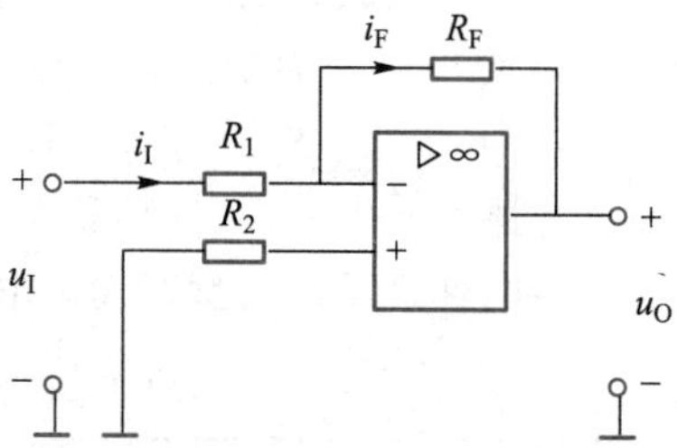

根据理想运算放大器工作在线性区的两条分析依据可知

图 7.3.1　反相比例运算电路

$$i_I \approx i_F , u_- \approx u_+ = 0$$

由图 7.3.1 可列出

$$i_I = \frac{u_I - u_-}{R_1} = \frac{u_I}{R_1} \quad , \quad i_F = \frac{u_- - u_0}{R_F} = -\frac{u_0}{R_F}$$

由此得出

$$u_0 = -\frac{R_F}{R_1} u_I \qquad (7.3.1)$$

所以闭环电压放大倍数为

$$A_{uf} = \frac{u_O}{u_I} = -\frac{R_F}{R_1} \qquad (7.3.2)$$

上式表明,输出电压与输入电压是比例运算关系。只要 R_1 和 R_F 的阻值足够精确,且集成运算放大器的开环电压放大倍数很高,就可认为 u_O 与 u_I 的关系只取决于 R_F 和 R_1 的比值而与集成运算放大器本身的参数无关。这就保证了比例运算的精度与稳定性。式中的负号表示 u_O 与 u_I 反相。

图中的 R_2 为平衡电阻,一般取值为 $R_2 = R_1 /\!/ R_F$,其作用是消除静态基极电流对输出电压的影响(不在本教材中讨论)。

特殊情况下,当 $R_F = R_1$ 时,有

$$A_{uf} = \frac{u_O}{u_I} = -1 \qquad (7.3.3)$$

这时该电路就是一个反相器。

7.11 反相比例运算

【例 7.3.1】 在图 7.3.1 中,若 $R_1 = 20\ \text{k}\Omega$,$R_F = 60\ \text{k}\Omega$,$u_I = 0.5\ \text{V}$,求 A_{uf} 和 u_O。

解:
$$A_{uf} = -\frac{R_F}{R_1} = -\frac{60}{20} = -3$$

$$u_O = A_{uf} u_I = (-3) \times 0.5\ \text{V} = -1.5\ \text{V}$$

(2)同相输入

输入信号从同相输入端引入的运算便是同相运算。

同相比例运算电路如图 7.3.2 所示,根据理想运算放大器工作在线性区的两条分析依据可知

$$i_I \approx i_F\ ,\qquad u_- \approx u_+ = u_I$$

由图 7.3.2 可列出

$$i_I = -\frac{u_-}{R_1} = -\frac{u_I}{R_1}$$

$$i_F = \frac{u_- - u_O}{R_F} = \frac{u_I - u_O}{R_F}$$

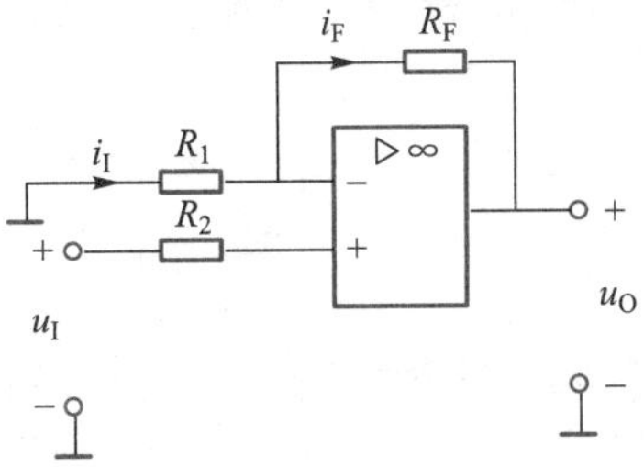

由此得出

图 7.3.2 同相比例运算电路

$$u_O = \left(1 + \frac{R_F}{R_1}\right) u_I \qquad (7.3.4)$$

所以闭环电压放大倍数为

$$A_{uf} = \frac{u_O}{u_I} = 1 + \frac{R_F}{R_1} \qquad (7.3.5)$$

可见 u_O 与 u_I 之间的比例关系由 R_1 和 R_F 决定,与集成运算放大器本身的参数无关,其精度与稳定性都很高。与反相比例运算的不同之处是,同相比例运算的 A_{uf} 为正值,表明 u_O 与 u_I 同相,且 A_{uf} 总是大于或等于1。

特殊情况,当 $R_1 = \infty$(断开)或 $R_F = 0$(短接)时,则

$$A_{uf} = \frac{u_O}{u_I} = 1 \qquad (7.3.6)$$

这时该电路就是一个电压跟随器,如图 7.3.3 所示的就是一种 $R_1 = \infty$ 且 $R_F = 0$

的电压跟随器。

【例7.3.2】　在图7.3.2中,设 $R_1 = 20\ \text{k}\Omega$, $R_F = 60\ \text{k}\Omega$, $u_I = 0.5\ \text{V}$ 。试求 A_{uf} 和 u_O 。

解：
$$A_{uf} = 1 + \frac{R_F}{R_1} = 1 + \frac{60}{20} = 4$$

$$u_O = A_{uf} \cdot u_I = 4 \times 0.5\ \text{V} = 2\ \text{V}$$

7.3.2　加法运算

如果在反相输入端增加若干输入电路,则构成了反相加法运算电路,如图7.3.4所示。

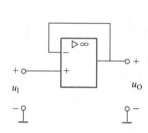

图 7.3.3　电压跟随器

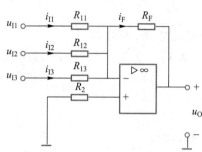

图 7.3.4　反相加法运算电路

根据"虚短""虚断"可列出

$$i_{I1} = \frac{u_{I1}}{R_{11}}, i_{I2} = \frac{u_{I2}}{R_{12}}, i_{I3} = \frac{u_{I3}}{R_{13}}$$

$$i_F = i_{I1} + i_{I2} + i_{I3} = -\frac{u_O}{R_F}$$

由上述各式可得

$$u_O = -\left(\frac{R_F}{R_{11}} u_{I1} + \frac{R_F}{R_{12}} u_{I2} + \frac{R_F}{R_{13}} u_{I3} \right) \tag{7.3.7}$$

当 $R_{11} = R_{12} = R_{13} = R_1$ 时,则上式为

$$u_O = -\frac{R_F}{R_1} (u_{I1} + u_{I2} + u_{I3}) \tag{7.3.8}$$

当 $R_1 = R_F$ 时,则

$$u_O = -(u_{I1} + u_{I2} + u_{I3}) \tag{7.3.9}$$

平衡电阻 $R_2 = R_{11} /\!/ R_{12} /\!/ R_{13} /\!/ R_F$ 。

还可运用叠加原理求解出反相加法运算电路的运算关系。

设 u_{I1} 单独作用,令 $u_{I2} = 0$ 和 $u_{I3} = 0$,由于电阻 R_{12} 、 R_{13} 的一端接"地",另一端接虚地,所以流经 R_{12} 、 R_{13} 的电流为零。电路等效为反相比例运算电路,所以有

$$u_{O1} = -\frac{R_F}{R_{11}} u_{I1}$$

同理,可分别求出 u_{I2} 和 u_{I3} 单独作用时的输出电压 u_{O2} 和 u_{O3} ,即

$$u_{O2} = -\frac{R_F}{R_{12}}u_{I2}, \quad u_{O3} = -\frac{R_F}{R_{13}}u_{I3}$$

当 u_{I1}、u_{I2}、u_{I3} 同时作用时。应用叠加原理,有

$$u_O = u_{O1}+u_{O2}+u_{O3} = -\left(\frac{R_F}{R_{11}}u_{I1}+\frac{R_F}{R_{12}}u_{I2}+\frac{R_F}{R_{13}}u_{I3}\right)$$

结果和式(7.3.7)相同。

7.13 加法运算

【例7.3.3】 在图7.3.4所示电路中,要使输出电压和三个输入电压之间满足 $u_O = -(4u_{I1}+2u_{I2}+0.5u_{I3})$,若 $R_F = 100\ \text{k}\Omega$,试求各输入端的电阻和平衡电阻 R_2。

解:由式(7.3.7)可得

$$R_{11} = \frac{R_F}{4} = \frac{100}{4}\ \text{k}\Omega = 25\ \text{k}\Omega$$

$$R_{12} = \frac{R_F}{2} = \frac{100}{2}\ \text{k}\Omega = 50\ \text{k}\Omega$$

$$R_{13} = \frac{R_F}{0.5} = \frac{100}{0.5}\ \text{k}\Omega = 200\ \text{k}\Omega$$

$$R_2 = R_{11}\ /\!/\ R_{12}\ /\!/\ R_{13}\ /\!/\ R_F \approx 13.3\ \text{k}\Omega$$

7.3.3 减法运算

如果两个输入端都有信号输入,则为差分输入,可做减法运算,其运算电路如图7.3.5所示。

根据"虚短""虚断"可列出

$$\frac{u_{I1}-u_-}{R_1} = \frac{u_--u_O}{R_F}$$

$$\frac{u_{I2}-u_+}{R_2} = \frac{u_+}{R_3}$$

$$u_- \approx u_+$$

由上述各式可得

$$u_O = \left(1+\frac{R_F}{R_1}\right)\frac{R_3}{R_2+R_3}u_{I2} - \frac{R_F}{R_1}u_{I1} \tag{7.3.10}$$

当 $R_1 = R_2$,$R_F = R_3$ 时,上式变为

$$u_O = \frac{R_F}{R_1}(u_{I2}-u_{I1}) \tag{7.3.11}$$

当 $R_F = R_1$ 时,则得

$$u_O = u_{I2}-u_{I1} \tag{7.3.12}$$

由上两式可见,输出电压 u_O 与两个输入电压的差值成正比,所以形成了减法运算。

*7.3.4 积分运算

7.14 减法运算

积分运算电路如图7.3.6所示。与反相比例运算电路相比,该电路用 C_F 代替

R_F 作为反馈元件。

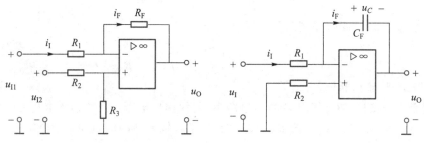

图 7.3.5　减法运算电路　　　　　图 7.3.6　积分运算电路

根据"虚短""虚断"可列出

$$u_- \approx u_+ = 0$$

$$i_1 = i_\mathrm{F} = \frac{u_\mathrm{I} - u_-}{R_1} = \frac{u_\mathrm{I}}{R_1}$$

因

$$u_C = \frac{1}{C_\mathrm{F}} \int i_\mathrm{F} \mathrm{d}t$$

可得

$$u_\mathrm{O} = -u_C = -\frac{1}{C_\mathrm{F}} \int i_\mathrm{F} \mathrm{d}t = -\frac{1}{R_1 C_\mathrm{F}} \int u_\mathrm{I} \mathrm{d}t \qquad (7.3.13)$$

上式表明输出电压 u_O 是输入电压 u_I 对时间的积分,式中的负号表示 u_O 与 u_I 反相,$R_1 C_\mathrm{F}$ 称为积分时间常数。

当 u_I 为阶跃电压[如图 7.3.7(a)所示]时,则

$$u_\mathrm{O} = -\frac{U_\mathrm{I}}{R_1 C_\mathrm{F}} t \qquad (7.3.14)$$

其波形如图 7.3.7(b)所示,最后达到负饱和值 $-U_\mathrm{O(sat)}$。

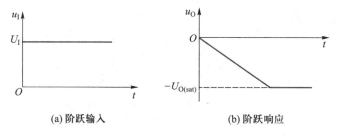

(a)阶跃输入　　　　　　　(b)阶跃响应

图 7.3.7　积分运算电路的阶跃响应

*7.3.5　微分运算

微分运算电路如图 7.3.8 所示。将积分运算电路中电阻 R_1 和电容 C_F 的位置互换即可得到微分运算电路。

根据"虚短""虚断"可列出

因

$$u_- \approx u_+ = 0$$

$$u_C = u_1 - u_- = u_I$$

$$i_1 = C_1 \frac{\mathrm{d}u_C}{\mathrm{d}t} = C_1 \frac{\mathrm{d}u_I}{\mathrm{d}t}$$

$$u_O = -R_F i_F = -R_F i_I$$

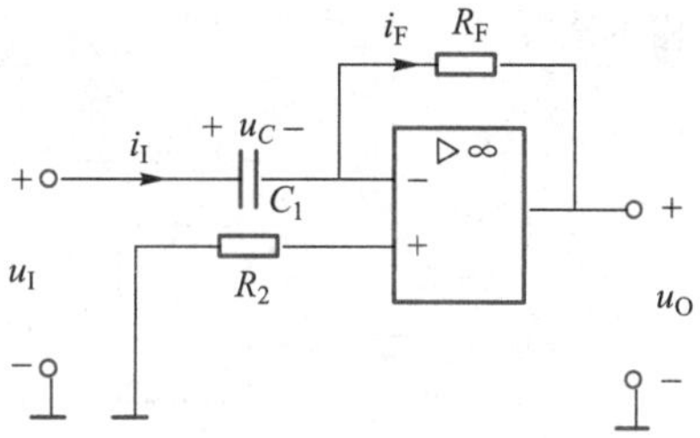

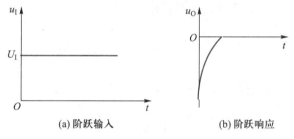

图 7.3.8 微分运算电路

故

$$u_O = -R_F C_1 \frac{\mathrm{d}u_I}{\mathrm{d}t} \tag{7.3.15}$$

上式表明输出电压 u_O 与输入电压 u_I 的微分成正比,负号表明 u_O 与 u_I 反相。当 u_I 为阶跃电压时,u_O 为尖脉冲电压,如图 7.3.9 所示。

(a) 阶跃输入   (b) 阶跃响应

图 7.3.9 微分运算电路的阶跃响应

思考与练习

7.3.1 图 7.3.2 所示同相比例运算电路中平衡电阻 R_2 应如何取值?

7.3.2 在图 7.3.6 积分运算电路中,积分时间常数的值如何影响输出 u_O 到达负饱和值所用的时间?

7.4 运算放大器在信号处理方面的应用

在自动控制系统中,经常需要进行信号处理,如信号的滤波、信号的采样和保持、信号幅度的比较等,下面分别进行简要介绍。

7.4.1 有源滤波器

所谓滤波器就是一种选频电路,它能选出有用的信号,抑制无用的信号,使一定频率范围内的信号能顺利通过,衰减很小,而使此频率范围以外的信号衰减很大甚至抑制。按此频率范围的不同,滤波器可分为低通、高通、带通及带阻等。仅由无源元件电阻、电容或电感组成的滤波器,称为无源滤波器。由 RC 电路和运算放大器组成的滤波器称为有源滤波器。有源滤波器具有体积小、效率高、频率特性好、具有放大作用等优点,因而得到广泛应用。本节只介绍有源低通滤波器和有源高通滤波器。

1. 有源低通滤波器

有源低通滤波器的电路如图 7.4.1(a)所示。设输入电压 u_I 为一正弦电压,可用相量表示。

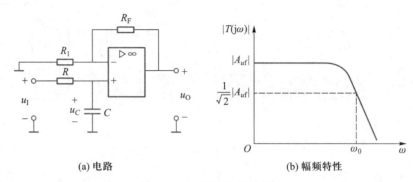

(a) 电路　　　　　　　　　　(b) 幅频特性

图 7.4.1　有源低通滤波器

先由 RC 电路得出运算放大器同相输入端的电位为

$$\dot{U}_+ = \dot{U}_C = \frac{\dot{U}_i}{R + \dfrac{1}{j\omega C}} \times \frac{1}{j\omega C} = \frac{\dot{U}_i}{1 + j\omega RC}$$

再根据同相比例运算电路的式(7.3.4)可得

$$\dot{U}_o = \left(1 + \frac{R_F}{R_1}\right)\dot{U}_+$$

故

$$\frac{\dot{U}_o}{\dot{U}_i} = \frac{1 + \dfrac{R_F}{R_1}}{1 + j\omega RC} = \frac{1 + \dfrac{R_F}{R_1}}{1 + j\dfrac{\omega}{\omega_0}}$$

式中 $\omega_0 = \dfrac{1}{RC}$。

若频率 ω 为变量，则输入电压 $\dot{U}_i(j\omega)$ 和输出电压 $\dot{U}_o(j\omega)$ 都是频率的函数。输出电压与输入电压的比值称为该电路的传递函数（或称转移函数），用 $T(j\omega)$ 表示，即

$$T(j\omega) = \frac{U_o(j\omega)}{U_i(j\omega)} = \frac{1 + \dfrac{R_F}{R_1}}{1 + j\dfrac{\omega}{\omega_0}} = \frac{A_{uf}}{1 + j\dfrac{\omega}{\omega_0}} \qquad (7.4.1)$$

$T(j\omega)$ 是复数，其模为

$$|T(j\omega)| = \frac{|A_{uf}|}{\sqrt{1 + \left(\dfrac{\omega}{\omega_0}\right)^2}}$$

辐角为

$$\varphi(\omega) = -\arctan\frac{\omega}{\omega_0}$$

$\omega = 0$ 时,$\left| T(\mathrm{j}\omega) \right| = \left| A_{uf} \right|$;$\omega = \omega_0$ 时,$\left| T(\mathrm{j}\omega) \right| = \dfrac{\left| A_{uf} \right|}{\sqrt{2}}$;$\omega = \infty$ 时,$\left| T(\mathrm{j}\omega) \right| = 0$。

有源低通滤波器的幅频特性如图 7.4.1(b)所示。可见低通滤波器具有使低频信号较易通过而抑制较高频率信号的作用。

在实际应用中,$\left| T(\mathrm{j}\omega) \right|$ 下降到 $\dfrac{\left| A_{uf} \right|}{\sqrt{2}}$ 时,$\omega = \omega_0$,因而称 ω_0 为截止频率。

2. 有源高通滤波器

有源高通滤波器的电路如图 7.4.2 所示。

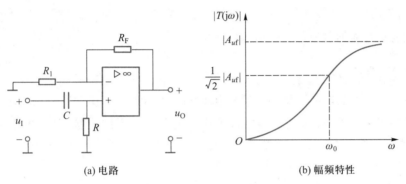

(a) 电路　　　　　　　　　　(b) 幅频特性

图 7.4.2　有源高通滤波器

先由 RC 电路得出运算放大器同相输入端的电位为

$$\dot{U}_+ = \frac{\dot{U}_\mathrm{i}}{R + \dfrac{1}{\mathrm{j}\omega C}} \times R = \frac{\dot{U}_\mathrm{i}}{1 + \dfrac{1}{\mathrm{j}\omega RC}}$$

再根据同相比例运算电路的式(7.3.4)可得

$$\dot{U}_\mathrm{o} = \left(1 + \frac{R_\mathrm{F}}{R_1} \right) \dot{U}_+$$

故

$$\frac{\dot{U}_\mathrm{o}}{\dot{U}_\mathrm{i}} = \frac{1 + \dfrac{R_\mathrm{F}}{R_1}}{1 + \dfrac{1}{\mathrm{j}\omega RC}} = \frac{1 + \dfrac{R_\mathrm{F}}{R_1}}{1 - \mathrm{j}\dfrac{\omega_0}{\omega}}$$

式中 $\omega_0 = \dfrac{1}{RC}$。

若频率 ω 为变量,则该电路的传递函数为

$$T(\mathrm{j}\omega) = \frac{U_\mathrm{o}(\mathrm{j}\omega)}{U_\mathrm{i}(\mathrm{j}\omega)} = \frac{1 + \dfrac{R_\mathrm{F}}{R_1}}{1 - \mathrm{j}\dfrac{\omega_0}{\omega}} = \frac{A_{uf}}{1 - \mathrm{j}\dfrac{\omega_0}{\omega}}$$

其模为

$$|T(\mathrm{j}\omega)| = \frac{|A_{uf}|}{\sqrt{1+\left(\dfrac{\omega_0}{\omega}\right)^2}}$$

辐角为

$$\varphi(\omega) = \arctan\frac{\omega_0}{\omega}$$

$\omega = 0$ 时，$|T(\mathrm{j}\omega)| = 0$；$\omega = \omega_0$ 时，$|T(\mathrm{j}\omega)| = \dfrac{|A_{uf}|}{\sqrt{2}}$；$\omega = \infty$ 时，$|T(\mathrm{j}\omega)| = |A_{uf}|$。

有源高通滤波器的幅频特性如图 7.4.2(b)所示。可见高通滤波器具有使高频信号较易通过而抑制较低频率信号的作用。

7.4.2　电压比较器

电压比较器的功能是将输入信号电压 u_I 与参考电压 U_R 进行比较,当输入电压大于或小于参考电压时,比较器的输出将是两种截然不同的状态(高电平或低电平)。电压比较器是组成非正弦波发生电路的基本单元,可将任意波形转换为矩形波,在测量电路和控制电路中应用相当广泛。

图 7.4.3(a)是一种电压比较器电路。参考电压 U_R 加在同相输入端,输入电压 u_I 加在反相输入端。运算放大器工作于开环状态,由于开环电压放大倍数很高,即使 u_I 与 U_R 出现极微小的差值,也会使输出电压达到饱和值。因此,用作比较器时,运算放大器工作在饱和区。当 $u_I < U_R$ 时,$u_0 = +U_{O(\mathrm{sat})}$；当 $u_I > U_R$ 时,$u_0 = -U_{O(\mathrm{sat})}$。该电压比较器的传输特性如图 7.4.3(b)所示。

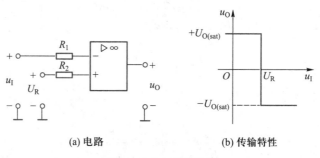

(a) 电路　　　　　　　　　(b) 传输特性

图 7.4.3　电压比较器

当参考电压 $U_R = 0$,即输入电压与零电平比较时,称为过零比较器,其电路和传输特性如图 7.4.4(a)和(b)所示。当输入电压 u_I 为正弦波电压时,则 u_0 为矩形波电压,如图 7.4.4(c)所示,实现了对输入信号电压波形变换的作用。

有时为了将输出电压限制为某一特定值,以便与接在输出端的数字电路的电平相匹配,可在比较器的输出端与"地"之间跨接一个双向稳压管 D_z 来进行双向限幅,稳压管的电压为 U_Z。电路和传输特性如图 7.4.5 所示。u_I 与零电平比较,输出电压 u_0 被限制为 $+U_Z$ 或 $-U_Z$。

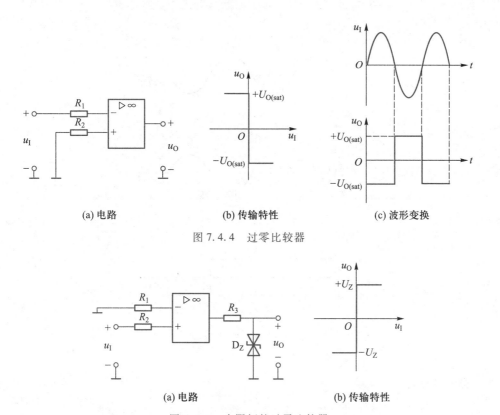

(a) 电路　　　　　(b) 传输特性　　　　　(c) 波形变换

图 7.4.4　过零比较器

(a) 电路　　　　　(b) 传输特性

图 7.4.5　有限幅的过零比较器

综上所述,电压比较器有如下特点:

① 集成运算放大器工作在开环状态;

② 比较器输出与输入不成线性关系;

③ 比较器具有开关特性。

【例 7.4.1】　电路如图 7.4.6 所示,各运算放大器的最大输出电压为±12 V。已知输入信号 $u_1 = 8\sin \omega t$ V,试分别画出 u_{O1}、u_{O2} 的波形,并标出幅值,同时说明 A_1 和 A_2 是何种基本电路。

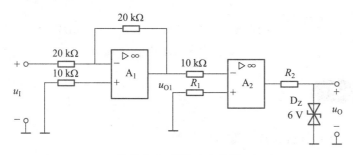

图 7.4.6　例 7.4.1 的图

解: A_1 是反相比例运算,A_2 是有限幅的过零比较器。

u_{O1}、u_O 的波形如图 7.4.7 所示。

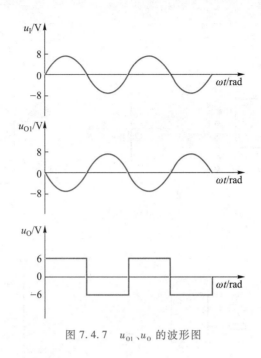

图 7.4.7　u_{O1}、u_O 的波形图

思考与练习

7.4.1　详述例 7.4.1(电路如图 7.4.6 所示)输出电压 u_O 的具体求解过程。

7.4.2　滞回电压比较器的电路图和电压传输特性如图 7.4.8 所示,试推导出 U_L 和 U_H 的表达式,并分析其工作原理。

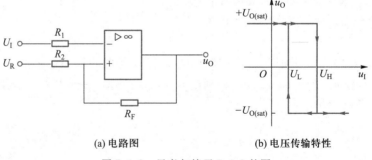

(a) 电路图　　　　　　　　　　　(b) 电压传输特性

图 7.4.8　思考与练习 7.4.2 的图

7.5　应用实例

7.5.1　力传感器桥式放大器

图 7.5.1 所示的电路为一个力传感器桥式放大器。图中的电桥表示硅压阻式力传感器,它利用微细加工工艺技术在一小块硅片上加工成硅膜片,并在膜片上用离子注入工艺做了四个电阻并连接成电桥。当力作用在硅膜片上时,膜片产生变

形,电桥中两个桥臂电阻的阻值增大;另外两个桥臂电阻的阻值减小,电桥失去平衡,输出与作用力成正比的电压信号。力传感器由 12 V 的电源经三个二极管降压后(约 10 V)供电。$A_1 \sim A_3$ 组成测量放大器,其差分输入端直接与力传感器 2 脚、4 脚连接。A_4 的输出用于补偿整个电路的失调电压。

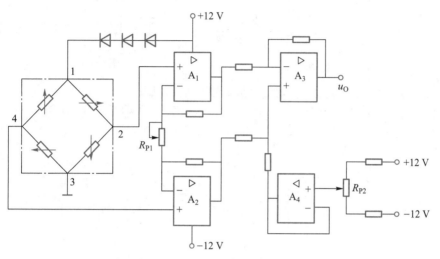

图 7.5.1　力传感器桥式放大器

7.5.2　音频混合器

在制作一些磁带录音或广播节目时,需要将一些音频信号混合,这里就需要用到音频混合器。音频混合器本质上就是一个加法运算电路,它们把许多不同的输入信号加在一起,形成一个单一的叠加输出信号。图 7.5.2 所示的电路就是简单的音频混合器电路。电路使用运算放大器作为求和元件,通过改变电阻 $R_1 \sim R_6$ 来控制各路输入音频信号的增益。

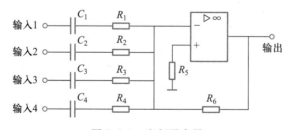

图 7.5.2　音频混合器

习题

7.1　电路如图题 7.1 所示,运算放大器的电源电压为 ±12 V,稳压管的稳定电压为 8 V,正向压降为 0.6 V,当输入电压 $u_1 = -1$ V 时,输出电压 u_0 等于(　　)。

　　A. −12 V　　　　　　　B. 0.7 V　　　　　　　C. −8 V

7.2　F007 运算放大器的正、负电源电压为 ±15 V,开环电压放大倍数 $A_{uo} = 2 \times 10^5$,输出最大电压为±13 V。在如图题 7.2 电路中分别加下列输入电压,求输出电压及其极性。(1) $u_+ = +15\ \mu V$, $u_- = -10\ \mu V$;(2) $u_+ = -5\ \mu V$, $u_- = +10\ \mu V$;(3) $u_+ = 0$, $u_- = +5\ mV$;(4) $u_+ = +5\ mV$, $u_- = 0$

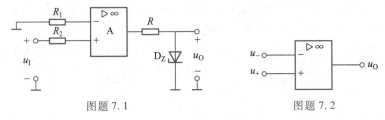

图题 7.1　　　　　　　　　　　　图题 7.2

7.3　理想运算放大器组成如图题 7.3 所示电路,求输出电压 u_0 的表达式。

7.4　在如图题 7.4 所示的同相比例运算电路中,已知 $R_1 = 2\ k\Omega$, $R_F = 10\ k\Omega$, $R_2 = 2\ k\Omega$, $R_3 = 18\ k\Omega$, $u_1 = 1\ V$,求 u_0。

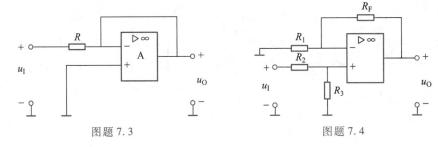

图题 7.3　　　　　　　　　　　　图题 7.4

7.5　电路如图题 7.5 所示,A 为理想运算放大器,$R_1 = R_2 = 1\ k\Omega$, $R_3 = R_F = 10\ k\Omega$,且 u_{I1}、u_{I2}、u_{I3} 已知,求 u_0。

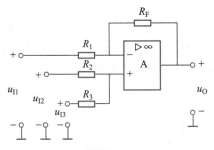

图题 7.5

7.6　电路如图题 7.6 所示,A_1、A_2 为理想运算放大器,求输出电压 u_0 的表达式。

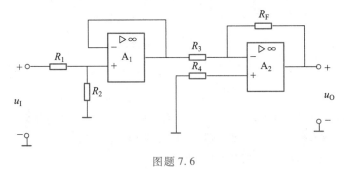

图题 7.6

184

7.7 求如图题7.7所示电路中u_O和u_I的运算关系式,并说明电阻R_1的大小对电路性能的影响。

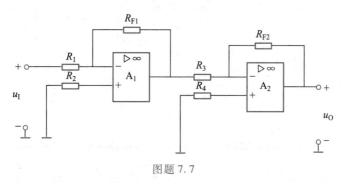

图题7.7

7.8 理想运算放大器组成如图题7.8所示电路,求电路的u_O和u_I的运算关系式。

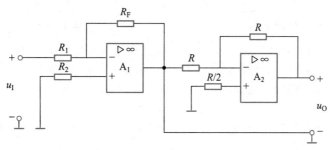

图题7.8

7.9 求图题7.9所示电路中u_O与各输入电压的运算关系式。

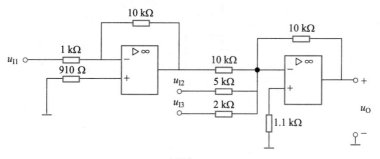

图题7.9

7.10 在图题7.10所示电路中,引入了何种反馈?(   )

A. 正反馈   B. 负反馈   C. 无反馈

7.11 在图题7.11所示电路中,R反馈电路引入的是(   )。

A. 并联电流负反馈   B. 串联电压负反馈   C. 并联电压负反馈

7.12 某测量放大电路,要求输入电阻高、输出电流稳定,应引入(   )。

A. 并联电流负反馈   B. 串联电流负反馈   C. 串联电压负反馈

7.13 求如图题7.13所示电路的输入、输出关系。

7.14 求如图题7.14所示电路的输入、输出关系。

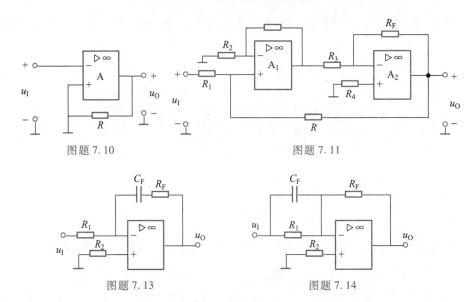

图题 7.10　　　　　　　　　　　　　　图题 7.11

图题 7.13　　　　　　　　　　　　　图题 7.14

7.15　有一个来自传感器的原始电压信号时正时负,信号的最大幅度不超过 0.1 V,用户不关心其极性,请设计一个放大电路将原始电压信号放大为 0~5 V 之间的信号。

7.16　请用集成运算放大器设计一个运算电路实现以下运算关系

$$u_0 = 2u_{I1} - u_{I2} - 2u_{I3}$$

7.17　在如图题 7.17 所示的双限电压比较器中,$U_L = 3$ V,$U_H = 9$ V,$U_{O(sat)} = 15$ V。求 U_I 分别为 1 V、6 V、12 V 时的 U_0。

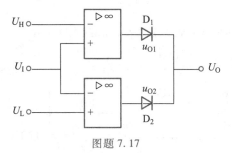

图题 7.17

第 7 章习题答案

186

第8章 门电路和组合逻辑电路

本章概要：

前面几章讨论的都是模拟电路,其中的电信号是随时间连续变化的模拟信号。接下来三章将讨论数字电路,其中的电信号是不连续变化的数字信号(也称脉冲信号)。数字电路和模拟电路都是电子技术的重要基础。

门电路是数字电路的基本部件,本章首先介绍基本门电路的逻辑功能、逻辑符号、逻辑状态表和逻辑表达式,然后在此基础上重点讲解如何分析和设计简单的组合逻辑电路,最后介绍加法器、编码器、译码器等常用组合逻辑电路的工作原理和功能。

学习目标：

（1）掌握基本逻辑门电路的逻辑符号和逻辑功能。

（2）理解逻辑函数的逻辑状态表和逻辑表达式。

（3）熟练掌握逻辑代数的基本运算法则和逻辑函数的化简。

（4）掌握简单组合逻辑电路的分析和设计方法。

（5）了解加法器、编码器、译码器等常用组合逻辑电路的工作原理。

在电子电路中,按其变化规律有两种类型的信号:一类是连续信号,另一类是离散信号。

所谓连续信号是指在时间上和数值上均作连续变化的信号。例如,从热电偶得到的电压信号无论在时间上还是在数值上都是连续的,而且这个电压信号在连续变化的过程中任何一个取值都代表一个相应的温度。因此,习惯将连续信号称为模拟信号,简称模拟量,并把工作于模拟信号下的电子线路称为模拟电路。

所谓离散信号是指在时间上和数值上均不连续变化的信号。例如,电路开关的状态等。离散信号的变化可以用不同的数字反映,所以又称为数字信号,简称为数字量,并且把工作在数字信号下的电子电路叫作数字电路。

数字电路具有如下特点。

（1）数字电路采用元件的两种对立状态表示信息(如开关的通和断)。因此电路的基本单元比较简单,只要能区分出两种截然不同的状态即可。

（2）抗干扰能力强,精度高。如果要传递一个温度信号,用模拟电路传输很容易受电动机、电弧焊等强电压、大电流的干扰,而用数字信号传输,只要能区别出高低电平就可以,与脉冲的幅度和形状的关系不大,所以不易受强电干扰,能达到很

8.1　数字电路的基础知识

8.2　逻辑函数与逻辑变量

高的精度。

（3）数字信息可以长期存储。

8.1　基本门电路及其组合

门电路是实现各种逻辑关系的基本电路，也是组成数字电路的最基本单元。从逻辑功能上看，有**与门、或门**和**非门**，以及由它们复合而成的**与非门、或非门、与或非门、异或门**等。

8.1.1　基本逻辑门电路

1. 与门

在逻辑问题中，如果决定某一事件发生的多个条件必须同时具备事件才能发生，则称这种因果关系为**与逻辑**。

例如，在图 8.1.1 所示电路中，只有开关 A 和 B 均闭合（条件）时，灯 Y 才能亮（结果）；否则，灯灭。

实现与逻辑关系的电路称为**与门电路**，图 8.1.2 所示的是最简单的二极管与门电路。A、B 是两个输入端，Y 是输出端。也可以认为 A、B 是两个输入变量，Y 是输出变量。假设输入信号低电平为 $0\ \mathrm{V}$，高电平为 $3\ \mathrm{V}$，按输入信号的不同可有下述几种情况（忽略二极管正向压降）。

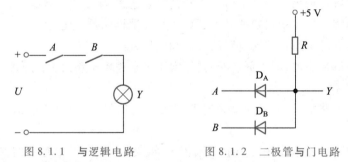

图 8.1.1　与逻辑电路　　　　　图 8.1.2　二极管与门电路

① 输入端全为高电平，D_A、D_B 均导通，则输出 $U_Y = 3\ \mathrm{V}$。

② 输入端有一个或两个为低电平。例如 $U_A = 0\ \mathrm{V}$，$U_B = 3\ \mathrm{V}$ 时，D_A 先导通，这时 D_B 承受反向电压而截止，输出 $U_Y = 0\ \mathrm{V}$。

可见，只有当输入端 A、B 全为高电平 **1** 时，才输出高电平 **1**，否则输出端均为低电平 **0**，这和**与门**的逻辑一致。

将逻辑电路所有可能的输入变量和输出变量间的逻辑关系列成表格，如表 8.1.1 所示，称为**逻辑状态表**或**真值表**。

表 8.1.1　与门逻辑状态表

A	B	Y
0	**0**	**0**
0	**1**	**0**

A	B	Y
1	**0**	**0**
1	**1**	**1**

上述逻辑关系可用逻辑表达式描述为

$$Y = A \cdot B \qquad (8.1.1)$$

式中小圆点"·"表示 A、B 的与运算,也表示逻辑乘。在不引起混淆的前提下,"·"常被省略。图 8.1.3 所示为两输入的**与门**逻辑符号。

与门的逻辑关系也可以用波形图来描述,如图 8.1.4 所示。

8.3 与门

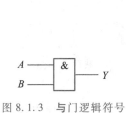

图 8.1.3　与门逻辑符号

图 8.1.4　与门波形图

2. 或门

在逻辑问题的描述中,如果决定某一事件发生的多个条件中,只要有一个或一个以上条件具备,事件便可发生,则称这种因果关系为**或逻辑**。

例如,在图 8.1.5 所示电路中,只要当开关 A、B 中有一个闭合或者两个均闭合(条件)时,灯 Y 就会亮(结果)。因此,灯 Y 与开关 A、B 之间的关系是**或逻辑**关系。

实现**或逻辑**关系的电路称为**或门**电路。图 8.1.6 所示是最简单的二极管**或门**电路。A、B 是两个输入,Y 是输出。采用和**与门**电路同样的分析方法,列出不同的输入、输出组合,不难得出**或门**的逻辑状态表,如表 8.1.2 所示。

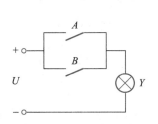

图 8.1.5　或逻辑电路

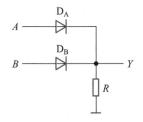

图 8.1.6　二极管或门电路

表 8.1.2　或门逻辑状态表

A	B	Y
0	**0**	**0**
0	**1**	**1**
1	**0**	**1**
1	**1**	**1**

189

8.4 或门

从表 8.1.2 中可知,输入变量只要有一个为 **1** 时,输出就为 **1**;只有输入全为 **0**,输出才为 **0**。

上述逻辑关系用逻辑表达式描述为

$$Y = A + B \qquad\qquad (8.1.2)$$

式中,"+"表示逻辑**或**而不是算术运算中的加号。图 8.1.7 为两输入的**或门**逻辑符号。

或门的逻辑关系也可用波形图来描述,如图 8.1.8 所示。

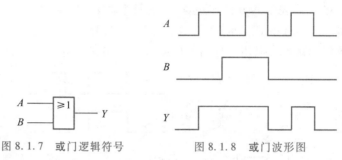

图 8.1.7   或门逻辑符号   图 8.1.8   或门波形图

3. 非门

在逻辑问题中,决定某一事件的条件只有一个,而在条件不具备时,事件才会发生,即事件的发生与条件处于对立状态,则这种因果关系称为非逻辑。

例如,在图 8.1.9 所示电路中,当开关 A 断开时,灯亮;A 闭合时,灯不亮。这个例子表示了一种条件与结果相反的非逻辑关系。

图 8.1.10 所示为晶体管非门电路。**非门**又称反相器,它只有一个输入端和一个输出端,其输出与输入恒为相反状态。

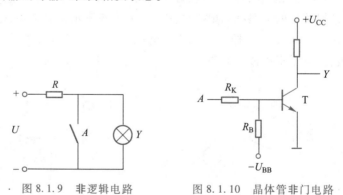

图 8.1.9   非逻辑电路   图 8.1.10   晶体管非门电路

下面分析该晶体管(工作在饱和或截止状态)非门电路的逻辑功能。

① 当输入端 A 为高电平($U_A = 3 \text{ V}$)时,适当选取 R_K、R_B 之值可使晶体管饱和导通,其集电极输出低电平($U_Y \approx 0 \text{ V}$)。

② 当输入端 A 为低电平($U_A = 0 \text{ V}$)时,负电源 $-U_{BB}$ 经 R_K、R_B 分压使晶体管基极电位为负,晶体管截止,从而输出高电平(其电位近似等于 $+U_{CC}$)。

表 8.1.3 是**非门**的逻辑状态表,非门的逻辑符号如图 8.1.11 所示。

表 8.1.3 非门逻辑状态表

A	Y
0	1
1	0

如果用逻辑表达式描述,则为

$$Y = \overline{A} \tag{8.1.3}$$

非门的逻辑关系也可用波形图来描述,如图 8.1.12 所示。

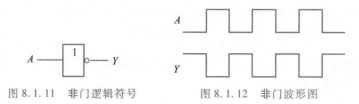

图 8.1.11 非门逻辑符号   图 8.1.12 非门波形图

8.1.2 复合逻辑门电路

利用**与门、或门、非门**三种最基本的门电路可以组成各种复合门电路,其中最常用的有**与非门**电路、**或非门**电路、**异或门**电路等。

1. 与非门

与非门电路是数字电路中运用最广的一种逻辑门电路,逻辑符号及波形图如图 8.1.13 所示。

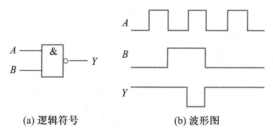

(a) 逻辑符号   (b) 波形图

图 8.1.13 与非门电路

与非门的逻辑功能为:输入信号全为 **1**,则输出为 **0**;只要有一个输入为 **0**,则输出为 **1**。**与非门**逻辑状态表如表 8.1.4 所示。

表 8.1.4 与非门逻辑状态表

A	B	Y
0	0	1
0	1	1
1	0	1
1	1	0

与非门的逻辑表达式为

$$Y = \overline{A \cdot B} \tag{8.1.4}$$

2. 或非门

或非门的逻辑符号及波形图如图 8.1.14 所示。

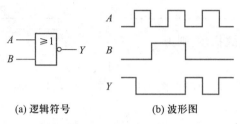

(a) 逻辑符号　　　　　　　(b) 波形图

图 8.1.14　或非门电路

或非门的逻辑功能是:输入全为 **0**,输出才为 **1**;只要有一个输入为 **1**,输出就为 **0**。或非门逻辑状态表如表 8.1.5 所示。

表 8.1.5　或非门逻辑状态表

A	B	Y
0	0	1
0	1	0
1	0	0
1	1	0

或非门的逻辑表达式为

$$Y = \overline{A + B} \tag{8.1.5}$$

3. 异或门

异或门的逻辑符号及波形图如图 8.1.15 所示。

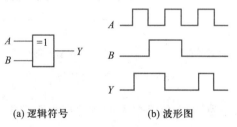

(a) 逻辑符号　　　　　　　(b) 波形图

图 8.1.15　异或门电路

其逻辑功能为:当两个输入端信号相同时,输出为 **0**;当两个输入端信号不同时,输出为 **1**。其逻辑状态表如表 8.1.6 所示。

表 8.1.6　异或门逻辑状态表

A	B	Y
0	0	0
0	1	1

续表

A	B	Y
1	0	1
1	1	0

异或门的逻辑表达式为

$$Y = A\bar{B} + \bar{A}B = A \oplus B \tag{8.1.6}$$

思考与练习

8.1.1 列出三输入**或**门的八种输出状态表。

8.1.2 假定一个电路中,指示灯 Y 和开关 A、B、C 的关系为 $Y = AB + C$,试画出相应的电路图。

8.2 TTL 门电路

本节将介绍一种集成门电路,与分立元件相比,集成门电路具有高可靠性和微型化等优势。TTL 电路是晶体管–晶体管逻辑(transistor–transistor logic)电路的简称。目前,TTL 电路被广泛应用于中小规模逻辑电路中,因为这种电路的功耗大、线路较复杂,不宜用于制作大规模集成电路。

8.2.1 TTL 与非门电路

1. 电路结构及工作原理

TTL 与非门是 TTL 逻辑门的基本形式,典型的 TTL 与非门电路及其逻辑符号如图 8.2.1 所示。该电路由输入级、倒相级、输出级三部分组成。

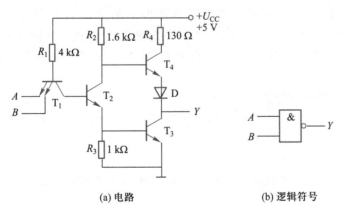

(a) 电路　　　　(b) 逻辑符号

图 8.2.1 TTL 与非门电路及其逻辑符号

输入级由多发射极晶体管 T_1 和电阻 R_1 构成。可以把 T_1 的集电结看成一个二极管,把发射结看成与前者背靠背的两个二极管。这样,T_1 的作用和二极管**与**门的作用完全相同。

193

倒相级由晶体管 T_2 和电阻 R_2、R_3 构成。通过 T_2 的集电极和发射极提供两个相位相反的信号,以满足输出级互补工作的要求。

输出级是由晶体管 T_3、T_4,二极管 D 和电阻 R_4 构成的"推拉式"电路。当 T_3 导通时,T_4 和 D 截止;反之 T_3 截止时,T_4 和 D 导通。倒相级和输出级的作用等效于逻辑非的功能。

输入端 A、B 中至少有一个为 **0**。设 A 端为 **0**,其电位约 0.3 V;其余为 **1**,其电位约为 3.6 V。T_1 对应于输入端接低电位的发射结导通,设发射结的正向导通电压为 0.7 V,此时 T_1 的基极电位为

$$U_{B1} = U_A + U_{BE1} = (0.3+0.7)\,V = 1\,V$$

该电压作用于 T_1 管的集电结和 T_2、T_3 的发射结,显然不可能使 T_2 和 T_3 导通,所以 T_2 和 T_3 均处于截止状态。由于 T_2 截止,其集电极电位接近于电源电压 U_{CC},因而使 T_4 和 D 导通,所以输出端 Y 的电位为

$$U_Y = U_{CC} - U_{BE4} - U_D = (5-0.7-0.7)\,V = 3.6\,V$$

它实现了"输入有低,输出为高"的逻辑关系。

输入端 A、B 全为 **1**(设电位约为 3.6 V)。U_{CC} 通过 R_1、T_1 的集电结向 T_2 提供基极电流,使 T_2 饱和,从而进一步使 T_3 饱和导通。输出端 Y 的电位为

$$U_Y = U_{CES3} = 0.3\,V$$

它实现了"输入全高,输出为低"的逻辑功能。此时 T_2 的集电极电位为

$$U_{C2} = U_{BE3} + U_{CES2} = (0.7+0.3)\,V = 1\,V$$

T_4、D 必然截止。

综上所述,当 T_1 发射极中有任一输入为 **0** 时,Y 端输出为 **1**;当 T_1 发射极输入全为 **1** 时,Y 端输出为 **0**。实现了与非门的功能。

在使用 TTL 电路时要注意输入端悬空问题。当 T_1 发射极全部悬空时,电源 U_{CC} 仍能通过 R_1 和 T_1 集电结向 T_2 提供基极电流,致使 T_2 和 T_3 导通、T_4 和 D 截止,Y 端输出为 **0**。当 T_1 发射极中有 **0** 输入,其余悬空时,则仍由 **0** 输入的发射极决定 T_2 和 T_3 截止、T_4 和 D 导通,Y 端输出为 **1**。由此可见,TTL 电路输入端悬空相当于 **1**。

2. 主要外部特性参数

参数是我们了解 TTL 电路性能并正确使用的依据,下面仅就反映 TTL 与非门电路主要性能的几个参数作简单介绍。

(1)输出高电平 U_{OH}

与非门至少有一个输入端接低电平时,输出电压的值称为输出高电平 U_{OH}。产品规范值为 $U_{OH} \geq 2.4\,V$。

(2)输出低电平 U_{OL}

与非门所有输入端都接高电平时,输出电压的值称为输出低电平 U_{OL}。产品规范值为 $U_{OL} \leq 0.4\,V$。

(3)扇出系数 N_o

门电路的输出端所能连接的下一级门电路输入端的个数,称为该门电路的扇

出系数 N_o,也称负载能力。一般 $N_o \geq 8$。

（4）平均传输延迟时间 t_{pd}

在**与非门**输入端加上一个脉冲电压,则输出电压相对输入电压有一定的时间延迟,从输入脉冲上升沿的 50% 处起到输出脉冲下降沿的 50% 处的时间叫作上升延迟时间 t_{pd1};从输入脉冲下降沿的 50% 处到输出脉冲上升沿的 50% 处的时间叫作下降延迟时间 t_{pd2}。平均传输延迟时间 t_{pd} 定义为 t_{pd1} 与 t_{pd2} 的平均值,即

$$t_{pd} = \frac{t_{pd1} + t_{pd2}}{2}$$

平均传输延迟时间是衡量**与非门**开关速度的一个重要参数,此参数值愈小愈好。

除了**与非门**外,TTL 门电路还有**与门**、**或门**、**非门**、**或非门**、**异或门**等多种不同功能的产品。如图 8.2.2 所示介绍的是几种常用的 TTL 门电路芯片。

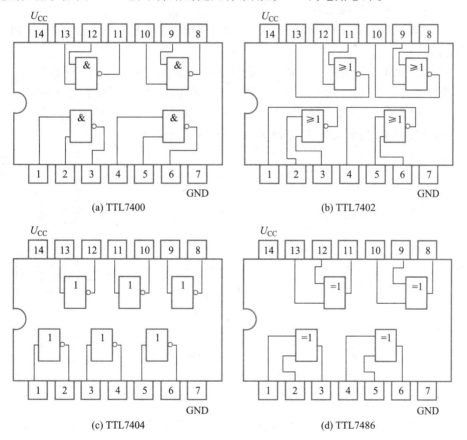

(a) TTL7400 (b) TTL7402

(c) TTL7404 (d) TTL7486

图 8.2.2 几种常用的 TTL 门电路芯片

8.2.2 TTL 三态与非门电路

三态**与非门**有三种输出状态:输出高电平、输出低电平和高阻状态。前两种状态为工作状态,后一种状态为禁止状态。值得注意的是,三态门并不是指具有三种

逻辑值。在工作状态下,三态门的输出可为逻辑 **1** 或者逻辑 **0**;在禁止状态下,其输出高阻相当于开路,表示与其他电路无关,它不是一种逻辑值。

图 8.2.3 给出了一个 TTL 三态与非门电路及其逻辑符号。该电路是在一般与非门的基础上,附加使能控制端和控制电路构成的。从图 8.2.3(a)中可知,当控制信号 $\overline{E}=0$ 时,二极管 D_1 反偏,此时电路功能与一般与非门并无区别,输出 $Y=\overline{AB}$;当控制信号 $\overline{E}=1$ 时,一方面因为 T_1 有一个输入端为低,使 T_2、T_3 截止。另一方面由于二极管 D_1 导通,迫使 T_4 的基极电位变低,致使 T_4、D_2 也截止。这样,输出 Y 便被悬空,即处于高阻状态。因为该电路在 $\overline{E}=0$ 时为正常工作状态,所以称为使能控制端低电平有效的三态与非门。为了表明这一点,在逻辑符号的控制端加一个小圆圈,如图 8.2.3(b)所示。若某三态与非门的逻辑符号在控制端未加小圆圈,且控制信号写成 E 时,则表明电路在 $E=1$ 时为正常工作状态,称该三态与非门为使能控制端高电平有效的三态与非门。

三态与非门主要应用于总线传送,它既可用于单向数据传送,也可用于双向数据传送。

如图 8.2.4 所示为用三态非门构成的单向总线。当某个三态门的控制端为 **0** 时,该逻辑门处于工作状态,输入数据经反相后送至总线。为了保证数据传送的正确性,任意时刻,n 个三态门的控制端只能有一个为 **0**,其余均为 **1**,即只允许一个数据端与总线接通,其余均断开,以便实现 n 个数据的分时传送。

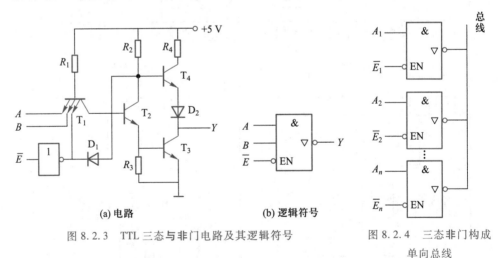

(a) 电路 (b) 逻辑符号

图 8.2.3 TTL 三态与非门电路及其逻辑符号

图 8.2.4 三态非门构成单向总线

如图 8.2.5 所示为用两种不同控制输入的三态非门构成的双向总线。图中当 $E=1$ 时,G_1 工作,G_2 处于高阻状态,数据 A 被取反后送至总线;当 $E=0$ 时,G_2 工作,G_1 处于高阻状态,总线上的数据被取反后送到数据端 A,从而实现了数据的分时双向传送。

多路数据通过三态门共享总线,实现数据分时传送的方法,在计算机和其他数字系统中被广泛用于数据和各种信号的传送。

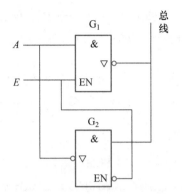

图 8.2.5 三态非门构成双向总线

思考与练习

8.2.1 图 8.2.6 电路能否实现 $Y=\overline{A}\,\overline{C}+\overline{B}C$?

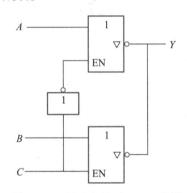

图 8.2.6 思考与练习 8.2.1 的图

8.3 CMOS 门电路

MOS 门电路由绝缘栅场效晶体管(也称 MOS 管)组成,它具有制造工艺简单、集成度高、功耗低、抗干扰能力强等优点,所以更便于向大规模集成电路发展。它的主要缺点是工作速度较低。其中的 CMOS 门电路是使用最普遍的一种。下面简要说明常用的 CMOS 门电路的结构和工作原理。

8.3.1 CMOS 非门电路

图 8.3.1 所示是由一个 N 沟道增强型 MOS 管 T_1 和一个 P 沟道增强型 MOS 管 T_2 组成的 CMOS 反相器。两管的栅极相连作为输入端,两管的漏极相连作为输出端。T_1 的源极接地,T_2 的源极接电源,衬底都与各自的源极相连。为了保证电路正常工作,U_{DD} 需大于 T_1 管开启电压和 T_2 管开启电压的绝对值之和。

当输入 A 为 $\mathbf{0}$(约为 0 V)时,T_1 管的栅-源极电压为 0 V,T_1 截止;同时,由于 T_2 管的栅-源极电压的绝对值大于开启电压,T_2 导通。输出端与电源接通,与地断开,

197

故输出 Y 为 **1**(约为 U_{DD})。当输入 A 为 **1**(约为 U_{DD})时,T_1 导通,T_2 截止。输出端与电源断开,与地接通,故输出 Y 为 **0**(约为 0 V)。由此可见,该电路实现了**非逻辑**功能。

CMOS 非门电路(常称为 CMOS 反相器)除有较好的动态特性外,由于它处在开关状态下时总有一个 MOS 管处于截止状态,因而电流极小,电路静态功耗很低。

8.3.2　CMOS 与非门电路

图 8.3.2 所示为两输入端 CMOS **与非**门电路。T_3、T_4 两个 P 沟道增强型 MOS 管并联组成负载电路,T_1 和 T_2 两个 N 沟道增强型 MOS 管串联作为驱动管。

当 A、B 两个输入端全为 **1** 时,T_1、T_2 同时导通,T_3、T_4 同时截止,输出端 Y 为 **0**。

当输入端有一个或全为 **0** 时,串联的 T_1、T_2 截止,而相应的 T_3 或 T_4 导通,输出端 Y 为 **1**。

由此可见,该电路实现了**与非逻辑**功能

$$Y = \overline{AB}$$

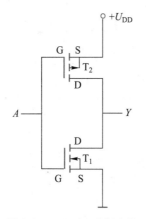

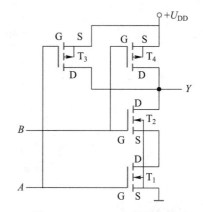

图 8.3.1　CMOS 非门电路　　图 8.3.2　CMOS 与非门电路

8.3.3　CMOS 或非门电路

图 8.3.3 所示是两输入端 CMOS **或非**门电路。两个并联的 N 沟道增强型 MOS 管 T_1、T_2 组成驱动电路,两个串联的 P 沟道增强型 MOS 管 T_3、T_4 组成负载电路。

当输入 A、B 全为 **0** 时,T_1、T_2 截止,T_3、T_4 导通,输出端 Y 为 **1**。

当输入端 A、B 中至少有一个为 **1** 时,T_1 和 T_2 至少有一个导通,T_3 和 T_4 至少有一个截止,输出 Y 为 **0**。

由此可见,该电路实现了**或非逻辑**功能

$$Y = \overline{A+B}$$

*8.3.4　CMOS 传输门电路

图 8.3.4(a)所示是一个 CMOS 传输门的电路图,它由一个 NMOS 管 T_1 和一个

PMOS 管 T_2 并联构成,其逻辑符号如图 8.3.4(b)所示。图中,T_1 和 T_2 的结构和参数对称,两管的源极连在一起作为传输门的输入端,漏极连在一起作为输出端。T_1 的衬底接地,T_2 的衬底接电源,两管的栅极分别与一对互补的控制信号 C 和 $\overline{C}$ 相接。

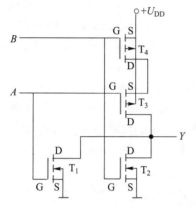

图 8.3.3　CMOS 或非门电路

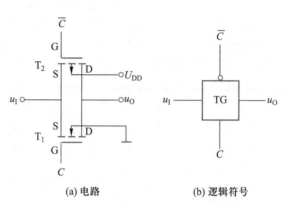

(a) 电路　　　　　　(b) 逻辑符号

图 8.3.4　CMOS 传输门电路及其逻辑符号

当控制端 C 为 **1**,$\overline{C}$ 为 **0** 时,T_1、T_2 都具备了导通条件。若输入电压 u_I 在 $0 \sim U_{DD}$ 范围内变化,则两管中至少有一个导通,输入和输出之间呈低阻状态,相当于开关接通,u_I 通过传输门 TG 传输到 u_O。

当控制端 C 为 **0**,$\overline{C}$ 为 **1** 时,T_1、T_2 都不具备导通条件。此时不论 u_I 为何值,都无法通过传输门 TG 传输到 u_O,这就相当于开关断开。

由此可见,变换两个控制端的互补信号,可以使传输门接通或断开,从而决定输入端的模拟信号($0 \sim U_{DD}$ 之间的任意电平)是否能传送到输出端。所以,传输门实质上是一种传输模拟信号的压控开关。

由于 MOS 管的结构是对称的,即源极和漏极可以互换使用,因此,传输的输入端和输出端可以互换使用,即 CMOS 传输门具有双向性,故又称为可控双向开关。

8.4　组合逻辑电路的分析和设计

按照逻辑电路的功能来分,数字电路可分为组合逻辑电路(简称组合电路)和时序逻辑电路(简称时序电路)两大类。组合电路的特点是任何时刻的输出状态仅取决于该时刻各个输入状态的组合,而与先前状态无关。组合电路中不含记忆元件。图 8.4.1 为组合逻辑电路的一般框图,它可用如下的逻辑表达式来描述

图 8.4.1　组合逻辑电路框图

$$Y_i = f_i(X_1, X_2, \cdots, X_n) \quad i = 1, 2, \cdots, m$$

电路的输出量可以是一个，也可以是多个。

8.4.1　逻辑代数

研究逻辑关系的数学方法称为逻辑代数，又称为布尔代数。逻辑代数与普通代数相似，也是用大写字母($A, B, C, \cdots$)表示逻辑变量，但是逻辑变量的取值只有 **0** 和 **1** 两种。逻辑 **0** 和逻辑 **1** 仅表示两种对立的逻辑状态，而不表示数量的大小，这是逻辑代数与普通代数最本质的区别。

1. 逻辑代数的基本定律

在逻辑代数中只有逻辑乘(**与运算**)、逻辑加(**或运算**)和求反(**非运算**)三种基本运算。根据这三种基本运算可以推导出逻辑运算的常用定律和公式，如表 8.4.1 所示，其中标注" * "者不符合普通代数，而是逻辑代数所特有的。

表 8.4.1　逻辑代数的常用定律和公式

定律	内容
0-1 律	(1) $A \cdot \mathbf{0} = \mathbf{0}$ (2) $A \cdot \mathbf{1} = A$ (3) $A + \mathbf{0} = A$ (4) $A + \mathbf{1} = \mathbf{1}$ *
互补律	(5) $A + \bar{A} = \mathbf{1}$ * (6) $A \cdot \bar{A} = \mathbf{0}$ *
重叠律	(7) $A \cdot A = A$ * (8) $A + A = A$ *
还原律	(9) $\bar{\bar{A}} = A$ *
交换律	(10) $A + B = B + A$ (11) $AB = BA$
结合律	(12) $(A+B)+C = A+(B+C)$ (13) $(AB)C = A(BC)$
分配律	(14) $A(B+C) = AB+AC$ (15) $A+BC = (A+B)(A+C)$ *
吸收律	(16) $A+AB = A$ * (17) $A(A+B) = A$ * (18) $A+\bar{A}B = A+B$ * (19) $A(\bar{A}+B) = AB$ * (20) $AB+A\bar{B} = A$ * (21) $(A+B)(A+\bar{B}) = A$ *
包含律	(22) $AB+\bar{A}C+BC = AB+\bar{A}C$ *

定律	内容
反演律 （摩根定律）	（23）$\overline{A+B}=\overline{A}\cdot\overline{B}$ *
	（24）$\overline{A\cdot B}=\overline{A}+\overline{B}$ *

表 8.4.1 所示的部分常用定律和公式的证明如下。

（15）$A+BC=(A+B)(A+C)$

证：$(A+B)(A+C)=A+AC+AB+BC=A(1+C+B)+BC=A+BC$

（18）$A+\overline{A}B=A+B$

证：$A+\overline{A}B=A+AB+\overline{A}B=A+(A+\overline{A})B=A+B$

（21）$(A+B)(A+\overline{B})=A$

证：$(A+B)(A+\overline{B})=A+A\overline{B}+AB=A(1+\overline{B}+B)=A$

（22）$AB+\overline{A}C+BC=AB+\overline{A}C$

证：$AB+\overline{A}C+BC=AB+\overline{A}C+(A+\overline{A})BC=AB+\overline{A}C+ABC+\overline{A}BC=AB(1+C)+\overline{A}C(1+B)=AB+\overline{A}C$

在以上的定律中，反演律具有特别重要的意义，其经常用于求解一个原函数的**非**函数或者对逻辑函数进行变换。表 8.4.2 为反演律的证明。

表 8.4.2　反演律的证明

$A\ \ B$	$\overline{A+B}$	$\overline{A}\cdot\overline{B}$	$\overline{A\cdot B}$	$\overline{A}+\overline{B}$
0　0	$\overline{0+0}=1$	$\overline{0}\cdot\overline{0}=1$	$\overline{0\cdot0}=1$	$\overline{0}+\overline{0}=1$
0　1	$\overline{0+1}=0$	$\overline{0}\cdot\overline{1}=0$	$\overline{0\cdot1}=1$	$\overline{0}+\overline{1}=1$
1　0	$\overline{1+0}=0$	$\overline{1}\cdot\overline{0}=0$	$\overline{1\cdot0}=1$	$\overline{1}+\overline{0}=1$
1　1	$\overline{1+1}=0$	$\overline{1}\cdot\overline{1}=0$	$\overline{1\cdot1}=0$	$\overline{1}+\overline{1}=0$

【例 8.4.1】　证明 $\overline{A\overline{B}+\overline{A}B}=AB+\overline{A}\ \overline{B}$。

证：$\overline{A\overline{B}+\overline{A}B}=\overline{A\overline{B}}\cdot\overline{\overline{A}B}=(\overline{A}+B)(A+\overline{B})=AB+\overline{A}\ \overline{B}$

【例 8.4.2】　证明 $ABC+A\overline{B}C+AB\overline{C}=AB+AC$。

证：$ABC+A\overline{B}C+AB\overline{C}=AB(C+\overline{C})+A\overline{B}C=AB+A\overline{B}C=A(B+\overline{B}C)$
$=A(B+C)=AB+AC$

2. 逻辑函数的化简

逻辑函数表达式有各种不同的表示形式，每一种表示形式分别对应一种逻辑电路。实际应用中总希望用尽可能少的元器件来完成特定的逻辑功能，这就需要对函数表达式进行化简。

（1）并项法

利用公式 $AB+A\overline{B}=A$，将两个**与**项合并，消去一个变量。例如

注意：
　本节所列出的公式反映的是逻辑关系而非数量关系，在运算中不能简单套用初等代数的运算法则，如初等代数中的移项规则就不能用。

201

8.7 逻辑代数

$$Y = A\overline{B}C + A\overline{B}\,\overline{C} = A\overline{B}(C + \overline{C}) = A\overline{B}$$

（2）吸收法

利用公式 $A + AB = A$，吸收掉多余的项。例如

$$Y = \overline{C} + A\overline{C}D = \overline{C}(1 + AD) = \overline{C}$$

（3）消去法

利用公式 $A + \overline{A}B = A + B$，消去多余变量。例如

$$Y = AB + \overline{A}C + \overline{B}C = AB + (\overline{A} + \overline{B})C = AB + \overline{AB}C = AB + C$$

（4）配项法

利用公式 $A = A(B + \overline{B})$，将 $(B + \overline{B})$ 与某乘积项相乘，而后展开、合并化简。例如

$$
\begin{aligned}
Y &= A\overline{B} + B\overline{C} + \overline{B}C + \overline{A}B \\
&= A\overline{B}(C + \overline{C}) + (A + \overline{A})B\overline{C} + \overline{B}C + \overline{A}B \\
&= A\overline{B}C + A\overline{B}\,\overline{C} + AB\overline{C} + \overline{A}B\overline{C} + \overline{B}C + \overline{A}B \\
&= (A + 1)\overline{B}C + A\overline{C}(\overline{B} + B) + \overline{A}B(\overline{C} + 1) \\
&= \overline{B}C + A\overline{C} + \overline{A}B
\end{aligned}
$$

上面介绍的是几种常用的方法，举出的例子都比较简单。而实际应用中遇到的逻辑函数往往比较复杂，化简时应灵活使用所学的定律，综合运用各种方法。

【例 8.4.3】 化简 $Y = AC + A\overline{D} + A\overline{C} + B\overline{D} + DC + BC$

解：
$$
\begin{aligned}
Y &= AC + A\overline{D} + A\overline{C} + B\overline{D} + DC + BC \\
&= AC + A\overline{D} + A\overline{C} + B\overline{D} + DC & \text{（包含律）} \\
&= AC + A\overline{DC} + B\overline{D} + DC & \text{（反演律）} \\
&= AC + A + B\overline{D} + DC & \text{（吸收律）} \\
&= A + B\overline{D} + DC & \text{（吸收律）}
\end{aligned}
$$

值得注意的是，化简过程可以不唯一，但化简结果是一致的。

8.4.2 组合逻辑电路的分析

8.8 组合逻辑电路的分析

组合逻辑电路的分析就是对一个给定的逻辑电路，研究其输出与输入之间的逻辑关系。组合逻辑电路的分析步骤如下：

① 根据给定的逻辑图写出输出函数的逻辑表达式；

② 化简、变换逻辑表达式；

③ 列出逻辑状态表；

④ 分析逻辑功能。

【例 8.4.4】 分析图 8.4.2 所示的逻辑电路的功能。

解：（1）写出逻辑表达式

$$Y_1 = \overline{A \cdot B}$$

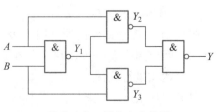

图 8.4.2 例 8.4.4 的图

$$Y_2 = \overline{A \cdot Y_1} = \overline{A \cdot \overline{AB}}$$

$$Y_3 = \overline{B \cdot Y_1} = \overline{B \cdot \overline{AB}}$$

$$Y = \overline{Y_2 \cdot Y_3} = \overline{\overline{A \cdot \overline{AB}} \cdot \overline{B \cdot \overline{AB}}}$$

（2）应用逻辑代数化简、变换,得

$$Y = \overline{\overline{A \cdot \overline{AB}} \cdot \overline{B \cdot \overline{AB}}}$$

$$= A \cdot \overline{AB} + B \cdot \overline{AB}$$

$$= A \cdot \overline{AB} + B \cdot \overline{AB}$$

$$= A(\overline{A} + \overline{B}) + B(\overline{A} + \overline{B})$$

$$= A\overline{B} + \overline{A}B$$

（3）由逻辑式列出逻辑状态表,如表 8.4.3 所示。

表 8.4.3　例 8.4.4 的逻辑状态表

A	B	Y
0	0	0
0	1	1
1	0	1
1	1	0

（4）分析逻辑功能。从逻辑状态表可知,当 A、B 两个变量相同(同为 **0** 或同为 **1**)时,输出 $Y = 0$;否则输出 $Y = 1$。这种逻辑电路称为**异或门**,逻辑表达式也可写成

$$Y = A\overline{B} + \overline{A}B = A \oplus B$$

【例 8.4.5】　分析图 8.4.3 所示逻辑电路的功能。

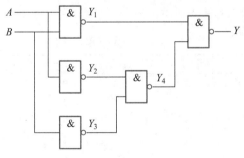

图 8.4.3　例 8.4.5 的图

解:（1）写出逻辑表达式

$$Y_1 = \overline{A \cdot B}, Y_2 = \overline{A}, Y_3 = \overline{B}, Y_4 = \overline{Y_2 \cdot Y_3}$$

$$Y = \overline{Y_1 \cdot Y_4}$$

（2）应用逻辑代数化简、变换,得

203

$$Y = \overline{\overline{A \cdot B} \cdot \overline{\overline{A} \cdot \overline{B}}} = \overline{\overline{A \cdot B}} + \overline{\overline{\overline{A} \cdot \overline{B}}} = AB + \overline{A}\,\overline{B}$$

（3）列出逻辑状态表，如表 8.4.4 所示。

（4）分析逻辑功能。从逻辑状态表可知，当 A、B 两个变量相同（同为 0 或同为 1）时，输出 $Y=1$；否则输出 $Y=0$。该逻辑电路具有判断输入是否一致的逻辑功能。

表 8.4.4　例 8.4.5 的逻辑状态表

A	B	Y
0	0	1
0	1	0
1	1	0
1	1	1

8.4.3　组合逻辑电路的设计

组合逻辑电路的设计就是根据给定的逻辑要求设计逻辑电路，其步骤如下：

① 根据设计要求列出逻辑状态表；

② 由逻辑状态表写出逻辑表达式；

③ 化简、变换逻辑表达式；

④ 画出逻辑电路图。

8.9　组合逻辑电路的设计

【例 8.4.6】　设计一个逻辑电路，能实现三人（A、B、C）表决功能。每人有一个按键，如果赞成，就按键，表示 1；不赞成，就不按键，表示 0。表决结果用指示灯来表示，如果多数赞成，则指示灯亮，$Y=1$；反之则不亮，$Y=0$。仅提供**与非门**来设计该逻辑电路。

解：（1）由题意列逻辑状态表

设 A、B、C 分别代表三位表决者，并设 A、B、C 为 1 时表示赞成，为 0 则表示不赞成。逻辑状态表如表 8.4.5 所示。

表 8.4.5　例 8.4.6 的逻辑状态表

A	B	C	Y
0	0	0	0
0	0	1	0
0	1	0	0
0	1	1	1
1	0	0	0
1	0	1	1
1	1	0	1
1	1	1	1

（2）写逻辑表达式

取逻辑状态表中 Y 为 1 的项，将 Y 为 1 各行中的输入变量为 1 者取原变量，为

0 者取反变量,再将它们用**与**的关系写出来,分别为 $\overline{A}BC$、$A\overline{B}C$、$AB\overline{C}$、ABC。因此输出 Y 的逻辑表达式为

$$Y=\overline{A}BC+A\overline{B}C+AB\overline{C}+ABC$$

（3）化简、变换逻辑式

设计组合逻辑电路时通常要求电路简单,所用器件种类最少。因所设计的电路只能用**与非门**实现,则需把**与或**式转换成**与非**式,可用对**与或**式两次求反的方法实现。

化简
$$\begin{aligned}Y &=\overline{A}BC+A\overline{B}C+AB\overline{C}+ABC\\&=AB(C+\overline{C})+BC(A+\overline{A})+AC(B+\overline{B})\\&=AB+BC+CA\end{aligned}$$

变换
$$Y=\overline{\overline{AB+BC+AC}}=\overline{\overline{AB}\cdot\overline{BC}\cdot\overline{AC}}$$

（4）画逻辑电路图

根据**与非**逻辑表达式,其逻辑电路如图 8.4.4 所示。

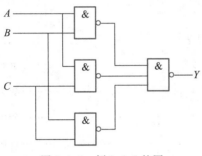

图 8.4.4 例 8.4.6 的图

● **思考与练习**

8.4.1 组合逻辑电路有何特点?

8.4.2 试证明 $\overline{AB+\overline{A}\ \overline{B}}=A\overline{B}+\overline{A}B$。

8.4.3 试化简下列各式:

（1）$Y=A+ABC+ADE+BC+B\overline{C}$;

（2）$Y=A\overline{B}+B+\overline{A}B$。

8.4.4 图 8.4.5 是两处开关控制照明灯的电路,单刀双掷开关 A 装在一处,B 装在另一处,两处都可以开关电灯。设 $Y=1$ 表示灯亮,$Y=0$ 表示灯灭;$A=1$ 表示开关向上闭合,$A=0$ 表示开关向下闭合,B 亦如此。试写出灯亮的逻辑式。

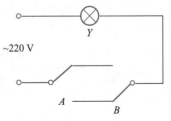

图 8.4.5 思考与练习 8.4.4 的图

8.5 常用组合逻辑功能器件

8.5.1 加法器

在数字系统中,加法器是最基本的运算单元。任何二进制算术运算都是按一

8.10　加法器

定则通过基本的加法操作来实现的。

1. 二进制

在计数体制中,通常用的是十进制,它有 0,1,2,…,9 十个数码,其进位规则是"逢十进一"。当有若干个数码时,处在不同位置的数码,其值的含义不同。例如 373 可写成

$$373 = 3 \times 10^2 + 7 \times 10^1 + 3 \times 10^0$$

二进制只有 **0** 和 **1** 两个数码,进位规则是"逢二进一"。**0** 和 **1** 两个数码处于不同数位时,它们所代表的数值是不同的。例如 **10011** 这个二进制数可写为

$$(10011)_2 = 1 \times 2^4 + 0 \times 2^3 + 0 \times 2^2 + 1 \times 2^1 + 1 \times 2^0 = (19)_{10}$$

二进制数 **10011** 相当于十进制数 19。这样,就可将任何一个二进制数转换为十进制数。

反过来,如何将一个十进制数转换为二进制数呢? 由上式可见

$$(19)_{10} = d_4 \times 2^4 + d_3 \times 2^3 + d_2 \times 2^2 + d_1 \times 2^1 + d_0 \times 2^0 = (d_4 d_3 d_2 d_1 d_0)_2$$

式中 d_4、d_3、d_2、d_1、d_0 分别为相应位的二进制数码 **1** 或 **0**。它们可用除 2 取余数法求得,直到商等于 0 为止,即

```
2 | 19                          余数
2 |  9  ················· 余 1(d₀)
2 |  4  ················· 余 1(d₁)
2 |  2  ················· 余 0(d₂)
2 |  1  ················· 余 0(d₃)
    0   ················· 余 1(d₄)
```

所以

$$(19)_{10} = (d_4 d_3 d_2 d_1 d_0)_2 = (10011)_2$$

可见,同一个数可以用十进制和二进制两种不同形式表示,两者转换关系如表 8.5.1 所示。

表 8.5.1　十进制和二进制转换关系

十进制	二进制	十进制	二进制
0	**0**	8	**1000**
1	**1**	9	**1001**
2	**10**	10	**1010**
3	**11**	11	**1011**
4	**100**	12	**1100**
5	**101**	13	**1101**
6	**110**	14	**1110**
7	**111**	15	**1111**

2. 半加器

所谓"半加"就是不考虑低位来的进位数,只求本位上两个二进制数的和。半加器的逻辑状态表如表 8.5.2 所示。

表 8.5.2 半加器逻辑状态表

A	B	S	C
0	0	0	0
0	1	1	0
1	0	1	0
1	1	0	1

其中,A、B 是相加的两个二进制数,S 是 A、B 相加的和数,C 是相加产生的进位数。

由表 8.5.2 可写出逻辑式

$$S = \overline{A}B + A\overline{B} = A \oplus B$$

$$C = AB$$

半加器可以用一个**异或**门和一个**与**门来实现,如图 8.5.1(a)所示。图 8.5.1(b)是半加器的逻辑符号。

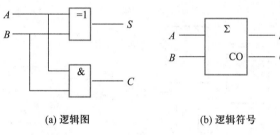

(a) 逻辑图   (b) 逻辑符号

图 8.5.1 半加器逻辑图及其逻辑符号

3. 全加器

所谓"全加"是将低位来的进位数连同本位的两个二进制数一起求和。当多位数相加时,半加器可用于最低位求和,并给出进位数,其余位求和需用全加器。全加器的逻辑状态表如表 8.5.3 所示。

表 8.5.3 全加器逻辑状态表

A_i	B_i	C_{i-1}	S_i	C_i
0	0	0	0	0
0	0	1	1	0
0	1	0	1	0
0	1	1	0	1
1	0	0	1	0
1	0	1	0	1

续表

A_i	B_i	C_{i-1}	S_i	C_i
1	1	0	0	1
1	1	1	1	1

其中，A_i、B_i 是本位的二进制数，C_{i-1} 是低位来的进位数，S_i 为本位全加和数，C_i 为本位向高位的进位数。

由逻辑状态表可分别写出输出端 S_i 和 C_i 的逻辑表达式

$$S_i = \overline{A_i}\,\overline{B_i}C_{i-1} + \overline{A_i}B_i\overline{C_{i-1}} + A_i\overline{B_i}\,\overline{C_{i-1}} + A_iB_iC_{i-1}$$
$$= \overline{A_i}(\overline{B_i}C_{i-1} + B_i\overline{C_{i-1}}) + A_i(\overline{B_i}\,\overline{C_{i-1}} + B_iC_{i-1})$$
$$= \overline{A_i}(B_i\oplus C_{i-1}) + A_i\overline{(B_i\oplus C_{i-1})}$$
$$= A_i\oplus B_i\oplus C_{i-1}$$
$$C_i = \overline{A_i}B_iC_{i-1} + A_i\overline{B_i}C_{i-1} + A_iB_i\overline{C_{i-1}} + A_iB_iC_{i-1}$$
$$= \overline{A_i}B_iC_{i-1} + A_i\overline{B_i}C_{i-1} + A_iB_i$$
$$= (A_i\oplus B_i)C_{i-1} + A_iB_i$$

全加器可用两个半加器和一个**或**门组成，如图 8.5.2(a)所示。图 8.5.2(b)是全加器的逻辑符号。

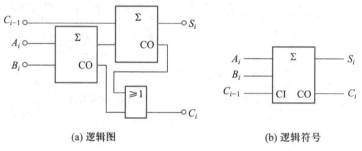

(a) 逻辑图　　　　　(b) 逻辑符号

图 8.5.2　全加器逻辑图及其逻辑符号

【例 8.5.1】　用四个一位全加器组成一个逻辑电路以实现两个四位二进制数 $A_3A_2A_1A_0$ 和 $B_3B_2B_1B_0$ 的加法运算。

解：逻辑电路如图 8.5.3 所示。

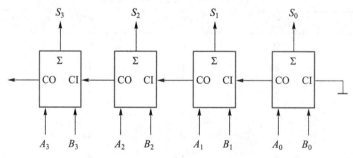

图 8.5.3　四位串行加法器逻辑电路图

208

由图 8.5.3 可以看出,低位全加器进位输出端连到高一位全加器的进位输入端,任何一位的加法运算必须等到低位加法完成时才能进行,这种进位方式称为串行进位,其缺点是运行速度慢,但其电路比较简单,因此常用于对运行速度要求不高的设备中。

8.5.2 编码器

一般来讲,用数字或某种文字和符号来表示某一对象和信号的过程,称为编码。在数字电路中,一般用二进制编码。二进制数只有 **0** 和 **1** 两个数码,可以把若干个 **0** 和 **1** 按一定规律编排起来组成不同的代码(二进制数)来表示某一对象或信号。一位二进制代码有 **0** 和 **1** 两种,可以表示两个信号;两位二进制代码有 **00**、**01**、**10**、**11** 四种,可以表示四个信号。n 位二进制代码有 2^n 种,可以表示 2^n 个信号。

1. 二−十进制编码器

二−十进制编码器是将十进制数码 0 ~ 9 编成二进制代码的电路。输入的是 0~9 十个数码,输出的是对应的四位二进制代码。这些二进制代码又称二−十进制代码,简称 BCD(binary−coded−decimal)码。

四位二进制代码共有 **0000 ~ 1111** 十六种状态,其中任何十种状态都可表示 0~9 十个数码,方案很多。最常用的是 8421BCD 编码方式,就是在四位二进制代码的十六种状态中取出前面十种状态 **0000 ~ 1001** 表示 0~9 十个数码,后面六种状态 **1010 ~ 1111** 去掉。二进制代码各位的 **1** 所代表的十进制数从高位到低位依次为 8,4,2,1,称之为"权",而后把每个数码乘以各位的"权",相加即得出该二进制代码所表示的一位十进制数。例如 **1010**,这个二进制代码就是表示

$$1×8+0×4+1×2+0×1 = 10$$

8421BCD 编码表如表 8.5.4 所示。

表 8.5.4 8421BCD 编码表

输入	输出			
十进制数	Y_3	Y_2	Y_1	Y_0
$0(I_0)$	0	0	0	0
$1(I_1)$	0	0	0	1
$2(I_2)$	0	0	1	0
$3(I_3)$	0	0	1	1
$4(I_4)$	0	1	0	0
$5(I_5)$	0	1	0	1
$6(I_6)$	0	1	1	0
$7(I_7)$	0	1	1	1
$8(I_8)$	1	0	0	0
$9(I_9)$	1	0	0	1

根据编码表可写出逻辑表达式

$$Y_3 = I_8 + I_9 = \overline{\overline{I}_8 \cdot \overline{I}_9}$$

$$Y_2 = I_4 + I_5 + I_6 + I_7 = \overline{\overline{I}_4 \cdot \overline{I}_5 \cdot \overline{I}_6 \cdot \overline{I}_7}$$

$$Y_1 = I_2 + I_3 + I_6 + I_7 = \overline{\overline{I}_2 \cdot \overline{I}_3 \cdot \overline{I}_6 \cdot \overline{I}_7}$$

$$Y_0 = I_1 + I_3 + I_5 + I_7 + I_9 = \overline{\overline{I}_1 \cdot \overline{I}_3 \cdot \overline{I}_5 \cdot \overline{I}_7 \cdot \overline{I}_9}$$

根据逻辑表达式可以画出如图 8.5.4 所示的 8421BCD 编码器逻辑图。该编码器电路即为计算机十键的键盘输入电路。按下某个按键,即输入相应的一个十进制数码。例如,按下 S_7 键,输入 7,即 $I_7 = 1$,输出为 **0111**,即将十进制数码 7 编成二进制代码 **0111**。按下 S_1,则输出为 **0001**。

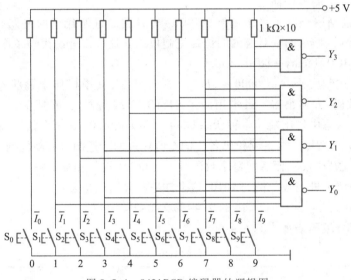

图 8.5.4　8421BCD 编码器的逻辑图

2. 二进制编码器

二进制编码器是用二进制数对输入信号进行编码。显然,n 位二进制数可对 2^n 个输入信号编码。如 4/2 线编码器,若 $I_0 \sim I_3$ 为四个输入端,任何时刻只允许一个输入为高电平,即 **1** 表示有输入,**0** 表示无输入,Y_1、Y_0 为对应输入信号的编码,逻辑状态表如表 8.5.5 所示。

表 8.5.5　4/2 线编码器逻辑状态表

I_0	I_1	I_2	I_3	Y_1	Y_0
1	0	0	0	0	0
0	1	0	0	0	1
0	0	1	0	1	0
0	0	0	1	1	1

由逻辑状态表得到如下逻辑表达式

$$Y_1 = \bar{I}_0\bar{I}_1I_2\bar{I}_3 + \bar{I}_0\bar{I}_1I_2I_3$$

$$Y_0 = \bar{I}_0I_1\bar{I}_2\bar{I}_3 + \bar{I}_0\bar{I}_1\bar{I}_2I_3$$

根据上式可以画出如图 8.5.5 所示的 4/2 线编码器逻辑图。

8.14 二进制编码器

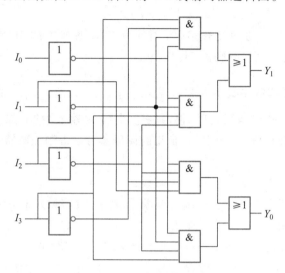

图 8.5.5　4/2 线编码器逻辑图

3. 优先编码器

上述编码器每次只允许一个输入端上有信号,而在数字系统中,特别是在计算机系统中,常常出现多个输入端上同时有信号的情况。例如计算机有许多输入设备,可能多台设备同时向主机发出中断请求,希望输入数据。这就要求主机能自动识别这些请求信号的优先级别,按次序进行编码。识别这类请求信号的优先级别并进行编码的逻辑部件称为优先编码器。4/2 线优先编码器的逻辑状态表如表8.5.6 所示。

表 8.5.6　4/2 线优先编码器的逻辑状态表

输入				输出	
I_0	I_1	I_2	I_3	Y_1	Y_0
1	**0**	**0**	**0**	**0**	**0**
×	**1**	**0**	**0**	**0**	**1**
×	×	**1**	**0**	**1**	**0**
×	×	×	**1**	**1**	**1**

该电路输入高电平有效,**1** 表示有输入,**0** 表示无输入,×表示任意状态,取 **0** 或 **1** 均可。从逻辑状态表可以看出,输入端优先级的次序依次为 I_3、I_2、I_1、I_0。I_3 优先级最高,I_0 最低。例如,对于 I_0,只有当 I_1、I_2、I_3 均为 **0**,且 I_0 为 **1** 时,输出为 **00**。对于 I_3,无论其他三个输入是否为有效电平输入,只要 I_3 为 **1**,输出均为 **11**。

优先编码器允许几个信号同时输入,但电路仅对优先级别最高的进行编码,不理会其他输入。优先级的高低由设计人员根据具体情况事先设定。

由表 8.5.6 可以得出该优先编码器的逻辑表达式为

$$Y_1 = \bar{I}_3 I_2 + I_3$$

$$Y_0 = \bar{I}_3 \bar{I}_2 I_1 + I_3$$

集成优先编码器的种类较多,常用的有 TTL 系列中的 10/4 线优先编码器 74147、8/3 线二进制优先编码器 74148 等。

8.5.3　译码器和数字显示电路

译码器的功能与编码器相反,它将二进制代码(输入)按其编码时的原意译成对应的信号或十进制数码(输出)。常用的译码器有二进制译码器、二–十进制译码器和显示译码器等。

1. 二进制译码器

二进制译码器可将 n 位二进制代码译成电路的 2^n 种输出状态,如 2/4 线译码器、3/8 线译码器和 4/16 线译码器等。

图 8.5.6 为常用的双极型集成 3/8 线译码器 74LS138 的逻辑图。图中 A_2、A_1、A_0 为 3 个输入端,输入 3 位二进制数码。$\bar{Y}_0$、$\bar{Y}_1$、$\cdots$、$\bar{Y}_7$ 为 8 个输出端,Y 上的"—"不代表非运算的含义,表示输出低电平有效。S_1、$\bar{S}_2$、$\bar{S}_3$ 为控制端,同样 $\bar{S}_2$、$\bar{S}_3$ 上的"—"也不代表非运算含义,表示控制端的有效输入电平为低电平。用 S_1、$\bar{S}_2$、$\bar{S}_3$ 的组合控制译码器的选通和禁止。

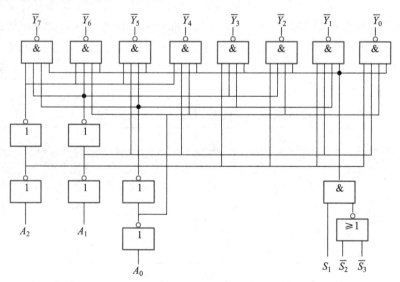

图 8.5.6　74LS138 译码器逻辑图

图 8.5.7 是 74LS138 译码器引脚图和逻辑符号,图中小圆圈表示低电平有效。74LS138 译码器的逻辑状态表如表 8.5.7 所示。

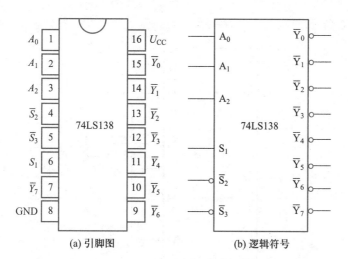

(a) 引脚图　　　　(b) 逻辑符号

图 8.5.7　74LS138 译码器引脚图和逻辑符号

表 8.5.7　74LS138 译码器的逻辑状态表

输入					输出							
控制码		数码										
S_1	$\overline{S}_2+\overline{S}_3$	A_2	A_1	A_0	$\overline{Y}_0$	$\overline{Y}_1$	$\overline{Y}_2$	$\overline{Y}_3$	$\overline{Y}_4$	$\overline{Y}_5$	$\overline{Y}_6$	$\overline{Y}_7$
×	1	×	×	×	1	1	1	1	1	1	1	1
0	×	×	×	×	1	1	1	1	1	1	1	1
1	0	0	0	0	0	1	1	1	1	1	1	1
1	0	0	0	1	1	0	1	1	1	1	1	1
1	0	0	1	0	1	1	0	1	1	1	1	1
1	0	0	1	1	1	1	1	0	1	1	1	1
1	0	1	0	0	1	1	1	1	0	1	1	1
1	0	1	0	1	1	1	1	1	1	0	1	1
1	0	1	1	0	1	1	1	1	1	1	0	1
1	0	1	1	1	1	1	1	1	1	1	1	0

【例 8.5.2】　试用 3/8 线译码器 74LS138 和**与非门**实现逻辑函数

$$Y=\overline{A}B+\overline{A}C+BC$$

解:

$$Y=\overline{A}B+\overline{A}C+BC$$

$$=\overline{A}B(\overline{C}+C)+\overline{A}C(\overline{B}+B)+BC(\overline{A}+A)$$

$$=\overline{A}B\overline{C}+\overline{A}BC+\overline{A}\ \overline{B}C+ABC$$

　　输入变量 A、B、C 分别接到 3/8 线译码器 74LS138 的输入端 A_2、A_1、A_0,输出端 $\overline{Y}_1$、$\overline{Y}_2$、$\overline{Y}_3$、$\overline{Y}_7$ 接到**与非门**的输入端,并令 $S_1=1$,$\overline{S}_2=0$,$\overline{S}_3=0$,实现逻辑函数 Y 的电

路如图 8.5.8 所示。

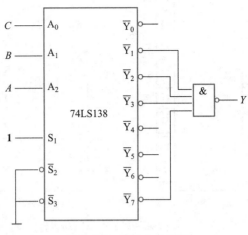

图 8.5.8 例 8.5.2 的图

2. 显示译码器

在数字系统中,通常需要将测量数据和运算结果用十进制数显示出来。这就要用显示译码器,它能够把 8421 二–十进制代码译成能用显示器件显示出来的十进制数。

（1）数码显示器

数码显示器(digital display)简称数码管,是用来显示数字、文字或符号的器件。常用的数码显示器有半导体发光二极管(LED)、液晶显示器(LCD)以及荧光真空管等。下面以 LED 数码管为例简述数码显示器的原理。

LED 数码管共有七个字段,每段为一个发光二极管,其外形如图 8.5.9(a)所示,字形结构如图 8.5.9(b)所示。选择不同字段发光,可显示不同的字形。例如,当 a、b、c、d、e、f 六个字段亮时,显示出 0;a、b、c 三个字段亮时,显示出 7。

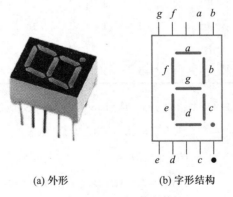

(a) 外形　　　　　(b) 字形结构

图 8.5.9 LED 数码管

LED 数码管中七个发光二极管有共阴极和共阳极两种接法,如图 8.5.10 所示。前者,七个发光二极管阴极一起接地,阳极接高电平时发光;后者,七个发光二极管阳极一起接地,阴极接低电平时发光。使用时每个管都要串联限流电阻。

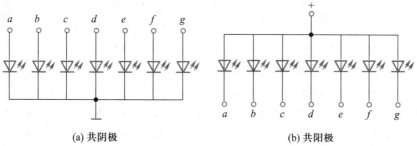

(a) 共阴极　　　　　　　　(b) 共阳极

图 8.5.10　LED 数码管两种接法

（2）七段显示译码器

数字显示译码器是驱动显示器的核心部件,其功能是把 8421 二-十进制代码译成对应于数码管的七个字段信号,驱动数码管,显示出相应的十进制数码。图 8.5.11 所示为七段显示译码器 7448 的引脚图,输入 A_3、A_2、A_1 和 A_0 接收四位二进制码,输出 $a \sim g$ 为高电平有效,可直接驱动共阴极数码显示器,三个辅助控制端 $\overline{LT}$、$\overline{RBI}$、$\overline{BI/RBO}$ 可以增强器件的功能,扩大器件应用。7448 的逻辑状态表如表 8.5.8 所示。

从逻辑状态表可以看出,对输入代码 **0000**,译码条件是灯测试输入 $\overline{LT}$ 和动态灭零输入 $\overline{RBI}$ 同时等于 **1**,而对其他输入代码则仅要求 $\overline{LT}=1$。这时候,译码器各段 $a \sim g$ 输出的电平是由输入代码决定的,并且满足显示字形的要求。

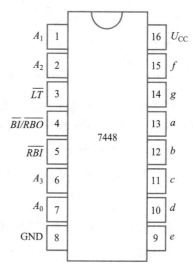

图 8.5.11　7448 引脚图

表 8.5.8　7448 逻辑状态表

十进制数或功能	输入						$\overline{BI/RBO}$	输出						
	$\overline{LT}$	$\overline{RBI}$	A_3	A_2	A_1	A_0		a	b	c	d	e	f	g
0	1	1	0	0	0	0	1	1	1	1	1	1	1	0
1	1	×	0	0	0	1	1	0	1	1	0	0	0	0
2	1	×	0	0	1	0	1	1	1	0	1	1	0	1
3	1	×	0	0	1	1	1	1	1	1	1	0	0	1
4	1	×	0	1	0	0	1	0	1	1	0	0	1	1
5	1	×	0	1	0	1	1	1	0	1	1	0	1	1

8.17　显示译码器

续表

十进制数或功能	输入						$\overline{BI}/\overline{RBO}$	输出						
	$\overline{LT}$	$\overline{RBI}$	A_3	A_2	A_1	A_0		a	b	c	d	e	f	g
6	1	×	0	1	1	0	1	0	0	1	1	1	1	1
7	1	×	0	1	1	1	1	1	1	1	0	0	0	0
8	1	×	1	0	0	0	1	1	1	1	1	1	1	1
9	1	×	1	0	0	1	1	1	1	1	1	0	1	1
10	1	×	1	0	1	0	1	0	0	0	1	1	0	1
11	1	×	1	0	1	1	1	0	0	1	1	0	0	1
12	1	×	1	1	0	0	1	0	1	0	0	0	1	1
13	1	×	1	1	0	1	1	1	0	0	1	0	1	1
14	1	×	1	1	1	0	1	0	0	0	1	1	1	1
15	1	×	1	1	1	1	1	0	0	0	0	0	0	0
消隐	×	×	×	×	×	×	0	0	0	0	0	0	0	0
动态灭零	1	0	0	0	0	0	0	0	0	0	0	0	0	0
灯测试	0	×	×	×	×	×	1	1	1	1	1	1	1	1

灯测试输入 $\overline{LT}$ 低电平有效。当 $\overline{LT}=0$ 时，无论其他输入端是什么状态，所有输出 $a\sim g$ 均为 1，显示字形 8。该输入端常用于检查 7448 本身及显示器的好坏。

动态灭零输入 $\overline{RBI}$ 低电平有效。当 $\overline{LT}=1$，$\overline{RBI}=0$，且输入代码 $A_3A_2A_1A_0=0000$ 时，输出 $a\sim g$ 均为低电平，即与 0000 码相应的字形 0 不显示，故称"灭零"。利用 $\overline{LT}=1$ 与 $\overline{RBI}=0$，可以实现某一位数码的"消隐"。

灭灯输入/动态灭零输出 $\overline{BI}/\overline{RBO}$ 是特殊控制端，既可作输入，又可作输出。当 $\overline{BI}/\overline{RBO}$ 作输入使用，且 $\overline{BI}/\overline{RBO}=0$ 时，无论其他输入端是什么电平，所有输出 $a\sim g$ 均为 0，字形熄灭。$\overline{BI}/\overline{RBO}$ 作为输出使用时，受 $\overline{LT}$ 和 $\overline{RBI}$ 控制，只有当 $\overline{LT}=1$，$\overline{RBI}=0$，且输入代码 $A_3A_2A_1A_0=0000$ 时，$\overline{BI}/\overline{RBO}=0$，其他情况下 $\overline{BI}/\overline{RBO}=1$。该端主要用于显示多位数字时多个译码器之间的连接。

【例 8.5.3】　七段数码显示器构成的两位数字译码显示电路如图 8.5.12 所示。当输入 8421BCD 码时，试分析两个显示器分别显示的数码范围。

解：图 8.5.12 所示的电路中，两片 7448 的 $\overline{LT}$ 均接高电平。由于 7448（1）的 $\overline{RBI}=0$，所以，当它的输入代码为 0000 时，满足灭零条件，数码显示器（1）无字形显示。7448（2）的 $\overline{RBI}=1$，所以，当它的输入代码为 0000 时，仍能正常显示，数码显示器（2）显示 0。而对其他输入代码，由于 $\overline{LT}=1$，译码器都可以输出相应的电平驱动数码显示器。

根据上述分析可知，当输入 8421BCD 码时，数码显示器（1）显示的数码范围为

$1 \sim 9$,数码显示器(2)显示的数码范围为 $0 \sim 9$。

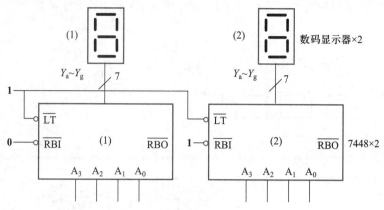

图 8.5.12　两位数字译码显示电路

思考与练习

8.5.1　试说明 **1+1=1**,**1+1=10**,$1+1=2$ 各式的含义。

8.5.2　用 3/8 线译码器实现函数 $Y = AB + AC + BC$。

8.5.3　图 8.5.13 是 2/4 线译码器的逻辑电路,它将输入的 2 位二进制数码分别译成 4 个输出端上的高电平信号 Y_0、Y_1、Y_2、Y_3,试写出它们的逻辑表达式,并列出逻辑状态表。

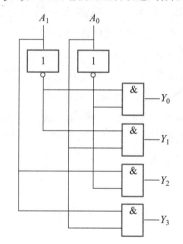

图 8.5.13　思考与练习 8.5.3 的图

8.6　应用实例

8.6.1　故障报警电路

图 8.6.1 所示是一故障报警电路。当工作正常时,输入端 A、B、C、D 均为 **1**(表示温度或压力等参数均正常)。这时:(1) 晶体管 T_1 导通,电动机 M 转动;(2) 晶体管 T_2 截止,蜂鸣器 HA 不响;(3) 各路状态指示灯 HL_A–HL_D 全亮。如果系统中

某路出现故障,例如 A 路,则 A 的状态从 **1** 变为 **0**。这时:(1) T_1 截止,电动机停转;
(2) T_2 导通,蜂鸣器发出报警声响;(3) HL_A 熄灭,表示 A 路发生故障。

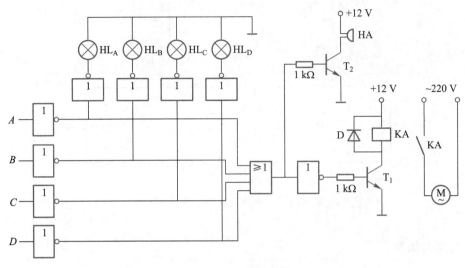

图 8.6.1 故障报警电路

8.6.2 水位检测电路

图 8.6.2 所示是用 CMOS 与非门组成的水位检测电路。当水箱无水时,检测
杆上的铜箍 $A \sim D$ 与 U 端(电源正极)之间断开,与非门 $G_1 \sim G_4$ 的输入端均为低电
平,输出端均为高电平。调整 3.3 kΩ 电阻的阻值,使发光二极管处于微导通状态。

当水箱注水时,先注到高度 A,U 与 A 之间通过水接通,这时 G_1 的输入为高电
平,输出为低电平,将相应的发光二极管点亮。随着水位的升高,发光二极管逐个
依次点亮。当最后一个点亮时,说明水已注满。这时 G_4 输出为低电平,G_5 输出为
高电平,晶体管 T_1 和 T_2 因而导通。T_1 导通,断开电动机的控制电路,电动机停止
注水;T_2 导通,使蜂鸣器 HA 发出报警声响。

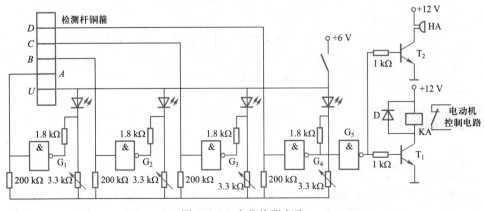

图 8.6.2 水位检测电路

8.1 已知逻辑门电路及输入波形如图题8.1所示,试画出各输出 Y_1、Y_2、Y_3 的波形。

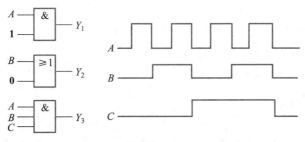

图题 8.1

8.2 某**异或**门输入 A 及输出 Y 的波形如图题8.2所示,画出**异或**门另一个输入 B 的波形。

8.3 电路如图题8.3所示,试写出输出 Y 与输入 A、B、C 的逻辑关系式,并画出逻辑图。

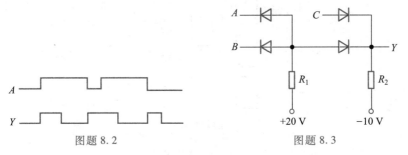

图题 8.2　　　　　　　　图题 8.3

8.4 已知逻辑图和输入 A、B、C 的波形如图题8.4所示,试画出输出 Y 的波形。

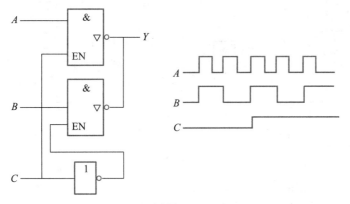

图题 8.4

8.5 用逻辑代数的基本定律证明下列等式。

（1） $\overline{A}\,\overline{B}+A\overline{B}+\overline{A}B=\overline{A}+\overline{B}$

（2） $A\overline{B}+BD+\overline{A}D+DC=A\overline{B}+D$

（3） $ABC+\overline{A}\,\overline{B}\,\overline{C}=\overline{A\overline{B}+B\overline{C}+\overline{A}C}$

（4） $\overline{A}\,\overline{C}+\overline{A}\,\overline{B}+BC+\overline{A}\,\overline{C}\,D=\overline{A}+BC$

8.6 用代数法化简下列表达式。

（1）$Y=A(\overline{A}+B)+B(B+C)+B$

（2）$Y=B(C+\overline{A}D)+\overline{B}(C+\overline{A}D)$

（3）$Y=\overline{\overline{A}+B}\cdot\overline{\overline{ABC}}\cdot\overline{\overline{AC}}$

（4）$Y=A(B\oplus C)+ABC+A\overline{B}\,\overline{C}$

8.7　将下列各式化简为最简**与或**表达式。

（1）$F=(\overline{\overline{A}+\overline{B}+\overline{C}})\cdot(\overline{\overline{D}+\overline{E}})\cdot(\overline{A}+B+\overline{C}+DE)$

（2）$F=\overline{A}\,\overline{B}C+A\overline{B}\,\overline{C}+A\overline{B}C+ABC$

（3）$F=\overline{\overline{\overline{A\,\overline{AB}}\cdot\overline{B\,\overline{AB}}}\cdot\overline{C\,\overline{AB}}}$

8.8　电路如图题 8.8 所示，A、B 是数据输入端，C 是控制输入端，试分析在控制端 $C=0$ 和 $C=1$ 的情况下，数据输入 A、B 和输出 Y 之间的关系。

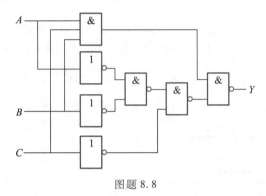

图题 8.8

8.9　逻辑电路如图题 8.9 所示，试证明两电路的逻辑功能相同。

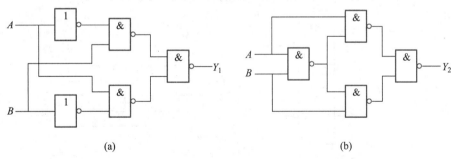

（a）　　　　　　　　　　　　　　（b）

图题 8.9

8.10　逻辑电路如图题 8.10 所示。写出 Y 的逻辑式，画出用**与非门**实现的逻辑图。

8.11　电路如图题 8.11 所示，分析电路的逻辑功能。

8.12　试用**异或门**设计一个有三个输入端，一个输出端的组合逻辑电路。其功能为当三个输入信号中有奇数个 **1** 时，电路输出为 **1**，否则为 **0**。

8.13　设计一个组合逻辑电路，该电路输入端接收两个两位二进制数 $A=A_2A_1$、$B=B_2B_1$。当 $A>B$ 时，输出 $Y=1$，否则 $Y=0$。

8.14　假定 $X=AB$ 代表一个二位二进制数，试设计满足 $Y=X^2$ 的逻辑电路。

8.15　某实验室有红、黄两个故障灯，用来表示三台设备的工作情况。当只有一台设备有故障时，黄灯亮；当有两台设备同时产生故障时，红灯亮；而当三台设备都产生故障时，红灯、黄灯同

220

时亮。试设计一个控制指示灯的逻辑电路,用适当的逻辑门实现。

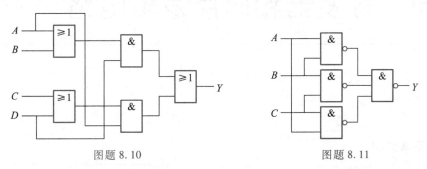

图题 8.10   图题 8.11

8.16   用**异或**门和**与非**门实现全减器的功能。设输入为被减数 A_i、减数 B_i 以及来自低位的借位 G_{i-1},输出为差数 D_i 和借位 G_i。

8.17   译码显示电路如图题 8.17 所示,当显示数字 5 和 7 时,写出 7448 译码器的输入代码 $A_3 A_2 A_1 A_0$ 和输出段码 $a \sim g$。

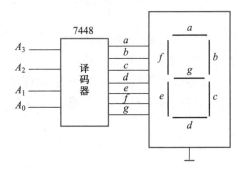

图题 8.17

8.18   试用 3/8 线译码器 74LS138 实现下列多输出函数的组合逻辑电路,输出的逻辑函数为 $Z_1 = \overline{A}\,\overline{B} + ABC$,$Z_2 = AB + C$,$Z_3 = \overline{A}C + B\overline{C} + A\overline{B}\,\overline{C} + ABC$。

8.19   如图题 8.19 所示是一个数据分配器,它通过控制端 E 来选择将输入 A 送至输出端 F_1 还是 F_2,试分析其工作原理,列出真值表。

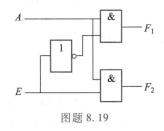

图题 8.19

第 8 章习题答案

221

第 9 章　触发器和时序逻辑电路

本章概要：

在上章所讨论的门电路及由其组成的组合逻辑电路中，其输出状态仅取决于该时刻各个输入状态的组合，而与先前状态无关，即组合逻辑电路不具有记忆功能。而本章将讨论的触发器及由其组成的时序逻辑电路中，其输出不仅仅取决于电路的当前输入，而且还与电路的原来状态有关，也就是时序逻辑电路具有记忆功能。

组合逻辑电路和时序逻辑电路是数字电路的两大类。门电路是组合逻辑电路的基本单元，触发器是时序逻辑电路的基本单元。

本章首先介绍各种触发器的工作原理、逻辑功能、不同结构触发器的触发特点以及相互转换；然后介绍寄存器、移位寄存器、二进制计数器、二-十进制计数器的逻辑功能及波形图。

学习目标：

（1）熟练掌握 RS、JK、D 以及 T 触发器的逻辑功能及不同结构触发器的触发特点。

（2）理解寄存器、计数器等时序逻辑电路的工作原理，了解常用集成寄存器和计数器芯片的使用。

（3）了解 555 集成定时器及由它组成的单稳态触发器和多谐振荡器的工作原理。

（4）掌握简单时序逻辑电路的分析和设计。

时序逻辑电路由组合逻辑电路和具有记忆功能的触发器构成。时序逻辑电路的特点是：其输出不仅仅取决于电路的当前输入，而且还与电路的原来状态有关。因此，在数字电路和计算机系统中，常使用时序逻辑电路，如寄存器、存储、计数器等。

触发器是时序逻辑电路的基本单元，其种类繁多。从工作状态看，触发器可分为双稳态触发器、单稳态触发器和无稳态触发器三类；从制造工艺看，触发器可分为 TTL 型和 CMOS 型两大类。不论是哪一种类型的触发器，只要是同一名称，其输入与输出的逻辑功能完全相同。因此，在讨论各种触发器的工作原理时，通常不指明是 TTL 型还是 CMOS 型。

触发器按其稳定工作状态可分为双稳态触发器、单稳态触发器、无稳态触发器(多谐振荡器)等。双稳态触发器按其逻辑功能可分为 RS 触发器、JK 触发器、D 触发器和 T 触发器等;按其结构可分为主从型触发器和维持阻塞型触发器等。

9.1.1 RS 触发器

1. 基本 RS 触发器

基本 RS 触发器由两个**与非门** G_1 和 G_2 交叉耦合构成,如图 9.1.1(a)所示。Q、$\overline{Q}$ 是两个输出端,在正常情况下,两个输出端的逻辑状态相反。因而这种触发器有两个稳定状态:一个是 $Q=1$,$\overline{Q}=0$,称为置位状态(**1** 态);另一个是 $Q=0$,$\overline{Q}=1$,称为复位状态(**0** 态)。相应的输入端分别称为直接置位端或直接置 **1** 端($\overline{S}_D$)和直接复位端或直接置 **0** 端($\overline{R}_D$)。Q 端的状态规定为触发器的状态。

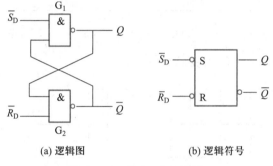

(a) 逻辑图   (b) 逻辑符号

图 9.1.1 基本 RS 触发器

$\overline{R}_D$、$\overline{S}_D$ 是两个输入端,图 9.1.1(b)所示逻辑符号中 $\overline{R}_D$ 端和 $\overline{S}_D$ 端的小圆圈表示用负脉冲对触发器置 **0** 或置 **1**,由于只有低电平时触发器状态才发生改变,即输入信号为低电平时有效,故在 R_D、S_D 上加"一"。

下面分析基本 RS 触发器的逻辑功能。

(1) $\overline{R}_D=0$,$\overline{S}_D=1$

当 G_2 门 $\overline{R}_D$ 端加负脉冲后,输出 $\overline{Q}=1$;反馈到 G_1 门,因两个输入端均为 **1**,故 $Q=0$;再反馈到 G_2 门,即使 $\overline{R}_D$ 端负脉冲消失,仍有 $\overline{Q}=1$。在这种情况下,不论触发器原来状态是 **0** 或 **1**,经触发后输出都为 $Q=0$,即触发器为复位状态。

(2) $\overline{R}_D=1$,$\overline{S}_D=0$

当 G_1 门 $\overline{S}_D$ 端加负脉冲后,输出 $Q=1$;反馈到 G_2 门,因两个输入端均为 **1**,故 $\overline{Q}=0$;再反馈到 G_1 门,即使 $\overline{S}_D$ 端负脉冲消失,仍有 $Q=1$。在这种情况下,不论触发器原来状态是 **0** 或 **1**,经触发后输出都为 $Q=1$,即触发器为置位状态。

9.1　基本 RS 触发器

（3）$\bar{R}_D = 1, \bar{S}_D = 1$

这时，$\bar{R}_D$ 端和 $\bar{S}_D$ 端均未加负脉冲，触发器保持原态不变。

（4）$\bar{R}_D = 0, \bar{S}_D = 0$

当 $\bar{R}_D$ 和 $\bar{S}_D$ 两端同时加负脉冲，两个输出端都为 **1**，即有 $Q = \bar{Q} = 1$，这就不满足 Q 和 $\bar{Q}$ 的状态应该相反的逻辑要求。当负脉冲都除去后，触发器的最终状态由各种偶然因素决定。因此，此种情况在使用中应禁止出现。

表 9.1.1 是基本 RS 触发器的逻辑状态表。表中，Q_n、Q_{n+1} 分别表示输入信号 $\bar{R}_D$、$\bar{S}_D$ 作用前后触发器的输出状态，Q_n 称为现态，Q_{n+1} 称为次态。

表 9.1.1　基本 RS 触发器的逻辑状态表

$\bar{R}_D$	$\bar{S}_D$	Q_{n+1}	说明
0	**0**	不定	禁用
0	**1**	**0**	复位
1	**0**	**1**	置位
1	**1**	Q_n	保持

【例 9.1.1】　设基本 RS 触发器的初始状态为 **0**，$\bar{R}_D$ 和 $\bar{S}_D$ 的电压波形如图 9.1.2 所示，试画出 Q 和 $\bar{Q}$ 端的输出波形。

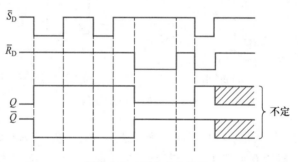

图 9.1.2　例 9.1.1 的图

解：根据题意，触发器初态为 **0**，即 $Q = 0$，$\bar{Q} = 1$。当输入信号 $\bar{R}_D$ 和 $\bar{S}_D$ 同时输入高电平时触发器保持 **0** 态不变；当 $\bar{R}_D$ 和 $\bar{S}_D$ 端有一端有低电平输入时，则使触发器分别置 0 和置 1；当 $\bar{R}_D$ 和 $\bar{S}_D$ 端同时输入低电平时，$Q = \bar{Q} = 1$。负脉冲信号过后，触发器处于不定状态。触发器 Q、$\bar{Q}$ 端的输出波形如图 9.1.2 所示。

2. 可控 RS 触发器

前面介绍的基本 RS 触发器的状态转换直接受输入信号 $\bar{R}_D$ 和 $\bar{S}_D$ 的控制，而在实际应用中，往往用一种正脉冲来控制触发器的翻转时刻，这种正脉冲就称为时钟脉冲 CP。

图 9.1.3 所示的是可控 RS 触发器的逻辑图和逻辑符号。图中**与非门** G_1、G_2

9.2 可控 RS
触发器

构成基本 RS 触发器,G_3、G_4 构成时钟控制电路,CP 为时钟脉冲输入端。R 和 S 是置 **0** 和置 **1** 信号输入端,高电平有效,$\overline{R}_D$ 和 $\overline{S}_D$ 是直接复位和直接置位端,一般用在工作之初,预先使触发器处于某一给定状态,在工作过程中不用它们,让它们处于 **1** 状态。

由图 9.1.3(a)可见,当 $CP=0$ 时,G_3 和 G_4 门被封锁,输入信号 R、S 不会对触发器的状态产生影响;只有当 $CP=1$ 时,G_3 和 G_4 门打开,R 和 S 端的信号才能送入基本 RS 触发器,使触发器的状态发生变化。

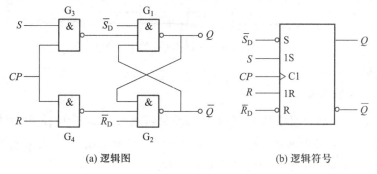

(a) 逻辑图　　　　　(b) 逻辑符号

图 9.1.3　可控 RS 触发器

下面分析在 $CP=1$ 时触发器的输出状态。

(1) $R=0$,$S=0$

G_3 和 G_4 门输出为 **1**,触发器保持原状态不变。

(2) $R=1$,$S=0$

G_3 门输出为 **1**,G_4 门输出为 **0**,触发器状态 $Q=0$。

(3) $R=0$,$S=1$

G_3 门输出为 **0**,G_4 门输出为 **1**,触发器状态 $Q=1$。

(4) $R=1$,$S=1$

G_3 和 G_4 门输出为 **0**,$Q=\overline{Q}=1$,应禁用。

根据以上分析可得可控 RS 触发器逻辑状态表如表 9.1.2 所示。表中 Q_n、Q_{n+1} 分别表示时钟 CP 作用前后触发器的输出状态,Q_n 称为现态,Q_{n+1} 称为次态。

表 9.1.2　可控 RS 触发器的逻辑状态表

R	S	Q_{n+1}	说明
0	**0**	Q_n	保持
0	**1**	**1**	置位
1	**0**	**0**	复位
1	**1**	不定	禁用

【例 9.1.2】　已知可控 RS 触发器的输入信号 R、S 及时钟脉冲 CP 的波形如图 9.1.4 所示。设触发器的初始状态为 **0**,试画出输出 Q 的波形图。

解:第一个时钟脉冲到来时,$R=0,S=0$,触发器保持初始状态 **0** 不变。第二个时钟脉冲到来时,$R=0,S=1$,所以 $Q=1$。第三个时钟到来时,$R=1,S=0$,所以 $Q=0$。第四个时钟脉冲到来时,$S=R=1$,触发器 $Q=\overline{Q}=1$。时钟脉冲过后,触发器的状态不定。

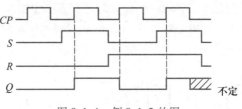

图 9.1.4　例 9.1.2 的图

9.1.2　*JK* 触发器

图 9.1.5(a)所示是主从型 *JK* 触发器的逻辑图,它由两个可控 *RS* 触发器串联组成,分别称为主触发器和从触发器。*J* 和 *K* 是信号输入端,它们分别与 $\overline{Q}$ 和 *Q* 构成与逻辑关系,成为主触发器的 *S* 端和 *R* 端,即

$$S=J\overline{Q},R=KQ$$

从触发器的 *S* 和 *R* 端即为主触发器的输出端 *Q* 和 $\overline{Q}$。

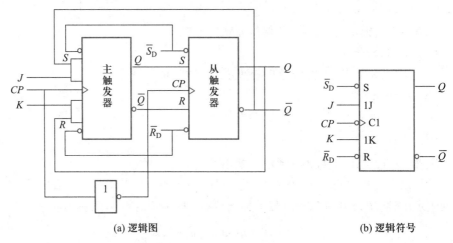

(a) 逻辑图　　　　　　　　　　　　　　　(b) 逻辑符号

图 9.1.5　主从型 *JK* 触发器

时钟 *CP* 控制主触发器和从触发器的翻转。当 *CP* = **0** 时,主触发器状态不变,从触发器输出状态与主触发器的输出状态相同。当 *CP* = **1** 时,输入 *J*、*K* 影响主触发器,而从触发器状态不变。当 *CP* 从 **1** 变成 **0** 时,主触发器的状态传送到从触发器,即主从触发器在 *CP* 下降沿到来时才使从触发器翻转。

下面分四种情况来分析主从型 *JK* 触发器的逻辑功能。

(1) $J=1,K=1$

设时钟脉冲到来之前($CP=0$)触发器的初始状态为 **0**。这时主触发器的 *R* =

226

$KQ=0$，$S=J\overline{Q}=1$，时钟脉冲到来后（$CP=1$），主触发器翻转成 **1** 态。当 CP 从 **1** 下跳为 **0** 时，主触发器状态不变，从触发器的 $R=0$，$S=1$，它也翻转成 **1** 态。反之，设触发器的初始状态为 **1**，可以同样分析，主、从触发器都翻转成 **0** 态。

可见，JK 触发器在 $J=1$，$K=1$ 的情况下，来一个时钟脉冲就翻转一次，即 $Q_{n+1}=\overline{Q}_n$，具有计数功能。

（2）$J=0$，$K=0$

设触发器的初始状态为 **0**。当 $CP=1$ 时，由于主触发器的 $R=0$，$S=0$，它的状态保持不变。当 CP 下跳时，由于从触发器的 $R=1$，$S=0$，它的输出为 **0** 态，即触发器保持 **0** 态不变。如果初始状态为 **1**，触发器亦保持 **1** 态不变。

（3）$J=1$，$K=0$

设触发器的初始状态为 **0**。当 $CP=1$ 时，由于主触发器的 $R=0$，$S=1$，它翻转为 **1** 态。当 CP 下跳时，由于从触发器的 $R=0$，$S=1$，也翻转为 **1** 态。如果触发器的初始状态为 **1**，当 $CP=1$ 时，由于主触发器的 $R=0$，$S=0$，它保持初始状态不变；在 CP 从 **1** 下跳为 **0** 时，由于从触发器的 $R=0$，$S=1$，也保持 **1** 态。

（4）$J=0$，$K=1$

设触发器的初始状态为 **0** 态。当 $CP=1$ 时，由于主触发器的 $R=0$，$S=0$，它保持原态不变；在 CP 从 **1** 下跳为 **0** 时，由于从触发器的 $R=1$，$S=0$，也保持 **0** 态。如果触发器的初始状态为 **1** 态，当 $CP=1$ 时，由于主触发器的 $R=1$，$S=0$，它翻转为 **0** 态。当 CP 下跳时，从触发器也翻转为 **0** 态。

主从型 JK 触发器的逻辑状态表如表 9.1.3 所示。

表 9.1.3　主从型 JK 触发器的逻辑状态表

J	K	Q_{n+1}	说明
0	**0**	Q_n	保持
0	**1**	**0**	置0
1	**0**	**1**	置1
1	**1**	$\overline{Q}_n$	计数

由以上分析可知，主从型 JK 触发器的触发过程是分两步进行的，主触发器在 $CP=1$ 时接收信号，从触发器在 CP 由 **1** 下跳至 **0** 时，即 CP 下降沿到来时输出相应的状态。也就是说图 9.1.5(a) 所示的主从型 JK 触发器具有在时钟脉冲下降沿触发的特点。下降沿触发的逻辑符号是在 CP 输入端靠近方框处用一小圆圈表示，如图 9.1.5(b) 所示。图中的三角标记表示触发器是在 CP 的边沿触发，以区别于电平触发（如 RS 触发器）。

下降沿触发的主从型 JK 触发器不允许在 $CP=1$ 期间，输入信号发生变化，否则有可能出现一次翻转的问题（证明从略）。一次翻转会破坏 JK 触发器的逻辑功能。

【例 9.1.3】　已知主从型 JK 触发器的输入 J、K 和时钟 CP 的波形如图 9.1.6 所示。设触发器初始状态为 **0** 态，试画出 Q 的波形。

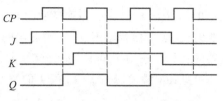

解:第一个 CP 下降沿到来之前,$J=1$,$K=0$,触发后 Q 端为 **1** 态。

第二个 CP 下降沿到来之前,$J=0$,$K=1$,触发后 Q 端翻转为 **0** 态。

第三个 CP 下降沿到来之前,$J=1$,$K=1$,触发后 Q 端翻转为 **1** 态。

第四个 CP 下降沿到来之前,$J=0$,$K=0$,触发后 Q 仍为 **1**。

画出 Q 的波形如图 9.1.6 所示。

图 9.1.6　例 9.1.3 的图

9.1.3　D 触发器

9.4　D 触发器

如果将 JK 触发器的 J 输入端经非门后与 K 输入端相连,就构成了 D 触发器,其逻辑图和逻辑符号如图 9.1.7 所示。当 $D=1$ 时,即 $J=1$,$K=0$ 时,在 CP 的下降沿触发器翻转为(或保持)**1** 态;当 $D=0$ 时,即 $J=0$,$K=1$ 时,在 CP 的下降沿触发器翻转为(或保持)**0** 态。由此可知,某个时钟脉冲到来之后触发器输出端 Q 的状态和该脉冲到来之前输入端 D 的状态一致。

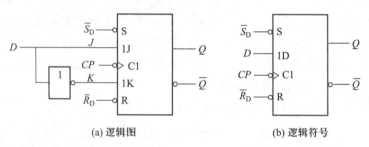

(a) 逻辑图　　　　　　　　(b) 逻辑符号

图 9.1.7　D 触发器

D 触发器的逻辑状态表如表 9.1.4 所示。

表 9.1.4　D 触发器的逻辑状态表

D	Q_{n+1}	说明
0	0	复位
1	1	置位

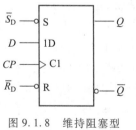

图 9.1.8　维持阻塞型 D 触发器

国内生产的 D 触发器主要是维持阻塞型(不在本书中讨论),如双上升沿 D 触发器 74LS74、四上升沿 D 触发器 74LS175 等,它们在 CP 脉冲的上升沿触发,逻辑符号如图 9.1.8 所示,在 CP 输入端不加小圆圈。

【例 9.1.4】　已知上升沿触发的 D 触发器输入 D 和时钟 CP 的波形如图 9.1.9 所示,试画出 Q 端波形。设触发器初态为 **0**。

解:该 D 触发器是上升沿触发,即在 CP 的上升沿过后,触发器的状态等于 CP 脉冲上升沿前 D 的状态。所以第一个 CP 过后,$Q=1$,第二个 CP 过后,$Q=0$,以此类推,波形如图 9.1.9 所示。

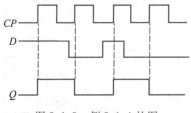

图 9.1.9 例 9.1.4 的图

D 触发器在 CP 上升沿前接收输入信号,上升沿触发翻转,即触发器的输出状态变化比输入端 D 的状态变化延迟,这就是 D 触发器的由来。

9.1.4 T 触发器

由 D 触发器构成的 T 触发器的逻辑图和逻辑符号如图 9.1.10 所示。

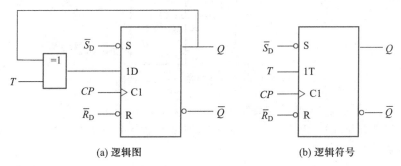

(a) 逻辑图　　　　　　　(b) 逻辑符号

图 9.1.10 T 触发器

9.5 T 触发器

T 触发器的逻辑状态表如表 9.1.5 所示。当 $T=0$ 时,触发器保持原态;当 $T=1$ 时,触发器翻转,即具有计数功能。

表 9.1.5 T 触发器的逻辑状态表

T	Q_{n+1}	说明
0	Q_n	保持
1	$\overline{Q_n}$	计数

D 触发器、JK 触发器都可以转换为具有计数功能的触发器。如将 D 触发器的 D 端和 $\overline{Q}$ 端相连,如图 9.1.11 所示,D 触发器就转换成了 T 触发器。

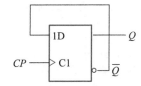

图 9.1.11 D 触发器转换为 T 触发器

思考与练习

9.1.1　由**或**非门组成的基本 RS 触发器如图 9.1.12 所示。试写出其逻辑功能表。

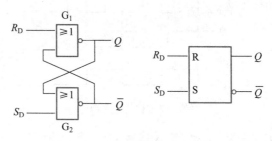

图 9.1.12　思考与练习 9.1.1 的图

9.1.2　令 JK 触发器的 $J=D,K=\overline{D}$，如图 9.1.13 所示，试分析其逻辑功能。

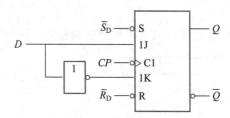

图 9.1.13　思考与练习 9.1.2 的图

9.1.3　$\overline{R}_D$ 和 $\overline{S}_D$ 在 RS、JK、D、T 触发器中各起什么作用？

9.1.4　电路如图 9.1.14 所示，触发器的初始状态 $Q_1Q_0=00$，则在下一个 CP 作用后，Q_1Q_0 为何种状态？

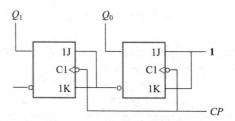

图 9.1.14　思考与练习 9.1.4 的图

9.2　寄存器

　　在数字系统和计算机中，寄存器是用来存放参与运算的数码、指令和运算结果的逻辑部件。寄存器的主要组成部分是具有记忆功能的双稳态触发器。一个触发器可以存放一位二进制数码，要存放 n 位二进制数码，就要 n 个触发器。

9.2.1　数码寄存器

　　图 9.2.1 所示是由 4 个 D 触发器组成的并行输入、并行输出数码寄存器。使用前，直接在复位端 $\overline{R}_D$ 加负脉冲将触发器清零。数码加在输入端 d_3、d_2、d_1、d_0 上，

当时钟 CP 上升沿过后，$Q_3Q_2Q_1Q_0 = d_3d_2d_1d_0$，这样待存的四位数码就暂存到寄存器中。需要取出数码时，可从输出端 Q_3、Q_2、Q_1、Q_0 同时取出。

9.6 数码寄存器

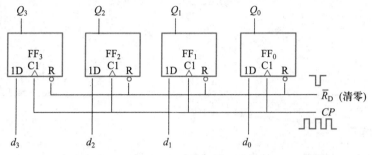

图 9.2.1　并行输入、并行输出数码寄存器

9.2.2　移位寄存器

移位寄存器不仅能够寄存数码，而且具有移位功能。所谓移位，就是每来一个移位脉冲(时钟脉冲)，触发器的状态便向左或向右移一位。移位是数字系统和计算机中非常重要的一个功能。如二进制数 **0101** 乘以 2 的运算，可以通过将 **0101** 左移一位实现；而除以 2 的运算则可通过右移一位实现。

移位寄存器的种类很多，有左移寄存器、右移寄存器、双向移位寄存器和循环移位寄存器等。

图 9.2.2 所示是由 4 个 D 触发器组成的四位左移寄存器。数码从右边第一个触发器的 D_0 端串行输入，使用前先用 $\overline{R}_D$ 将各触发器清零。现将数码 $d_3d_2d_1d_0 =$ **1101** 从高位到低位依次串行送到 D_0 端。

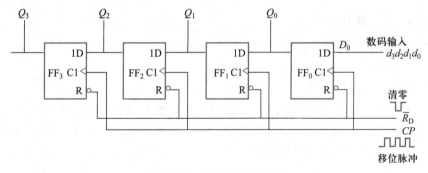

图 9.2.2　四位左移寄存器

第一个 CP 上升沿来到时使 FF$_0$ 翻转，$Q_0 = d_3 = 1$，其他触发器输出状态仍为 **0**，即 $Q_3Q_2Q_1Q_0 =$ **0001**。第二个 CP 上升沿来到时，$Q_0 = d_2 = 1$，$Q_1 = d_3 = 1$，而 $Q_3 = Q_2 =$ **0**。经过 4 个 CP 脉冲后，$Q_3Q_2Q_1Q_0 = d_3d_2d_1d_0 =$ **1101**，存数结束。各输出端状态如表 9.2.1 所示。如果继续送 4 个移位脉冲，就可以使寄存的这 4 位数码 **1101** 逐位从 Q_3 端输出，这种取数方式为串行输出方式。直接从 $Q_3Q_2Q_1Q_0$ 取数为并行输出方式。

231

表 9.2.1　四位左移寄存器的状态表

CP	Q_3	Q_2	Q_1	Q_0
1	**0**	**0**	**0**	d_3
2	**0**	**0**	d_3	d_2
3	**0**	d_3	d_2	d_1
4	d_3	d_2	d_1	d_0

思考与练习

9.2.1　寄存器的逻辑功能是什么？数码寄存器和移位寄存器有何不同？

9.2.2　说明图 9.2.2 所示电路寄存的数据 $d_3d_2d_1d_0$ 经过 4 个移位脉冲,逐位从 Q_3 端串行输出的过程,列出状态表。

9.3　计数器

计数器是一种累计输入脉冲数目的逻辑部件,在计算机及数字系统中应用广泛。

计数器种类很多,如按计数过程中计数器数字的增减分类,可以把计数器分为加法计数器、减法计数器和可逆计数器。按计数进制,可分为二进制计数器、十进制计数器和其他进制计数器等。按计数器中触发器翻转的先后次序分类,又可把计数器分为同步计数器和异步计数器两种。在同步计数器中,计数脉冲 CP 同时加到所有触发器的时钟端,当计数脉冲输入时触发器的翻转是同时发生的。在异步计数器中,各个触发器不是同时被触发的。

9.3.1　二进制计数器

由于双稳态触发器有 **0** 和 **1** 两个状态,一位触发器可以表示一位二进制数,如果要表示 n 位二进制数,就得用 n 个触发器。

1. 异步二进制计数器

图 9.3.1 所示是一个三位异步二进制加法计数器,它由 3 个 D 触发器组成。计数脉冲输入前,设各触发器的初始状态为 **0**。每来一个计数脉冲,最低位触发器翻转一次,高位触发器在相邻低位触发器从 **1** 变为 **0** 时翻转。第一个计数脉冲上

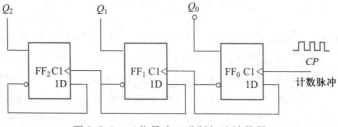

图 9.3.1　三位异步二进制加法计数器

232

升沿过后，Q_0 端由 **0** 变为 **1**，其余各触发器状态不变。第二个计数脉冲上升沿过后，Q_0 从 **1** 变为 **0**，因此第二个触发器被触发而使其状态从 **0** 翻转为 **1**，第三个触发器保持不变。依次类推，各触发器的输出波形如图 9.3.2 所示。

9.8 异步二进制加法计数器

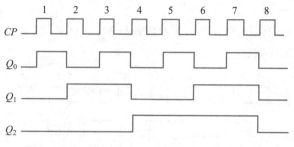

图 9.3.2 三位异步二进制加法计数器的波形图

图 9.3.1 各触发器的状态变化如表 9.3.1 所示。从表中可以看出，每来一个计数脉冲，二进制数加 **1**。

表 9.3.1 三位异步二进制加法计数器的状态表

计数脉冲数	二进制数		
	Q_2	Q_1	Q_0
0	0	0	0
1	0	0	1
2	0	1	0
3	0	1	1
4	1	0	0
5	1	0	1
6	1	1	0
7	1	1	1
8	0	0	0

【例 9.3.1】 分析图 9.3.3 所示逻辑电路的逻辑功能。设触发器的初始状态为 **0**。

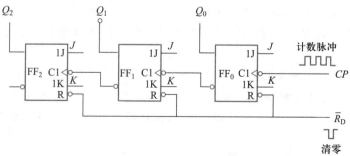

图 9.3.3 例 9.3.1 的图

解:在图 9.3.3 所示电路中,每个触发器的 J、K 端悬空,相当于 **1**,故具有计数功能。高位触发器的 CP 来自相邻的低位触发器 $\overline{Q}$ 端。每来一个计数脉冲,最低位触发器在 CP 的下降沿翻转一次;而高位触发器在相邻的低位触发器从 **0** 变为 **1** 时翻转。

波形图和状态表分别示于图 9.3.4 和表 9.3.2。可见,图 9.3.3 所示电路是三位异步二进制减法计数器。

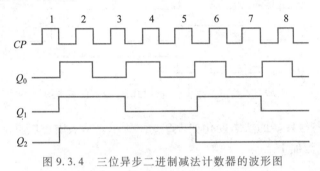

图 9.3.4　三位异步二进制减法计数器的波形图

表 9.3.2　三位异步二进制减法计数器的状态表

计数脉冲数	二进制数		
	Q_2	Q_1	Q_0
0	**0**	**0**	**0**
1	**1**	**1**	**1**
2	**1**	**1**	**0**
3	**1**	**0**	**1**
4	**1**	**0**	**0**
5	**0**	**1**	**1**
6	**0**	**1**	**0**
7	**0**	**0**	**1**
8	**0**	**0**	**0**

2. 同步二进制计数器

由主从型 JK 触发器组成的三位同步二进制加法计数器如图 9.3.5 所示。由于计数脉冲 CP 同时加到各触发器的时钟端,它们的状态变化和计数脉冲同步,这便是"同步"名称的由来,并与"异步"相区别。同步计数器的计数速度较异步快。

图 9.3.5 中,各触发器的信号输入端 J 和 K 相连,作为共同的信号输入端,即 JK 触发器转换成了 T 触发器。当 $T=J=K=0$ 时,来一个计数脉冲,触发器状态保持不变;当 $T=J=K=1$ 时,来一个计数脉冲,触发器状态发生翻转,即由 **0** 变为 **1** 或由 **1** 变为 **0**。

各触发器 J、K 端的逻辑关系式为

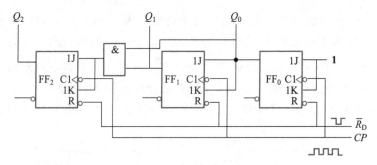

图 9.3.5 三位同步二进制加法计数器

$$T_2 = J_2 = K_2 = Q_1 Q_0$$
$$T_1 = J_1 = K_1 = Q_0$$
$$T_0 = J_0 = K_0 = 1$$

根据上式和 T 触发器的功能表,可得三位同步二进制加法计数器状态表如表9.3.3 所示。

表 9.3.3 三位同步二进制加法计数器的状态表

计数脉冲数	二进制数			十进制数
	Q_2	Q_1	Q_0	
0	0	0	0	0
1	0	0	1	1
2	0	1	0	2
3	0	1	1	3
4	1	0	0	4
5	1	0	1	5
6	1	1	0	6
7	1	1	1	7
8	0	0	0	0

各触发器状态的翻转发生在计数脉冲的下降沿时刻。三位同步二进制加法计数器的波形图如图 9.3.6 所示。

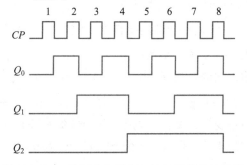

图 9.3.6 三位同步二进制加法计数器的波形图

三位二进制加法计数器能计的最大十进制数为 $2^3-1=7$。n 位二进制加法计数器能计的最大十进制数为 2^n-1。图 9.3.7 为 74161 型四位同步二进制可预置计数器的外引线排列图及其逻辑符号,其中 $\overline{R}_D$ 是直接置 0 端,$\overline{LD}$ 是预置数控制端,$A_3A_2A_1A_0$ 是预置数据输入端,EP 和 ET 是计数控制端,$Q_3Q_2Q_1Q_0$ 是计数输出端,RCO 是进位输出端。74161 型四位同步二进制计数器的功能表如表 9.3.4 所示。

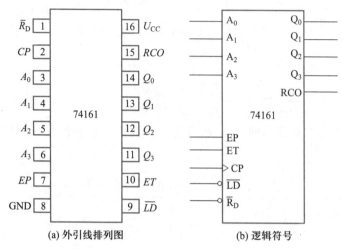

图 9.3.7　74161 型四位同步二进制可预置计数器

表 9.3.4　74161 型四位同步二进制计数器的功能表

清零	预置	控制		时钟	预置数据输入				输出			
$\overline{R}_D$	$\overline{LD}$	EP	ET	CP	A_3	A_2	A_1	A_0	Q_3	Q_2	Q_1	Q_0
0	×	×	×	×	×	×	×	×	**0**	**0**	**0**	**0**
1	**0**	×	×	↑	d_3	d_2	d_1	d_0	d_3	d_2	d_1	d_0
1	**1**	**0**	×	×	×	×	×	×	保持			
1	**1**	×	**0**	×	×	×	×	×	保持			
1	**1**	**1**	**1**	↑	×	×	×	×	计数			

由表 9.3.4 可知,74161 具有以下功能。

① 异步清零。$\overline{R}_D=0$ 时,计数器输出被直接清零,与其他输入端的状态无关。

② 同步并行预置数。在 $\overline{R}_D=1$ 条件下,当 $\overline{LD}=0$ 且有时钟脉冲 CP 的上升沿作用时,A_3、A_2、A_1、A_0 输入端的数据 d_3、d_2、d_1、d_0 将分别被 Q_3、Q_2、Q_1、Q_0 所接收。

③ 保持。在 $\overline{R}_D=\overline{LD}=1$ 条件下,当 $ET \cdot EP=0$ 时,不管有无 CP 脉冲作用,计数器都将保持原有状态不变。需要说明的是,当 $EP=0$,$ET=1$ 时,进位输出 RCO 也保持不变;而当 $ET=0$ 时,不管 EP 状态如何,进位输出 $RCO=0$。

④ 计数。当 $\overline{R}_D=\overline{LD}=EP=ET=1$ 时,74161 处于计数状态。

9.3.2 十进制计数器

二进制计数器结构简单,但是读数不方便。十进制计数器是在二进制计数器的基础上得出的,用四位二进制数来代表十进制的每一位数,所以也称为二−十进制计数器。

1. 同步十进制计数器

图 9.3.8 是用 4 个 JK 触发器组成的同步十进制加法计数器的逻辑图。

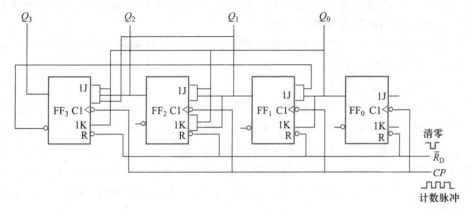

图 9.3.8　同步十进制加法计数器

由图 9.3.8 可以列出各触发器 JK 端的逻辑关系式

$$J_3 = Q_2 Q_1 Q_0, K_3 = Q_0$$

$$J_2 = K_2 = Q_1 Q_0$$

$$J_1 = \overline{Q}_3 Q_0, K_1 = Q_0$$

$$J_0 = K_0 = 1$$

由上述逻辑公式可得同步十进制加法计数器的状态表如表 9.3.5 所示。

表 9.3.5　同步十进制加法计数器的状态表

计数脉冲数	二进制数				十进制数
	Q_3	Q_2	Q_1	Q_0	
0	0	0	0	0	0
1	0	0	0	1	1
2	0	0	1	0	2
3	0	0	1	1	3
4	0	1	0	0	4
5	0	1	0	1	5
6	0	1	1	0	6
7	0	1	1	1	7
8	1	0	0	0	8

237

9.10 同步十进制加法计数器

续表

计数脉冲数	二进制数				十进制数
	Q_3	Q_2	Q_1	Q_0	
9	1	0	0	1	9
10	0	0	0	0	进位

在 CP 作用下,计数器的状态 $Q_3Q_2Q_1Q_0$ 按照 **0000→0001→…→1001→0000** 循环,这 10 个状态称为有效状态。与二进制加法计数器相比,来第十个计数脉冲不是由 **1001** 变为 **1010**,而是恢复 **0000**。

74160 型同步十进制计数器较常用,它的外引线排列图和功能表与前述的 74161 型同步二进制计数器完全相同。

2. 异步十进制计数器

74LS290 是异步十进制计数器,其逻辑图和引线排列图如图 9.3.9 所示,它由一个一位二进制计数器和一个异步五进制计数器组成。如果计数脉冲由 CP_0 端输入,输出由 Q_0 端引出,即得二进制计数器;如果计数脉冲由 CP_1 端输入,输出由 $Q_3Q_2Q_1$ 引出,即是五进制计数器;如果将 Q_0 与 CP_1 相连,计数脉冲由 CP_0 输入,输出由 $Q_3Q_2Q_1Q_0$ 引出,即得 8421 码十进制计数器。因此,又称此电路为二-五-十进制计数器。

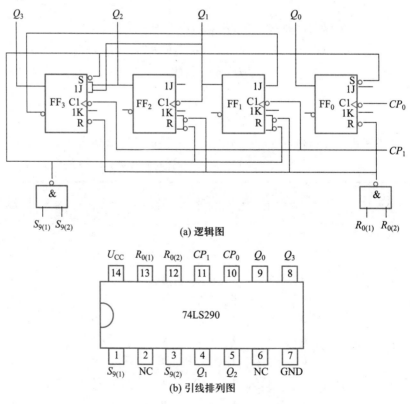

图 9.3.9　74LS290 型计数器

238

表 9.3.6 是 74LS290 型计数器的功能表。由表可以看出,当复位输入 $R_{0(1)} = R_{0(2)} = 1$,且置位输入 $S_{9(1)} \cdot S_{9(2)} = 0$ 时,74LS290 的输出被直接置零;只要置位输入 $S_{9(1)} = S_{9(2)} = 1$,则 74LS290 的输出将被直接置 9,即 $Q_3 Q_2 Q_1 Q_0 = 1001$;只有同时满足 $R_{0(1)} \cdot R_{0(2)} = 0$ 和 $S_{9(1)} \cdot S_{9(2)} = 0$ 时,才能在计数脉冲(下降沿)作用下实现二-五-十进制加法计数。

9.11 异步十进制加法计数器

表 9.3.6 74LS290 型计数器的功能表

复位输入		置位输入		时钟	输出			
$R_{0(1)}$	$R_{0(2)}$	$S_{9(1)}$	$S_{9(2)}$	CP	Q_3	Q_2	Q_1	Q_0
1	**1**	**0**	×	×	**0**	**0**	**0**	**0**
		×	**0**					
×	×	**1**	**1**	×	**1**	**0**	**0**	**1**
×	**0**	×	**0**	↓	计	数		
0	×	**0**	×	↓	计	数		
0	×	×	**0**	↓	计	数		
×	**0**	**0**	×	↓	计	数		

9.3.3 任意进制计数器

假定已有 N 进制计数器,而需要得到一个 M 进制计数器。只要 $M<N$,就可以令 N 进制计数器在顺序计数过程中跳越 $(N-M)$ 个状态,从而获得 M 进制计数器。

实现状态跳跃有清零法(复位法)和置数法(置位法)两种方法。

1. 清零法

清零法的原理:设原有的计数器为 N 进制,当它从初始状态 S_0 开始计数并接收了 M 个脉冲以后,电路进入 S_M 状态。如果这时利用 S_M 状态产生一个复位脉冲将计数器置成 S_0 状态,这样就可以跳越 $N-M$ 个状态而得到 M 进制计数器了。

9.12 任意进制计数器

【例 9.3.2】 试利用清零法将集成二-五-十进制计数器 74LS290 接成六进制计数器。

解:当 74LS290 的 $R_{0(1)} \cdot R_{0(2)} = 0$ 和 $S_{9(1)} \cdot S_{9(2)} = 0$ 时,计数器处于计数状态。如果将 Q_0 与 CP_1 相连,计数脉冲由 CP_0 输入,输出由 $Q_3 Q_2 Q_1 Q_0$ 引出,即得 8421 码十进制计数器。已知计数器的 $N=10$,而要求 $M=6$,故满足 $M<N$,可以用清零法接成六进制计数器。

若取 $Q_3 Q_2 Q_1 Q_0 = 0000$ 为初始状态,则记入 6 个计数脉冲后,电路应为 0110 状态。只要将 Q_1、Q_2 分别接至 $R_{0(1)}$、$R_{0(2)}$,则当电路进入 0110 状态后,计数器将立即被清零。0110 这一状态转瞬即逝,显示不出。电路如图 9.3.10 所示。

计数器的状态循环如下

$$0000 \rightarrow 0001 \rightarrow 0010 \rightarrow 0011 \rightarrow 0100 \rightarrow 0101 \rightarrow 0000$$

它经过 6 个脉冲循环一次,故为六进制计数器。

虽然这种电路的连接方法十分简单,但它的可靠性较差,因为置 **0** 信号的作用时间极其短暂。

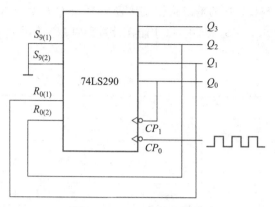

图 9.3.10　六进制计数器

2. 置数法

置数法与清零法不同,它利用给计数器重复置入某个数值的方法跳越 $N-M$ 个状态,从而获得 M 进制计数器。

置数法适用于具有预置数功能的集成计数器。对于具有同步预置数功能的计数器而言,在其计数过程中,可以将它输出的任何一个状态通过译码,产生一个预置数控制信号反馈至预置数控制端,在下一个 CP 脉冲作用后,计数器就会把预置数输入端的状态置入。预置数控制信号消失后,计数器就从预置入的状态开始重新计数。

图 9.3.11(a)和(b)都是借助同步预置数功能,采用反馈置数法,用 74161 构成的十二进制加法计数器。其中图 9.3.11(a)的接法是把输出 $Q_3Q_2Q_1Q_0 =$ **1011** 状态译码产生预置数控制信号 **0**,反馈至 $\overline{LD}$ 端,在下一个 CP 脉冲的上升沿到达时置入 **0000** 状态。图 9.3.11(a)电路的循环状态为

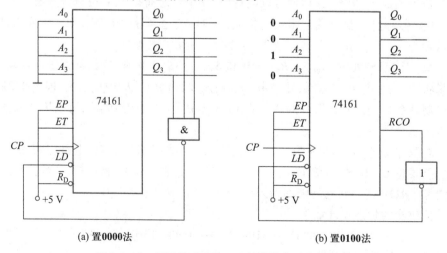

(a) 置**0000**法　　　　　　　　(b) 置**0100**法

图 9.3.11　用置数法将 74161 接成十二进制计数器

$$0000 \rightarrow 0001 \rightarrow 0010 \rightarrow 0011 \rightarrow 0100 \rightarrow 0101$$
$$\uparrow \qquad\qquad\qquad\qquad\qquad\qquad \downarrow$$
$$1011 \leftarrow 1010 \leftarrow 1001 \leftarrow 1000 \leftarrow 0111 \leftarrow 0110$$

其中,**0001~1011** 这 11 个状态是 74161 进行加 **1** 计数实现的,**0000** 是由反馈置数得到的。

图 9.3.11(b)电路的接法是将 74161 计数到 **1111** 状态时产生的进位信号译码后,反馈到预置数控制端。预置数据输入端置成 **0100** 状态。电路从 **0100** 状态开始加 **1** 计数,输入第十一个 CP 脉冲后到达 **1111** 状态,此时 $RCO=1,\overline{LD}=0$,在第十二个 CP 脉冲作用后,$Q_3Q_2Q_1Q_0$ 被置成 **0100** 状态,同时使 $RCO=0,\overline{LD}=1$。新的计数周期又从 **0100** 开始。图 9.3.11(b)电路的循环状态为

$$0100 \rightarrow 0101 \rightarrow 0110 \rightarrow 0111 \rightarrow 1000 \rightarrow 1001$$
$$\uparrow \qquad\qquad\qquad\qquad\qquad\qquad \downarrow$$
$$1111 \leftarrow 1110 \leftarrow 1101 \leftarrow 1100 \leftarrow 1011 \leftarrow 1010$$

思考与练习

9.3.1　什么是异步计数器?什么是同步计数器?两者区别何在?

9.3.2　数字钟表中的分、秒计数都是六十进制,试用两片 74LS290 型二-五-十进制计数器连接成六十进制计数器电路。

9.3.3　在图 9.3.12 所示的逻辑电路中,试画出 Q_0、Q_1 端的波形(在 4 个时钟脉冲 CP 的作用下)。如果 CP 的频率为 6 000 Hz,那么 Q_0、Q_1 的频率各为多少?设初态 $Q_1=Q_0=0$。

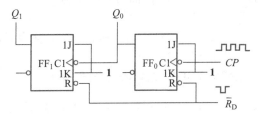

图 9.3.12　思考与练习 9.3.3 的图

9.3.4　如何将 74161 连接成 8421 码十进制计数器?

9.4　555 定时器及其应用

555 定时器是一种数字电路与模拟电路相结合的中规模集成电路。该电路使用灵活、方便,只需外接少量的阻容元件就可以构成单稳态触发器和多谐振荡器等,因而广泛用于信号的产生、变换、控制与检测。

9.4.1　555 定时器

555 定时器产品有 TTL 型和 CMOS 型两类。TTL 型产品型号的最后三位都是 555,CMOS 型产品的最后四位都是 7555,它们的逻辑功能和外部引线排列完全相同。

555 定时器的电路如图 9.4.1 所示。它由 3 个阻值为 5 kΩ 的电阻组成的分压器、两个电压比较器 A_1 和 A_2、基本 RS 触发器、放电晶体管 T、与非门和反相器组成。

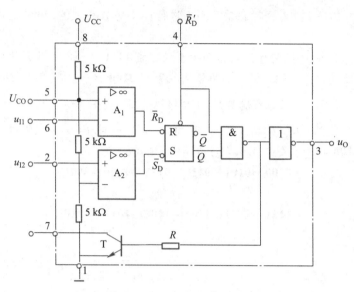

图 9.4.1　555 定时器的电路

分压器为两个电压比较器 A_1、A_2 提供参考电压。如 5 端悬空，则比较器 A_1 的参考电压为 $\frac{2}{3}U_{CC}$，加在同相输入端，A_2 的参考电压为 $\frac{1}{3}U_{CC}$，加在反相输入端。

2 为低电平触发端。当 2 端的输入电压 $u_{I2} > \frac{1}{3}U_{CC}$ 时，A_2 输出为高电平 **1**；当 $u_{I2} < \frac{1}{3}U_{CC}$ 时，A_2 输出为低电平 **0**，使基本 RS 触发器置 **1**。

3 为输出端。输出电流可达 200 mA，可直接驱动继电器、发光二极管、扬声器等工作。

4 是复位输入端。当 $\overline{R}'_D = \mathbf{0}$ 时，基本 RS 触发器被置 **0**，晶体管 T 导通，输出端 u_O 为低电平。正常工作时，$\overline{R}'_D = \mathbf{1}$。

5 为电压控制端。在此端可外加一电压以改变比较器的参考电压。不用时，通过 0.01 μF 电容接"地"，以防止干扰的引入。

6 为高电平触发端。当 6 端的输入电压 $u_{I1} < \frac{2}{3}U_{CC}$ 时，A_1 的输出为高电平 **1**；当 $u_{I1} > \frac{2}{3}U_{CC}$ 时，A_1 输出为低电平 **0**，使基本 RS 触发器置 **0**。

7 为放电端。当**与**门的输出为 **1** 时，放电晶体管 T 导通，外接电容元件通过 T 放电。

555 定时器功能表如表 9.4.1 所示。

表 9.4.1　555 定时器的功能表

输入			输出	
复位 $\overline{R}_D'$	u_{I1}	u_{I2}	输出 u_O	晶体管 T
0	×	×	**0**	导通
1	$>\dfrac{2}{3}U_{CC}$	$>\dfrac{1}{3}U_{CC}$	**0**	导通
1	$<\dfrac{2}{3}U_{CC}$	$<\dfrac{1}{3}U_{CC}$	**1**	截止
1	$<\dfrac{2}{3}U_{CC}$	$>\dfrac{1}{3}U_{CC}$	保持	保持

9.4.2　555 定时器的应用

1. 单稳态触发器

前面介绍的双稳态触发器具有两个稳定的输出状态 Q 和 $\overline{Q}$,且两个状态始终相反。而单稳态触发器只有一个稳定状态。在未加触发信号之前,触发器处于稳定状态,经触发后,触发器由稳定状态翻转为暂稳状态,暂稳状态保持一段时间后,又会自动翻转回原来的稳定状态。单稳态触发器一般用于延时和脉冲整形电路。

图 9.4.2(a)所示为用 555 定时器构成的单稳态触发器,R、C 为外接元件,负触发脉冲 u_I 由 2 端输入。5 端不用时一般通过 0.01 μF 电容接“地”。下面对照图 9.4.2(b)的波形图进行分析。

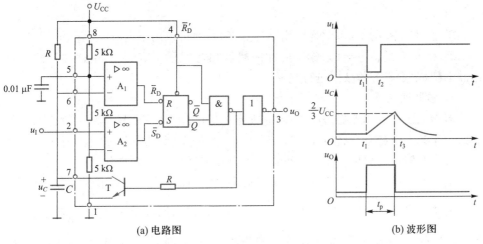

(a) 电路图　　　　(b) 波形图

图 9.4.2　单稳态触发器及波形图

(1) 稳态($O \sim t_1$)

在 t_1 以前,触发脉冲尚未输入,u_I 为高电平 **1**,其值大于 $\dfrac{1}{3}U_{CC}$,故比较器 A_2 的输出 $\overline{S}_D$ 为 **1**。若触发器的原状态 $Q = 0$,$\overline{Q} = 1$,则晶体管 T 饱和导通,故比较器 A_1

的输出 $\overline{R}_D$ 也为 **1**，触发器的状态保持不变。若原状态 $Q=1$，$\overline{Q}=0$，则 T 截止，U_{CC} 经 R 给电容 C 充电，当 u_c 上升到大于 $\dfrac{2}{3}U_{CC}$ 时，比较器 A_1 的输出 $\overline{R}_D$ 为 **0**，使触发器翻转为 $Q=0$，$\overline{Q}=1$。

可见，在稳态时，基本 RS 触发器输出 $Q=0$，即输出电压 u_0 保持 **0** 状态。

（2）暂稳态（$t_1 \sim t_2$）

在 $t=t_1$ 瞬间，2 端输入一个负脉冲，即 $u_1 < \dfrac{1}{3}U_{CC}$，故 A_2 的输出 $\overline{S}_D$ 为 **0**，基本 RS 触发器置 **1**，输出电压 u_0 由低电平 **0** 变为高电平 **1**，电路进入暂稳态。这时晶体管 T 截止，电源又经 R 向 C 充电，充电时间常数 $\tau = RC$，电容电压 u_c 按指数规律上升。

在 $t=t_2$ 时刻，触发负脉冲消失 $\left(u_1 > \dfrac{1}{3}U_{CC} \right)$，若 $u_c < \dfrac{2}{3}U_{CC}$，则 $\overline{R}_D=1$，$\overline{S}_D=1$，基本 RS 触发器保持原状态，u_0 仍为高电平。

在 $t=t_3$ 时刻，当 u_c 上升略高于 $\dfrac{2}{3}U_{CC}$ 时，$\overline{R}_D=0$，$\overline{S}_D=1$，基本 RS 触发器复位，输出 $u_0=0$，回到初始稳态。同时，晶体管 T 导通，电容 C 通过 T 迅速放电直至 u_c 为 **0**。这时 $\overline{R}_D=1$，$\overline{S}_D=1$，为下次翻转做好了准备。

输出脉冲宽度 t_p 为暂稳态的持续时间，即电容 C 的电压从 **0** 充至 $\dfrac{2}{3}U_{CC}$ 所需的时间。由 $\dfrac{2}{3}U_{CC} = U_{CC}\left(1 - e^{-\frac{t_p}{RC}} \right)$ 得

$$t_p = \ln 3 \cdot RC \approx 1.1RC \tag{9.4.1}$$

由上式可知：

① 改变 R、C 的值，可改变输出脉冲宽度，从而可以用于定时控制；

② 在 R、C 的值一定时，输出脉冲的幅度和宽度是一定的，利用这一特性可对边沿不陡、幅度不齐的波形进行整形。

2. 多谐振荡器

多谐振荡器又称无稳态触发器，它没有稳定的输出状态，只有两个暂稳态。在电路处于某一暂稳态后，经过一段时间可以自行触发翻转到另一暂稳态，两个暂稳态自行相互转换而输出一系列矩形波。多谐振荡器可用作方波发生器。

图 9.4.3 所示是由 555 定时器构成的多谐振荡器。R_1、R_2 和 C 是外接元件。

刚接通电源时，$u_c=0$，$u_0=1$。当 u_c 升至 $\dfrac{2}{3}U_{CC}$ 后，比较器 A_1 输出低电平（$\overline{R}_D=0$），基本 RS 触发器置 **0**，输出 u_0 由 **1** 变为 **0**。同时，晶体管 T 导通，电容通过 R_2 放电，u_c 下降。在 $\dfrac{1}{3}U_{CC} < u_c < \dfrac{2}{3}U_{CC}$ 期间，u_0 保持低电平状态。在 u_c 下降至 $\dfrac{1}{3}U_{CC}$ 以后，比较器 A_2 输出低电平（$\overline{S}_D=0$），使触发器置 **1**，输出 u_0 由 **0** 变为 **1**。同时晶体管 T 截止，于是电容 C 再次被充电。如此不断重复上述过程，多谐振荡器的输出端就可得到一串矩形波，波形如图 9.4.3(b) 所示。

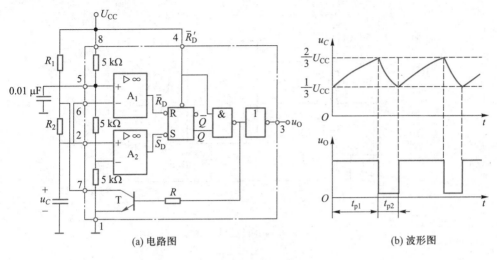

(a) 电路图   (b) 波形图

图 9.4.3　多谐振荡器

振荡周期等于两个暂稳态的持续时间。第一个暂稳态时间 t_{p1} 为电容 C 的电压 u_C 从 $\dfrac{1}{3}U_{CC}$ 充电至 $\dfrac{2}{3}U_{CC}$ 所需时间

$$t_{p1} \approx (R_1+R_2)C\ln2 = 0.7(R_1+R_2)C$$

第二个暂稳态时间 t_{p2} 为电容 C 的电压从 $\dfrac{2}{3}U_{CC}$ 放电至 $\dfrac{1}{3}U_{CC}$ 所需时间

$$t_{p2} \approx R_2C\ln2 = 0.7R_2C$$

振荡周期 $\qquad\qquad\qquad T=t_{p1}+t_{p2}=0.7(R_1+2R_2)C \qquad\qquad (9.4.2)$

振荡频率 $\qquad\qquad\qquad f=\dfrac{1}{T}=\dfrac{1.43}{(R_1+2R_2)C} \qquad\qquad\qquad (9.4.3)$

占空比为 $\qquad\qquad\qquad D=\dfrac{t_{p1}}{t_{p1}+t_{p2}}=\dfrac{R_1+R_2}{R_1+2R_2} \qquad\qquad (9.4.4)$

【例 9.4.1】　图 9.4.4 所示为用 555 定时器组成的液位监控电路,当液面低于正常值时,监控器发声报警。

（1）说明监控报警的原理;

（2）计算报警器发声的频率。

解:（1）图 9.4.4 所示电路是由 555 定时器组成的多谐振荡器,其振荡频率由 R_1、R_2 和 C 的值决定。电容两端引出两个探测电极插入液体内。液位正常时,探测电极被液体短路,振荡器不振荡,报警器不发声。当液面下降到探测电极以下时,探测电极开路,电源通过 R_1、R_2 给 C 充电,当 u_C 升至 $\dfrac{2}{3}U_{CC}$ 时,振荡器开始振荡,报警器发声报警。

（2）报警器的发声频率即为多谐振荡器的频率

$$f=\frac{1.43}{(R_1+2R_2)C}=\frac{1.43}{(5.1+200)\times10^3\times0.01\times10^{-6}}\ \mathrm{Hz}=697\ \mathrm{Hz}$$

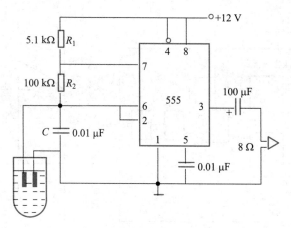

图 9.4.4　液位监控电路

思考与练习

9.4.1　将 555 定时器按图 9.4.5(a)连接,输入波形如图 9.4.5(b)所示。请画出定时器输出波形,并说明电路相当于什么器件。设 u_O 初始输出为高电平。

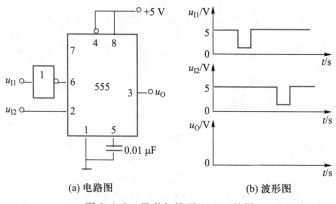

(a) 电路图　　　　　　　(b) 波形图

图 9.4.5　思考与练习 9.4.1 的图

9.4.2　求图 9.4.6 所示多谐振荡器的振荡周期 T 和占空比 D。

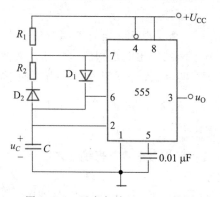

图 9.4.6　思考与练习 9.4.2 的图

9.5 应用实例

9.5.1 冲床保安电路

图 9.5.1 所示是冲床保安电路。图中的基本 *RS* 触发器由**或非门**组成,由正脉冲触发(即高电平有效),S_D 为置 **1** 端,R_D 为置 **0** 端。

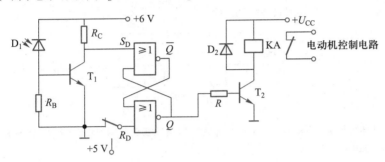

图 9.5.1 冲床保安电路

当操作人员的手进入危险区时,遮住光电二极管 D_1 的光线,其电流很小,晶体 T_1 截止,输出端为高电位,将触发器置 **1**,使晶体管 T_2 导通,从而断开电动机的控制电路,电动机停转。当将手撤出危险区时,光电二极管有光照,电流较大,T_1 导通,S_D 为 **0**(此时触发器的状态有无改变?)。若要 T_2 截止?如何办?

9.5.2 优先裁决电路

图 9.5.2 所示是一优先裁决电路。例如在游泳比赛中用来自动裁决优先到达者。图中,输入变量 A_1、A_2 来自设在终点线上的光电检测管。平时,复位按钮 SB 断开,A_1、A_2 为 **0**,电源电压 U 加至 $\overline{R}_D$ 端。比赛开始前,按下复位按钮 SB 使触发器

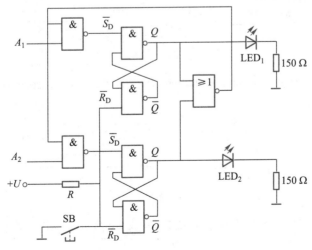

图 9.5.2 优先裁决电路

247

处于复位状态,发光二极管 LED 全部熄灭。当游泳者到达终点线时,通过光电检测管的作用,使相应的 A 由 **0** 变为 **1**,触发器处于置位状态,发光二极管 LED 发光,以指示出谁首先到达终点。电路的工作原理可自行分析。

习题

9.1 已知由**与非**门组成的基本 RS 触发器和输入端 $\overline{R}_D$、$\overline{S}_D$ 的波形如图题 9.1 所示,试对应地画出 Q 和 $\overline{Q}$ 的波形,并说明状态"不定"的含义。

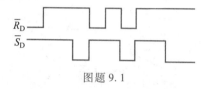

图题 9.1

9.2 已知可控 RS 触发器 CP、R 和 S 的波形如图题 9.2 所示,试画出输出 Q 的波形。设初始状态分别为 **0** 和 **1** 两种情况。

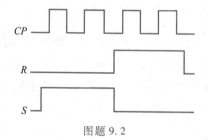

图题 9.2

9.3 在主从型 JK 触发器中,已知 CP、J、K 的波形如图题 9.3 所示,试画出 Q 端的波形。设初始状态 $Q=\mathbf{0}$。

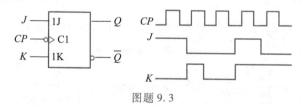

图题 9.3

9.4 D 触发器的输入 D 和时钟脉冲 CP 的波形如图题 9.4 所示,试画出 Q 端的波形。设初始状态 $Q=\mathbf{0}$。

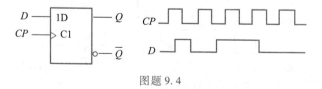

图题 9.4

9.5 在 T 触发器中,已知 T 和 CP 的波形如图题 9.5 所示,试画出 Q 端的波形。设初始状态 $Q=\mathbf{0}$。

9.6 写出图题 9.6 所示电路的逻辑关系式,说明其逻辑功能。

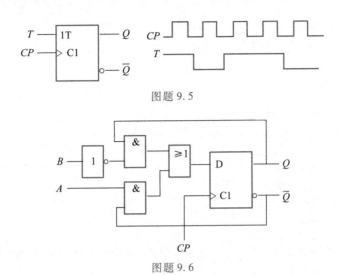

图题 9.5

图题 9.6

9.7　如图题 9.7 所示的电路和波形,试画出 D 端和 Q 端的波形。设初始状态 $Q=0$。

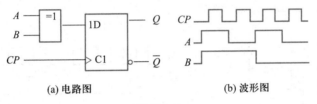

(a) 电路图　　　　　　(b) 波形图

图题 9.7

9.8　电路如图题 9.8 所示。画出 Q_0 端和 Q_1 端在六个时钟脉冲 CP 作用下的波形。设初态 $Q_1=Q_0=0$。

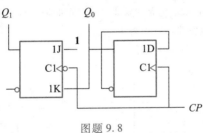

图题 9.8

9.9　用图题 9.9(a) 所给器件构成电路,并在示波器上观察到如图题 9.9(b) 所示波形。试问电路是如何连接的? 请画出逻辑电路图。

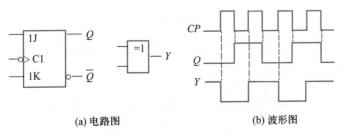

(a) 电路图　　　　　　(b) 波形图

图题 9.9

9.10　已知如图题 9.10(a) 所示电路的各输入端信号如图题 9.10(b) 所示。试画出触发器输出端 Q_0 和 Q_1 的波形。设触发器的初态均为 **0**。

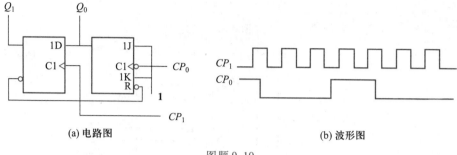

(a) 电路图　　　　　　　　　　　(b) 波形图

图题 9.10

9.11　已知电路和时钟脉冲 CP 及输入端 A 的波形如图题 9.11 所示,试画出输出端 Q_0、Q_1 的波形。假定各触发器初态为 **1**。

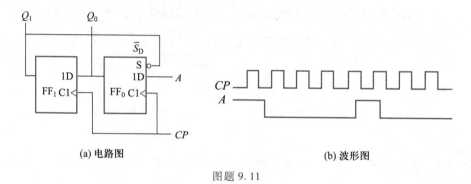

(a) 电路图　　　　　　　　　　　(b) 波形图

图题 9.11

9.12　已知图题 9.12(a) 所示电路中输入 A 及 CP 的波形如图题 9.12(b) 所示。试画出输出端 Q_0、Q_1、Q_2 的波形,设触发器初态均为 **0**。

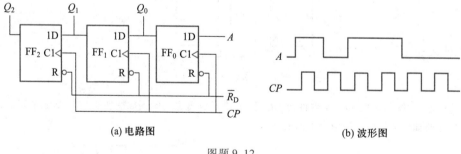

(a) 电路图　　　　　　　　　　　(b) 波形图

图题 9.12

9.13　电路如图题 9.13 所示,已知时钟脉冲 CP 的频率为 2 kHz,试求 Q_0、Q_1 的波形和频率。设触发器的初始状态为 **0**。

9.14　分析如图题 9.14 所示电路的逻辑功能。

9.15　某计数器波形如图题 9.15 所示,试确定该计数器有几个独立状态,并画出状态循环图。

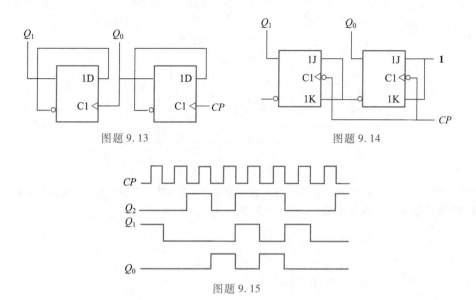

图题 9.13 图题 9.14

图题 9.15

9.16 电路如图题 9.16 所示。假设初始状态 $Q_2Q_1Q_0 = \mathbf{000}$。试分析 FF_2、FF_1 构成几进制计数器,整个电路为几进制计数器,画出 CP 作用下的输出波形。

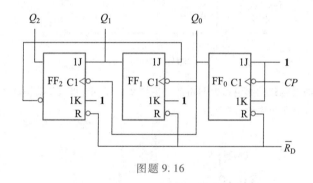

图题 9.16

9.17 分析图题 9.17 所示计数器的逻辑功能,确定该计数器是几进制的。

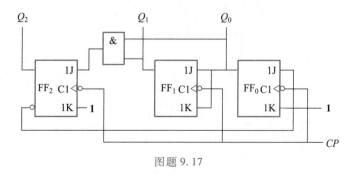

图题 9.17

9.18 同步时序逻辑电路如图题 9.18 所示,其初态均为 $\mathbf{0}$。试求:(1) 在连续七个时钟脉冲 CP 作用下输出端 Q_0、Q_1 和 Y 的波形;(2) 输出端 Y 与时钟 CP 的关系。

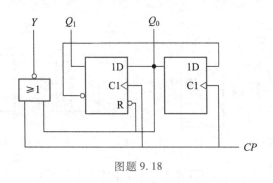

图题 9.18

9.19 分析图题 9.19 所示电路,简述电路的组成及工作原理。若要求发光二极管 LED 在开关 SB 按下后,持续亮 10 s,试确定图中 R 的阻值。

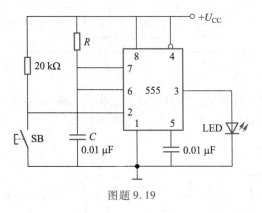

图题 9.19

9.20 555 定时器构成的多谐振荡器电路如图题 9.20 所示,当电位器滑动臂移至上、下两端时,分别计算振荡频率和相应的占空比 D。

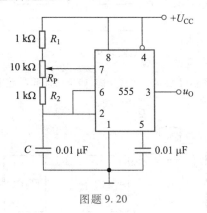

图题 9.20

第 9 章 习题
答案

252

第 10 章　模拟量和数字量的转换

本章概要：

在电子技术中，模拟量和数字量的相互转换十分重要。例如在生产过程智能控制系统中，需先将温度、压力、流量等被控模拟量转化为数字量后再进行运算和处理，然后将处理后的数字量转化为模拟量以实现对被控模拟量的控制。再比如，在数字仪表中，也需将被测的模拟量转换为数字量才能实现数字显示。

能将数字量转换为模拟量的电路称为数模转换器，简称 D/A 转换器或 DAC；能将模拟量转换为数字量的电路称为模数转换器，简称 A/D 转换器或 ADC。DAC 和 ADC 是沟通模拟电路和数字电路的"桥梁"，也可称之为两者之间的接口。

实际上，在数据传输系统、自动测试设备、医疗信息处理、电视信号的数字化、图像信号的处理和识别、数字通信和语音信息处理等方面都离不开模数转换器和数模转换器。

本章将简要介绍数模和模数转换的基本概念和基本原理，并介绍几种常用的典型电路以训练学生对电子电路的综合分析能力。

学习目标：

（1）理解和掌握数模与模数转换的基本原理。
（2）了解常用数模与模数转换集成芯片的使用方法。

10.1　数模转换器

数模转换器是将一组输入的二进制数转换成相应数量的模拟电压或电流输出的电路。因为数字量是用二进制代码按数位组合起来表示的，对于有权码，每位代码都有一定的权。所以，为了将数字量转换成模拟量，必须将每一位的代码按其权的大小转换成相应的模拟量，然后将代表各位的模拟量相加，所得的总模拟量与相应数字量成正比，这样便实现了从数字量到模拟量的转换。这就是组成数模转换器的基本指导思想。

数模转换器种类较多，目前常用的是倒 T 形电阻网络数模转换器。

10.1.1　倒 T 形电阻网络数模转换器

图 10.1.1 所示的是一个 4 位二进制数倒 T 形电阻网络数模转换器的原理图。由图可以看出，它由 R-$2R$ 倒 T 形电阻网络、模拟电子开关和运算放大器组成，模拟

电子开关由输入的数字量来控制。当二进制数码为 **1** 时,模拟电子开关接到运算放大器的反相输入端;二进制数码为 **0** 时,模拟电子开关接"地"。

根据运算放大器的"虚短"概念可以得出如下结论:

① 分别从虚线 A、B、C、D 处向左看的二端网络等效电阻都是 R;

② 无论模拟开关接到运算放大器的反相输入端(虚地)还是接到"地",即无论输入数字信号是 **1** 还是 **0**,各支路的电流都是不变的。

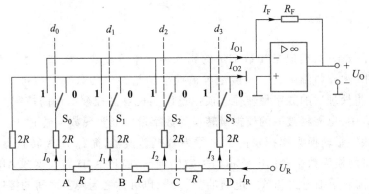

图 10.1.1　倒 T 形电阻网络数模转换器原理图

由此可求得从参考电压端输入的电流为

$$I_R = \frac{U_R}{R}$$

根据分流公式,可得各支路电流

$$I_3 = \frac{1}{2}I_R = \frac{U_R}{2R}$$

$$I_2 = \frac{1}{4}I_R = \frac{U_R}{2^2 R}$$

$$I_1 = \frac{1}{8}I_R = \frac{U_R}{2^3 R}$$

$$I_0 = \frac{1}{16}I_R = \frac{U_R}{2^4 R}$$

由此可得出流入运算放大器的反相输入端的电流为

$$I_{O1} = I_3 d_3 + I_2 d_2 + I_1 d_1 + I_0 d_0 = \frac{U_R}{2^4 R}(d_3 \times 2^3 + d_2 \times 2^2 + d_1 \times 2^1 + d_0 \times 2^0)$$

运算放大器输出的模拟电压为

$$U_O = -R_F I_F = -R_F I_{O1} = -\frac{U_R R_F}{2^4 R}(d_3 \times 2^3 + d_2 \times 2^2 + d_1 \times 2^1 + d_0 \times 2^0)$$

当取 $R_F = R$ 时,则上式成为

$$U_O = -\frac{U_R}{2^4}(d_3 \times 2^3 + d_2 \times 2^2 + d_1 \times 2^1 + d_0 \times 2^0)$$

如果输入的是 n 位二进制数,则

$$U_0 = -\frac{U_R}{2^n}(d_{n-1} \times 2^{n-1} + d_{n-2} \times 2^{n-2} + \cdots + d_1 \times 2^1 + d_0 \times 2^0)$$

10.1.2　集成数模转换器及其应用

集成数模转换器的种类很多。按输入的二进制数的位数分,有 8 位、10 位、12 位和 16 位等。按器件内部电路的组成部分又可以分成两大类,一类器件的内部只包含电阻网络和模拟电子开关,另一类器件的内部还包含了参考电压源发生器和运算放大器。在使用前一类器件时,必须外接参考电压源和运算放大器。为了保证数模转换器的转换精度和速度,应合理地确定对参考电压源稳定度的要求,并选择零点漂移和转换速率都恰当的运算放大器。

AD7520 是十位 CMOS 数模转换器,其电路和图 10.1.1 相似,采用倒 T 形电阻网络。模拟开关是 CMOS 型的,也同时集成在芯片上,但运算放大器是外接的。AD7520 的引线排列及连接电路如图 10.1.2 所示。

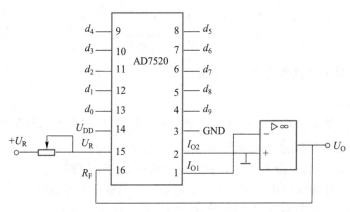

图 10.1.2　AD7520 的引线排列及连接电路

AD7520 共有 16 个引脚,各引脚的功能如下:

1 为模拟电流 I_{O1} 输出端,接到运算放大器的反相输入端;

2 为模拟电流 I_{O2} 输出端,一般接"地";

3 为接"地"端;

4~13 为 10 位数字量的输入端;

14 为 CMOS 模拟开关的 U_{DD} 电源接线端;

15 为参考电压电源接线端,U_R 可为正值或负值;

16 为芯片内部一个电阻的引出端,该电阻作为运算放大器的反馈电阻 R_F,它的另一端在芯片内部接 I_{O1} 端。

表 10.1.1 所列的是 AD7520 输入数字量与输出模拟量的关系,其中 $2^n = 2^{10} = 1\,024$。

表 10.1.1　AD7520 输入数字量与输出模拟量的关系

输入数字量										输出模拟量
d_9	d_8	d_7	d_6	d_5	d_4	d_3	d_2	d_1	d_0	U_0
0	0	0	0	0	0	0	0	0	0	0
0	0	0	0	0	0	0	0	0	1	$-\dfrac{1}{1\,024}U_R$
					$\vdots$					$\vdots$
0	1	1	1	1	1	1	1	1	1	$-\dfrac{511}{1\,024}U_R$
1	0	0	0	0	0	0	0	0	0	$-\dfrac{512}{1\,024}U_R$
					$\vdots$					$\vdots$
1	1	1	1	1	1	1	1	1	0	$-\dfrac{1\,022}{1\,024}U_R$
1	1	1	1	1	1	1	1	1	1	$-\dfrac{1\,023}{1\,024}U_R$

10.1.3　数模转换器的主要技术指标

1. 分辨率

分辨率是指数模转换器的最小输出电压 U_{LSB}(对应的输入二进制数为 **1**,也称为最小分辨电压)与最大输出电压 U_{FSR}(对应的输入二进制数的所有位全为 **1**,即满刻度输出电压)之比。分辨率与数模转换器的位数有关,位数越多,能够分辨的最小输出电压变化量就越小。所以实际应用中往往用输入数字量的位数表示数模转换器的分辨率。对于一个 n 位的数模转换器,分辨率可表示为

$$分辨率=\frac{U_{LSB}}{U_{FSR}}=\frac{1}{2^n-1}$$

例如 10 位数模转换器的分辨率为

$$\frac{1}{2^{10}-1}=\frac{1}{1\,023}\approx0.001$$

2. 精度

数模转换器的精度是指输出模拟电压的实际值与理想值之差,即最大静态转换误差。该误差是由参考电压偏离标准值、运算放大器的零点漂移、模拟开关的电压降以及电阻阻值的偏差等原因所引起的。通常要求数模转换器的误差小于 $U_{LSB}/2$。

10.2　模数转换器

在模数转换器中,因为输入的模拟信号在时间上是连续量,而输出的数字信号

是离散量,所以进行转换时必须在一系列选定的瞬间,即在时间坐标轴上的一些规定点上,对输入的模拟信号采样,然后把采样的模拟电压经过模数转换器的数字化编码电路转换成 n 位的二进制数输出。

10.2.1 逐次逼近型模数转换器

逐次逼近型模数转换器一般由顺序脉冲发生器、逐次逼近寄存器、数模转换器和电压比较器等几部分组成,其原理框图如图 10.2.1 所示。

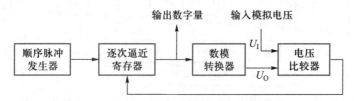

图 10.2.1 逐次逼近型模数转换器的原理框图

转换开始前先将所有寄存器清零。开始转换以后,时钟脉冲首先将寄存器最高位置 1,使输出数字为 $100\cdots0$。这个数码被数模转换器转换成相应的模拟电压 U_0,送到电压比较器中与 U_1 进行比较。若 $U_0 > U_1$,说明数字过大了,故将最高位的 1 清除;若 $U_0 < U_1$,说明数字还不够大,应将最高位的 1 保留。然后,再按同样的方式将次高位置 1,并且经过比较以后确定这个 1 是否应该保留。这样逐位比较下去,一直到最低位为止。比较完毕后,寄存器中的状态就是所要求的数字量输出。

可见逐次逼近转换过程与用天平称物时的操作过程一样,只不过使用的砝码质量依次减半。

能实现图 10.2.1 所示方案的电路很多,图 10.2.2 所示电路便是其中一种,这是一个 4 位逐次逼近型模数转换器。图中 4 个 JK 触发器 $FF_A \sim FF_D$ 组成 4 位逐次逼近寄存器;5 个 D 触发器 $FF_1 \sim FF_5$ 接成环形移位寄存器(又称为顺序脉冲发生器),它们和门 $G_1 \sim G_7$ 一起构成控制逻辑电路。

下面分析电路的转换过程。为了分析方便,设数模转换器的参考电压 $U_R = -8\ \mathrm{V}$,输入的模拟电压 $U_1 = 4.52\ \mathrm{V}$。

转换开始前,先将逐次逼近寄存器的 4 个触发器 $FF_A \sim FF_D$ 清零,并把环形计数器的状态置为 $Q_1 Q_2 Q_3 Q_4 Q_5 = 00001$。

第 1 个时钟脉冲 CP 的上升沿到来时,环形计数器右移一位,其状态变为 10000。由于 $Q_1 = 1$,Q_2、Q_3、Q_4、Q_5 均为 0,于是触发器 FF_A 被置 1,FF_B、FF_C 和 FF_D 被置 0。所以,这时加到数模转换器输入端的代码为 $d_3 d_2 d_1 d_0 = 1000$,数模转换器的输出电压为

$$U_0 = -\frac{U_R}{2^4}(d_3 \times 2^3 + d_2 \times 2^2 + d_1 \times 2^1 + d_0 \times 2^0) = \frac{8}{16} \times 8\ \mathrm{V} = 4\ \mathrm{V}$$

由于 $U_0 < U_1$,所以比较器的输出电压为 $U_A = 0$。

第 2 个时钟脉冲 CP 的上升沿到来时,环形计数器又右移一位,其状态变为

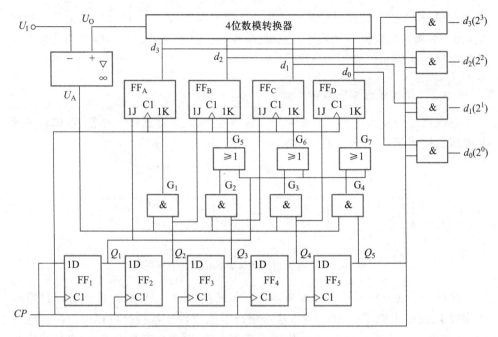

图 10.2.2　4 位逐次逼近型模数转换器

01000。这时由于 $U_A = \mathbf{0}$，$Q_2 = \mathbf{1}$，Q_1、Q_3、Q_4、Q_5 均为 **0**，于是触发器 FF_A 的 **1** 保留。与此同时，Q_2 的高电平将触发器 FF_B 置 **1**。所以，这时加到数模转换器输入端的代码为 $d_3 d_2 d_1 d_0 = \mathbf{1100}$，数模转换器的输出电压为

$$U_O = -\frac{U_R}{2^4}(d_3 \times 2^3 + d_2 \times 2^2 + d_1 \times 2^1 + d_0 \times 2^0) = \frac{8}{16} \times (8+4)\ \text{V} = 6\ \text{V}$$

U_O 和 U_I 在比较器中比较，由于 $U_O > U_I$，所以比较器的输出电压为 $U_A = \mathbf{1}$。

第 3 个时钟脉冲 CP 的上升沿到来时，环形计数器又右移一位，其状态变为 **00100**。这时由于 $U_A = \mathbf{1}$，$Q_3 = \mathbf{1}$，Q_1、Q_2、Q_4、Q_5 均为 0，于是触发器 FF_A 的 **1** 保留，而 FF_B 被置 **0**。与此同时，Q_5 的高电平将 FF_C 置 **1**。所以，这时加到数模转换器输入端的代码为 $d_3 d_2 d_1 d_0 = \mathbf{1010}$，数模转换器的输出电压为

$$U_O = -\frac{U_R}{2^4}(d_3 \times 2^3 + d_2 \times 2^2 + d_1 \times 2^1 + d_0 \times 2^0) = \frac{8}{16} \times (8+2)\ \text{V} = 5\ \text{V}$$

U_O 和 U_I 在比较器中比较，由于 $U_O > U_I$，所以比较器的输出电压为 $U_A = \mathbf{1}$。

第 4 个时钟脉冲 CP 的上升沿到来时，环形计数器又右移一位，其状态变为 **00010**。这时由于 $U_A = \mathbf{1}$，$Q_4 = \mathbf{1}$，Q_1、Q_2、Q_3、Q_5 均为 **0**，于是触发器 FF_A、FF_B 的状态保持不变，而触发器 FF_C 被置 **0**。与此同时，Q_4 的高电平将触发器 FF_B 置 **1**。所以，这时加到数模转换器输入端的代码为 $d_3 d_2 d_1 d_0 = \mathbf{1001}$，数模转换器的输出电压为

$$U_O = -\frac{U_R}{2^4}(d_3 \times 2^3 + d_2 \times 2^2 + d_1 \times 2^1 + d_0 \times 2^0) = \frac{8}{16} \times (8+1)\ \text{V} = 4.5\ \text{V}$$

U_O 和 U_I 在比较器中比较，由于 $U_O < U_I$，所以比较器的输出电压为 $U_A = \mathbf{0}$。

第 5 个时钟脉冲 CP 的上升沿到来时,环形计数器又右移一位,其状态变为 **00001**。这时由于 $U_A = 0$,$Q_5 = 1$,Q_1、Q_2、Q_3、Q_4 均为 **0**,触发器 FF_A、FF_B、FF_C、FF_D 的状态均保持不变,即加到 D/A 转换器输入端的代码为 $d_3 d_2 d_1 d_0 = 1001$。同时,Q_5 的高电平将门 $G_8 \sim G_{11}$ 打开,使 $d_3 d_2 d_1 d_0$ 作为转换结果通过门 $G_8 \sim G_{11}$ 送出。

这样就完成了一次转换,转换过程如表 10.2.1 所示。

表 10.2.1　4 位逐次逼近型模数转换器的转换过程

顺序脉冲	d_3	d_2	d_1	d_0	U_0/V	比较判断	该位数码 1 是否保留
1	**1**	**0**	**0**	**0**	4	$U_0 < U_1$	保留
2	**1**	**1**	**0**	**0**	6	$U_0 > U_1$	除去
3	**1**	**0**	**1**	**0**	5	$U_0 > U_1$	除去
4	**1**	**0**	**0**	**1**	4.5	$U_0 < U_1$	保留

上例中的转换误差为 0.02 V。转换误差的大小取决于模数转换器的位数,位数越多,转换误差就越小。

从以上分析可以看出,图 10.2.2 所示 4 位逐次逼近型模数转换器完成一次转换需要 5 个时钟脉冲信号的周期。显然,如果位数增加,转换时间也会相应地增加。

10.2.2　集成模数转换器及其应用

集成模数转换器的种类很多,例如 AD571、ADC0801、ADC0804、ADC0809 等。下面以 ADC0801 为例来介绍集成模数转换器的应用。图 10.2.3 所示是 ADC0801 的应用接线图。

ADC0801 各引脚的功能如下。

1($\overline{CS}$)、2($\overline{RD}$)和 3($\overline{WR}$)脚为输入控制端,都是低电平有效。$\overline{CS}$ 为输入片选信号,$\overline{CS} = 0$ 时,选中此芯片,可以进行转换。$\overline{RD}$ 为输出允许信号,转换完成后,$\overline{RD} = 0$,允许外电路取走转换结果。$\overline{WR}$ 为输入启动转换信号,$\overline{WR} = 0$ 时,启动芯片进行转换。

4(CLK_{in})脚为外部时钟脉冲输入端,时钟脉冲频率的典型值为 640 kHz。

5($\overline{INTR}$)脚为输出控制端,低电平有效。当一次转换结束时,$\overline{INTR}$ 自动由高电平变为低电平,以通知其他设备(如计算机)来取结果。下一次转换开始时,$\overline{INTR}$ 又自动由低电平变为高电平。ADC0801 的一次转换时间约为 100 μs。

6($U_{in(+)}$)和 7($U_{in(-)}$)脚为模拟信号输入端,是输入级差分放大电路的两个输入端。如果输入电压为正,则从 6 脚输入,7 脚接地;如果为负,则反之。

8(AGND)脚为模拟信号接地端。

9($U_R/2$)脚为外接参考电压输入端,其值约为输入电压范围的 1/2。当输入电压为 0 ~ 5 V 时,此端通常不接,而由芯片内部提供参考电压。

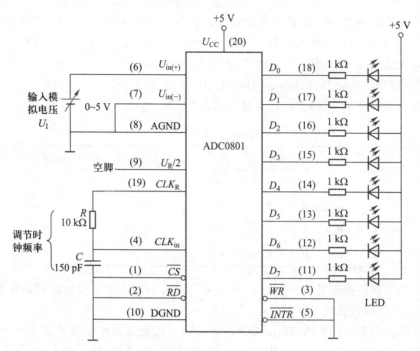

图 10.2.3　ADC0801 的应用接线图

10(DGND)脚为数字信号接地端。

11~18($D_7 \sim D_0$)脚为 8 位数字量的输出端,由三态锁存器输出,因此数据输出可以采用总线结构。

19(CLK_R)脚为内部时钟脉冲端。由内部时钟脉冲发生器提供时钟脉冲,但要外接一个电阻 R 和一个电容 C,如图 10.2.3 所示。内部时钟脉冲的频率为

$$f \approx \frac{1}{1.1RC}$$

当 $R = 10$ kΩ、$C = 150$ pF 时,$f = 640$ kHz。内部时钟脉冲产生后,也可以从 19 端输出,供同一系统中其他芯片使用。

20($+U_{CC}$)脚为电源端,$U_{CC} = 5$ V。

如果利用 ADC0801 进行一次模数转换,其工作过程为:先由外电路给$\overline{CS}$片选端输入一个低电平,选中此芯片使之进入工作状态,此时$\overline{RD}$输出为高电平,表示转换没有完成,芯片输出为高阻态。$\overline{WR}$和$\overline{INTR}$为高电平时芯片不工作。当外电路给$\overline{WR}$端输入一个低电平时启动芯片,正式开始模数转换。转换完成后,$\overline{RD}$输出为低电平,允许外电路取走 $D_0 \sim D_7$ 数据,此时外电路使$\overline{CS}$和$\overline{WR}$为高电平,模数转换停止。外电路取走 $D_0 \sim D_7$ 数据后,使$\overline{INTR}$为低电平,表示数据已取走。若要再进行一次模数转换,则重复上述转换过程。

图 10.2.3 所示电路是 ADC0801 连续转换工作状态:使$\overline{CS}$和$\overline{WR}$端接地,允许电路开始转换。因为不需要外电路取转换结果,故也使$\overline{RD}$和$\overline{INTR}$端接地,此时在时

钟脉冲控制下,对输入电压 U_i 进行模数转换。8 位二进制输出端 $D_0 \sim D_7$ 接至 8 个发光二极管的阴极。输出为高电平的输出端,其对应的发光二极管不亮;输出为低电平的输出端,其对应的发光二极管亮。通过发光二极管的亮、灭,就可知道模数转换的结果。改变输入模拟电压的值,可以得到不同的二进制输出值。

10.2.3 模数转换器的主要技术指标

1. 分辨率

以输出二进制数的位数表示分辨率,位数越多,误差越小,转换精度越高。

2. 相对精度

相对精度是指实际的各个转换点偏离理想特性的误差。在理想的情况下,所有的转换点应当在一条直线上。

3. 转换速度

转换速度是指完成一次转换所需的时间。转换时间是指从接到转换控制信号开始,到输出端得到稳定的数字输出信号所经过的时间。采用不同的转换电路,其转换速度不同。并行型比逐次逼近型要快得多。低速模数转换器的转换速度为 $1 \sim 30$ ms,中速约为 50 μs,高速约为 50 ns。ADC0809 的转换速度为 100 μs。

10.3 应用实例

10.3.1 数字万用表

数字万用表的原理框图如图 10.3.1 所示,其测量电压、电流和电阻的功能是通过转换电路实现的,而电流、电阻的测量都是基于电压的测量,也就是说数字万用表是在数字直流电压表的基础上扩展而成的。转换器将随时间连续变化的模拟电压量变换成数字量,再由译码显示电路将测量结果显示出来。

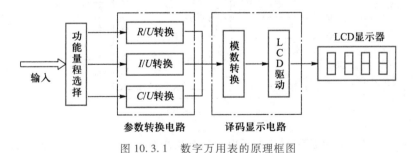

图 10.3.1 数字万用表的原理框图

10.3.2 数字助听器

数字助听器根据用户不同的听力损失性质、程度、年龄情况等,自动选择不同的计算公式计算出不同的补偿曲线,在噪声环境中自动识别并压缩噪声频率的声信号,重点突出言语频率的声信号,提高信噪比,保证语音识别率。不仅听得清,还能听得舒服,保护残余听力。

　　数字助听器拥有六个主要组成部分:麦克风、放大器、模数转换器、数字信号处理器、数模转换器、受话器(也被称为扩音器)。数字助听器的原理框图如图 10.3.2 所示。

图 10.3.2　数字助听器的原理框图

习题

　　10.1　某个数模转换器,要求 10 位二进制数能代表 0~50 V,试问此二进制数的最低位代表几伏?

　　10.2　在 10 位二进制数的 DAC 中,已知最大满刻度输出模拟电压 $U_{OM} = 5$ V,求最小分辨电压 U_{LSB} 和分辨率。

　　10.3　一个 8 位的倒 T 形电阻网络数模转换器,设 $U_R = +5$ V,$R_F = R$,试求 $d_7 \sim d_0$ 分别为 **11111111**、**10000000**、**00000001** 时的输出电压 U_0。

　　10.4　一个 8 位的倒 T 形电阻网络数模转换器,$R_F = R$,若 $d_7 \sim d_0$ 为 **1111111** 时的输出电压 $U_0 = 8$ V,则 $d_7 \sim d_0$ 分别为 **10000000** 和 **00000001** 时 U_0 各为多少?

　　10.5　求如图题 10.5 所示电路中 U_0 的电压值。

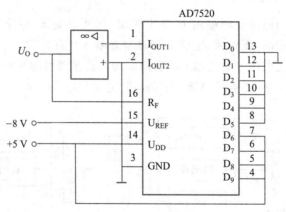

图题 10.5

　　10.6　在 4 位逐次逼近型模数转换器中,D/A 转换器的参考电压 $U_R = 10$ V,输入的模拟电压 $U_I = 6.92$ V,试说明逐次比较的过程,并求出最后的转换结果。

　　10.7　已知输入电压 $U_I = 0 \sim 8$ V,对于 $n = 4$ 的逐次逼近型模数转换器,当 $U_I = 5.28$ V 时,输出的数字量 $d_3 d_2 d_1 d_0$ 为多少?

　　10.8　在逐次逼近型 A/D 转换器中,如果 8 位 D/A 转换器的最大输出电压 $U_0 = 9.945$ V,试分析当输入电压 $U_I = 6.435$ V 时,该 A/D 转换器输出的数字量。

第 10 章习题答案

参考文献

[1] 叶敦范,郭红想.电工与电子技术[M].北京:电子工业出版社,2011.

[2] 秦曾煌.电工学简明教程[M].3 版.北京:高等教育出版社,2015.

[3] 邱关源,罗先觉.电路[M].6 版.北京:高等教育出版社,2022.

[4] 秦曾煌.电工学(上册)电工技术[M].7 版.北京:高等教育出版社,2009.

[5] 秦曾煌.电工学(下册)电子技术[M].7 版.北京:高等教育出版社,2009.

[6] 唐介,王宁.电工学(少学时)[M].5 版.北京:高等教育出版社,2020.

[7] 张南,吴雪.电工学(少学时)[M].4 版.北京:高等教育出版社,2020.

[8] 童诗白,华成英.模拟电子技术基础[M].5 版.北京:高等教育出版社,2015.

[9] 康华光.电子技术基础(模拟部分)[M].6 版.北京:高等教育出版社,2014.

[10] 康华光.电子技术基础(数字部分)[M].6 版.北京:高等教育出版社,2014.

[11] 曾军,汪娟娟,等.电工与电子技术[M].北京:高等教育出版社,2021.

[12] 殷瑞祥.电路分析原理与电子线路基础(上册)电路分析原理[M].北京:高等
教育出版社,2020.

[13] 殷瑞祥.电路分析原理与电子线路基础(下册)电子线路基础[M].北京:高等
教育出版社,2020.

[14] 王猛.高级电子学创新实验教程[M].北京:高等教育出版社,2020.

[15] 陈新龙,胡国庆.电工电子技术基础教程[M].2 版.北京:清华大学出版社,
2013.

郑重声明

高等教育出版社依法对本书享有专有出版权。任何未经许可的复制、销售行为均违反《中华人民共和国著作权法》,其行为人将承担相应的民事责任和行政责任;构成犯罪的,将被依法追究刑事责任。为了维护市场秩序,保护读者的合法权益,避免读者误用盗版书造成不良后果,我社将配合行政执法部门和司法机关对违法犯罪的单位和个人进行严厉打击。社会各界人士如发现上述侵权行为,希望及时举报,我社将奖励举报有功人员。

反盗版举报电话　(010)58581999　58582371
反盗版举报邮箱　dd@hep.com.cn
通信地址　北京市西城区德外大街 4 号　高等教育出版社法律事务部
邮政编码　100120

读者意见反馈

为收集对教材的意见建议,进一步完善教材编写并做好服务工作,读者可将对本教材的意见建议通过如下渠道反馈至我社。

咨询电话　400-810-0598
反馈邮箱　gjdzfwb@pub.hep.cn
通信地址　北京市朝阳区惠新东街 4 号富盛大厦 1 座
　　　　　高等教育出版社总编辑办公室
邮政编码　100029

防伪查询说明

用户购书后刮开封底防伪涂层,使用手机微信等软件扫描二维码,会跳转至防伪查询网页,获得所购图书详细信息。

防伪客服电话
(010)58582300

网络增值服务使用说明

一、注册/登录

访问 http://abook.hep.com.cn/,点击"注册",在注册页面输入用户名、密码及常用的邮箱进行注册。已注册的用户直接输入用户名和密码登录即可进入"我的课程"页面。

二、课程绑定

点击"我的课程"页面右上方"绑定课程",正确输入教材封底防伪标签上的 20 位密码,点击"确定"完成课程绑定。

三、访问课程

在"正在学习"列表中选择已绑定的课程,点击"进入课程"即可浏览或下载与本书配套的课程资源。刚绑定的课程请在"申请学习"列表中选择相应课程并点击"进入课程"。

如有账号问题,请发邮件至:abook@hep.com.cn。